iPadで学ぶ はじめてのプログラミング

林 晃（はやし あきら） 著

C&R研究所

■権利について

- iPad、iPhone、Mac、macOS、Swift、Swift Playgrounds、Xcodeは、米国および他の国々で登録されたApple Inc.の商標です。
- 本書に記述されている製品名は、一般に各メーカーの商標または登録商標です。
  なお、本書では™、©、®は割愛しています。

■本書の内容について

- 本書は著者・編集者が実際に操作した結果を慎重に検討し、著述・編集しています。ただし、本書の記述内容に関わる運用結果にまつわるあらゆる損害・障害につきましては、責任を負いませんのであらかじめご了承ください。
- 本書で紹介している各操作の画面は、iOS 11およびSwift Playgrounds v1.6を基本にしています。あらかじめご了承ください。
- 本書の内容は2017年12月現在の情報に基づいて記述しています。

■サンプルデータについて

- 本書のサンプルデータは、C&R研究所のホームページからダウンロードすることができます。ダウンロード方法については、4ページを参照してください。
- サンプルデータの動作などについては、著者・編集者が慎重に確認しております。ただし、サンプルデータの運用結果にまつわるあらゆる損害・障害につきましては、責任を負いませんのであらかじめご了承ください。
- サンプルデータの著作権は、著者及びC&R研究所が所有します。許可なく配布・販売することは堅く禁止します。

●本書の内容についてのお問い合わせについて

この度はC&R研究所の書籍をお買いあげいただきましてありがとうございます。本書の内容に関するお問い合わせは、「書名」「該当するページ番号」「返信先」を必ず明記の上、C&R研究所のホームページ(http://www.c-r.com/)の右上の「お問い合わせ」をクリックし、専用フォームからお送りいただくか、FAXまたは郵送で次の宛先までお送りください。お電話でのお問い合わせや本書の内容とは直接的に関係のない事柄に関するご質問にはお答えできませんので、あらかじめご了承ください。

〒950-3122 新潟県新潟市北区西名目所4083-6　株式会社 C&R研究所　編集部
FAX 025-258-2801
『iPadで学ぶ　はじめてのプログラミング』サポート係

PROLOGUE　はじめに

ここ数年、プログラミング教育が盛り上がってきました。日本でも学校教育へプログラミングを取り入れることが決まりました。その影響もあり、プログラミングが、プログラマーを目指している学生や、仕事でソフトウェアを書いているプログラマー以外の方たちからも注目を受けるようになりました。

そのような中、2016年に『小学生でもわかる　プログラミングの世界』という本を執筆しました。その本では、「プログラミングとはそもそも何なのか?」「プログラマーとは何をする仕事なのか?」「そもそもコンピュータは何をしているのか?」など、プログラミングに入る前の基礎的なことを解説しました。本書はこの続きともいえる本です。とはいっても前書を読んでいなくとも大丈夫です。

前書ではプログラミングそのものは扱いませんでした。本書ではプログラミングそのものを扱います。Swiftというプログラミング言語を使い、「Swift Playgrounds」というアプリの中でプログラミングをするという本です。なんと、iPad上でプログラミングができてしまいます。それも「Swift」という学習用ではない、プロも使う言語を使ってです。

第1章では基本知識と「Swift Playgrounds」アプリのインストールの解説です。第2章ではSwiftの基本知識を学びます。第3章以降は具体的にプログラミンを行います。本書は、読みながら実際に操作していただくことを前提にしています。ぜひ、やってみてください。

本書の執筆・制作にあたり、C＆R研究所の皆様には大変お世話になりました。本書はスタッフの皆様との共同作業により生み出すことができました。ここで改めて感謝を申し上げます。

本書を通して、プログラミングを体験していただき、読者の皆様のお役に立つことができたならば、著者としてこれ以上の幸せはありません。難しいと思われる部分もあると思いますが、何度もやっていただければ、きっとわかり、楽しいと感じていただけると思います。何かを作り出すということは、この上ない充実感と満足感、楽しさを味わえるものと思います。どうぞ、プログラミングを楽しんでください。

2018年1月

アールケー開発　代表
林　晃

本書について

▶必要な機器、動作確認の環境、Swiftのバージョンについて

本書はiPad上で動作するSwift Playgroundsが利用できることを前提に解説しています。Swift Playgroundsが動作するiPadをご準備ください。

本書を執筆した時点での著者の動作環境は次の通りです。

- iOS 11
- Swift Playgrounds v1.6

上記以外の環境では、出力結果や画面のレイアウト、操作方法などが一部異なる可能性があります。

また、本書で解説に用いた「Swift Playgrounds v1.6」は、Swift 4に対応しています。そのため、本書のサンプルコードはSwift 4で書かれています。

▶サンプルコードの中の▼について

本書に記載したサンプルコードは、誌面の都合上、1つのサンプルコードがページをまたがって記載されていることがあります。その場合は▼の記号で、1つのコードであることを表しています。

▶サンプルのダウンロードについて

本書のサンプルデータは、C&R研究所のホームページからダウンロードすることができます。本書のサンプルを入手するには、次のように操作します。

❶「http://www.c-r.com/」にアクセスします。
❷トップページ左上の「商品検索」欄に「227-3」と入力し、[検索]ボタンをクリックします。
❸検索結果が表示されるので、本書の書名のリンクをクリックします。
❹書籍詳細ページが表示されるので、[サンプルデータダウンロード]ボタンをクリックします。
❺下記の「ユーザー名」と「パスワード」を入力し、ダウンロードページにアクセスします。
❻「サンプルデータ」のリンク先のファイルをダウンロードし、保存します。

サンプルのダウンロードに必要なユーザー名とパスワード

ユーザー名　swfp
パスワード　c227w

※ユーザー名・パスワードは、半角英数字で入力してください。また、「J」と「j」や「K」と「k」などの大文字と小文字の違いもありますので、よく確認して入力してください。

▶サンプルコードの利用方法

サンプルコードは「Swift Playgrounds」アプリで開くことができます。iPad上の「Swift Playgrounds」アプリにコピーしてご利用ください。「Swift Playgrounds」アプリにコピーするにはいくつか方法がありますが、ここではiCloud Driveを使う方法で行います。Mac上で次のように操作します。

❶サンプルファイルをダウンロードして、解凍します。

❷「Finder」で「iCloud Drive」を選択します。

❸「Playgrounds」フォルダを選択します。

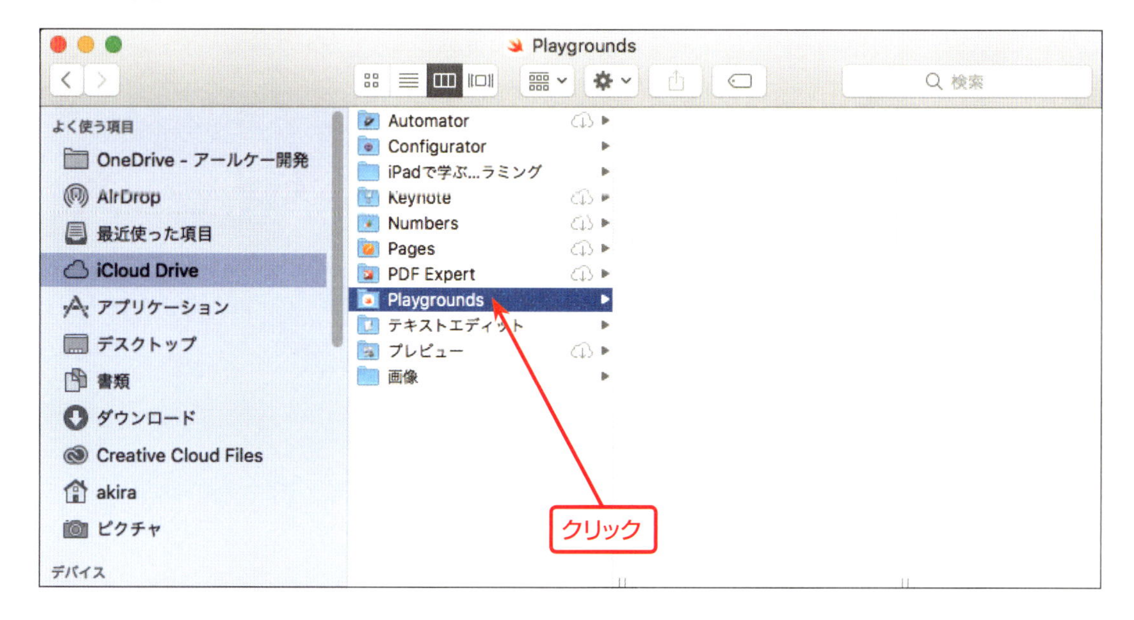

❹ダウンロードしたサンプルファイルをコピーして、このフォルダ内にペーストします。

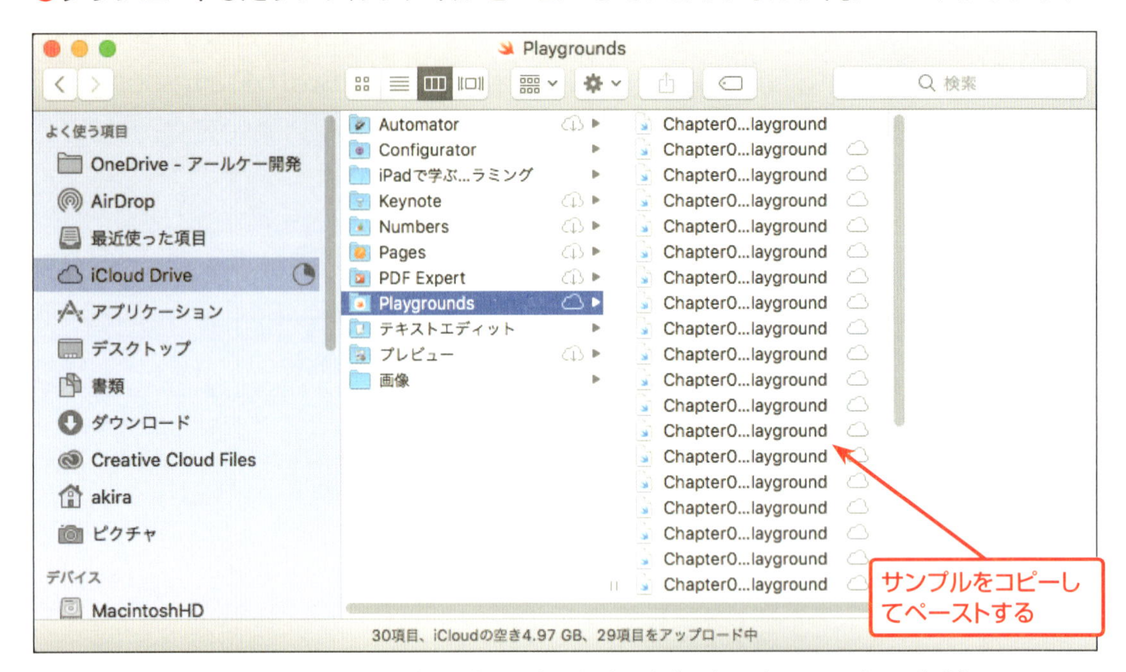

❺アップロードが完了すると、iPad上の「Swift Playgrounds」アプリ内に表示されます。

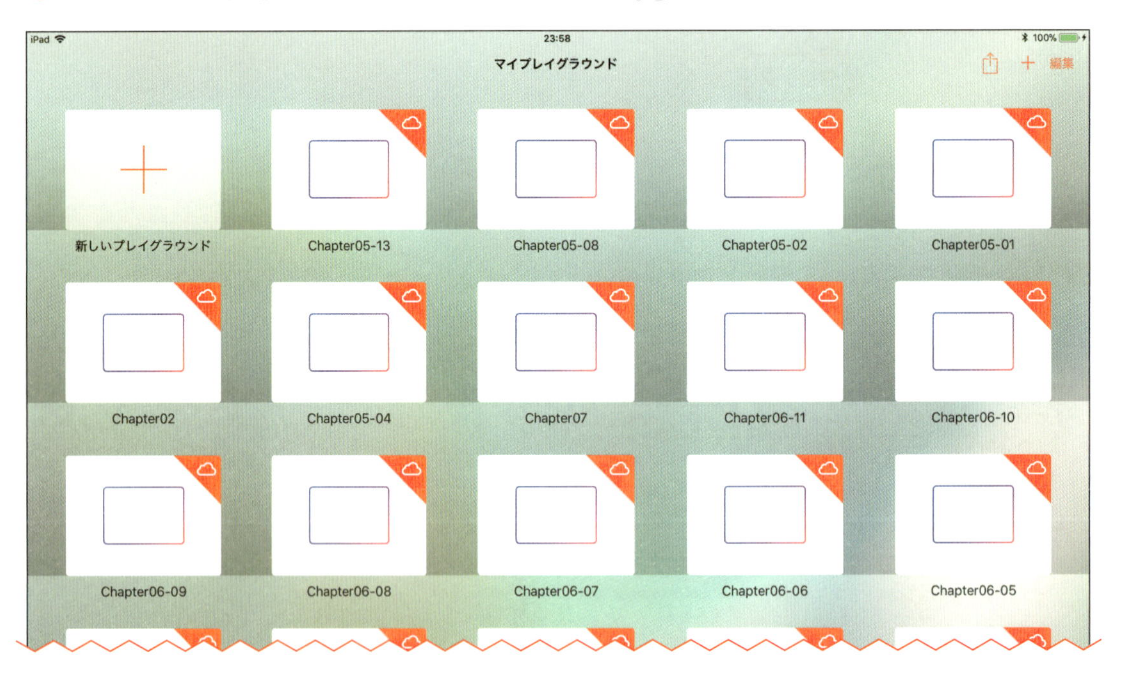

なお、iCloudやiCloud Driveを使えるように設定する方法や、Windowsから使う方法については、アップル社のサポートサイトなどを参照してください。

● **Apple サポート 公式サイト**

URL https://support.apple.com/ja-jp

CONTENTS

第1章 プログラミングって何?

第2章 Swiftの世界に踏み出そう

CONTENTS

CONTENTS

第1章

プログラミングって何？

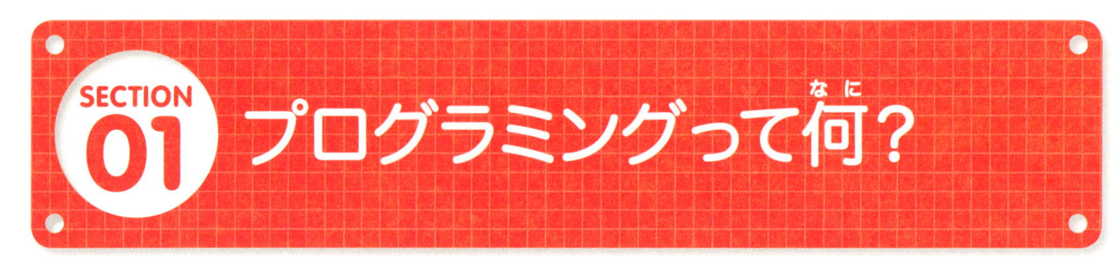

SECTION 01 プログラミングって何？

実際にプログラミングをはじめる前に、プログラミングやプログラムは何かを勉強しておこう。

そもそもプログラミングって何？

プログラミングはプログラムを作ることだよ。プログラムは、コンピュータにやらせたいことを書いた命令書のことなんだ。スマホやパソコンはプログラムに書かれている命令の通りに動いて、音楽を鳴らしたり、写真を撮影したり、メッセージを友達に送ったりするんだ。

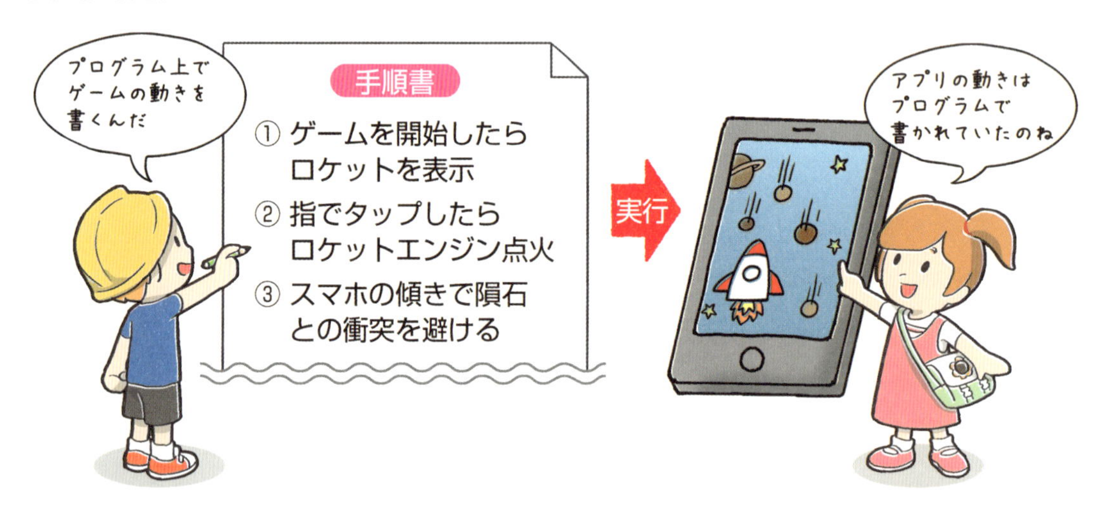

プログラミング言語って何？

コンピュータにやらせたい命令書（プログラム）を書くには、コンピュータがわかる言葉を使わなければいけないんだ。みんなも知らない国の言葉で、何かお願いをされても、どうしたらよいのか、わからないよね。コンピュータもそれと同じなんだよ。

このプログラムを作るときに使う言葉のことを「プログラミング言語」と呼ぶんだ。人間の言葉と同じように、プログラミング言語も種類があるよ。また、プログラミング言語によって得意なことも違うんだ。

この本では「Swift」という言語を使うよ。SwiftはiOSアプリを作ることが得意なプログラミング言語だよ。

コーディングって何？

アプリを作るには、プログラムを作るほかに、プログラムが使う絵を描いたり、メッセージを作ったりするんだ。プログラムを作るときに、プログラミング言語を使って、ソースコードを書くことを「コーディング」と呼ぶんだ。ソースコードはプログラミング言語を使って書いた、プログラムのもととなる手順書のことだよ。

COLUMN

プログラム／ソフトウェア／アプリの違い

プログラムはコンピュータにやらせたいことを書いた命令書だと説明したけど、スマホやパソコンでみんなが使っている「アプリ」のことを指す言葉としても使われるよ。他にもアプリのことを「ソフトウェア」と呼ぶこともあるね。

「プログラム」「ソフトウェア」「アプリ」の3つの言葉は、普段は同じもののことを指す言葉として使われることが多いんだ。

「プログラム」は先に説明した通りだけど、最初だから、「ソフトウェア」と「アプリ」の細かい違いも知っておこう。

▶ソフトウェア

ソフトウェアは、プログラムと、プログラムが使う色々なファイルなどをひとまとめにしたもののことだよ。複数のプログラムが入っていることもあるんだ。みんながアプリと呼んでいるものは、実はソフトウェアなんだ。ソフトウェアはソフトと省略されることが多いよ。

▶アプリ

アプリは、アプリケーションソフトウェアの略で、難しい言葉で応用ソフトウェアともいうんだ。何かの目的を達成するために作られているソフトウェアのことだよ。たとえば、ゲームアプリはゲームという目的を持っているね。カメラアプリは内蔵カメラを使って、写真を撮影するという目的を持っているソフトウェアということなんだ。

プログラミングには何が必要?

プログラミングをするためには、基本的にはパソコンが必要だよ。ノートパソコンでもデスクトップパソコンでも大丈夫なんだ。色々な電気屋さんやパソコンショップでは、MacやWindowsパソコンが売っているよ。どちらを使ってもプログラミングはできるよ。でも、iOSアプリはちょっと変わっていて、Macを使わないとできないことがあるんだ。自由に全部の機能を使って、App Storeにも出したいと思うと、Macが必要になるよ。逆に、Windowsでしかできないこともあるから、色々なことを覚えて、やりたいことがはっきりしたら、それに合わせたパソコンを使うようにしよう。

プログラミングをするときは、コードを入力するソフトやコードをプログラムに変えてくれるソフトも必要だよ。

この本ではiPadでプログラミングをするよ。アプリを作るときにはパソコンが必要になるけど、プログラミングの勉強はiPadでもできるんだ。

プログラムは書かれている通りに動く

プログラミングをするみんなに知っておいてもらいたい言葉があるんだ。「プログラムは思った通りには動かない。書かれている通りに動く」という言葉だよ。

プログラミングをしてみると、自分がやりたいと思っているようにコンピュータが動いてくれないということがあるんだ。これはプログラムには、そのように動くように書かれているからなんだ。コンピュータはみんなの心を読み取ってはくれない。プログラムに書かれている通りにしか動いてくれないんだ。うまく動かないのは、ソースコードが正しく書かれていないからだよ。うまく動かないときは、焦らずに、書いたソースコードを見て、直すところを探してみよう。

COLUMN

iPhoneアプリやPCアプリって何?

iPhoneアプリは、iPhoneで動くアプリのことだよ。iPhoneにはiOSというOSが入っているんだ。OSというのは機器をコントロールするための基本的なソフトウェアのことなんだ。iPhoneという機器を使えるようにして、iPhoneアプリを動かすということをしているんだ。

PCアプリも同じでパソコンで動くアプリのことなんだ。

SECTION 02 iPadでプログラミングをやってみよう

みんなはiPadを持っているかな？　この本ではiPadの「Swift Playgrounds」というアプリを使ってプログラミングをするよ。「Swift Playgrounds」はSwiftを使ってiPad上でプログラミングの勉強ができるアプリなんだ。しかも、勉強ができるだけじゃなくて、自分のオリジナルのコードを入力して実行することだってできてしまうんだ。とっても楽しいアプリだよ。

「Swift Playgrounds」は無料でダウンロードできるんだ。次のように操作して、アプリをインストールしよう。

1 「App Store」アプリを起動しよう。

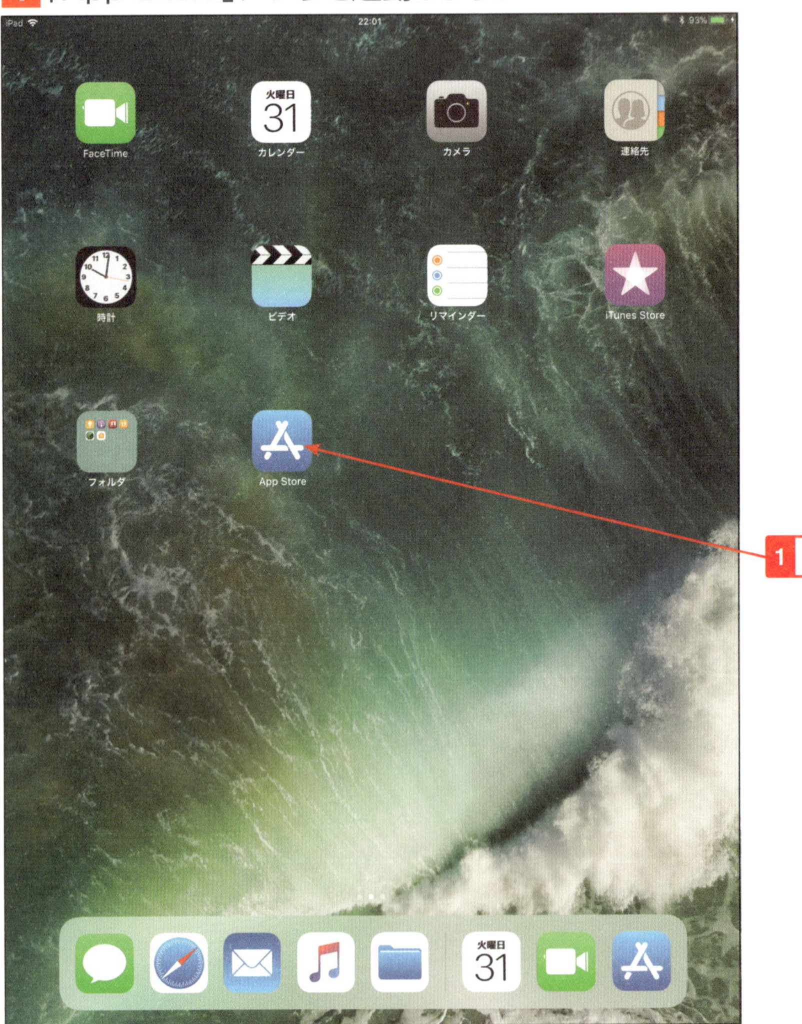

2 「検索(けんさく)」タブをタップして、検索画面(けんさくがめん)を表示(ひょうじ)しよう。

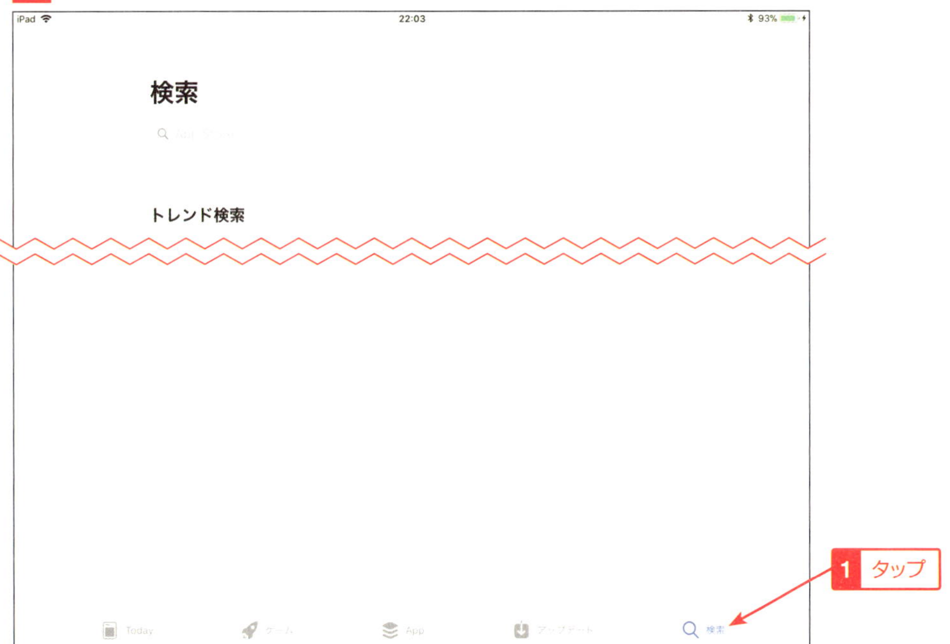

3 検索(けんさく)ボックスに「Swift Playgrounds」と入力(にゅうりょく)して、検索(けんさく)しよう。

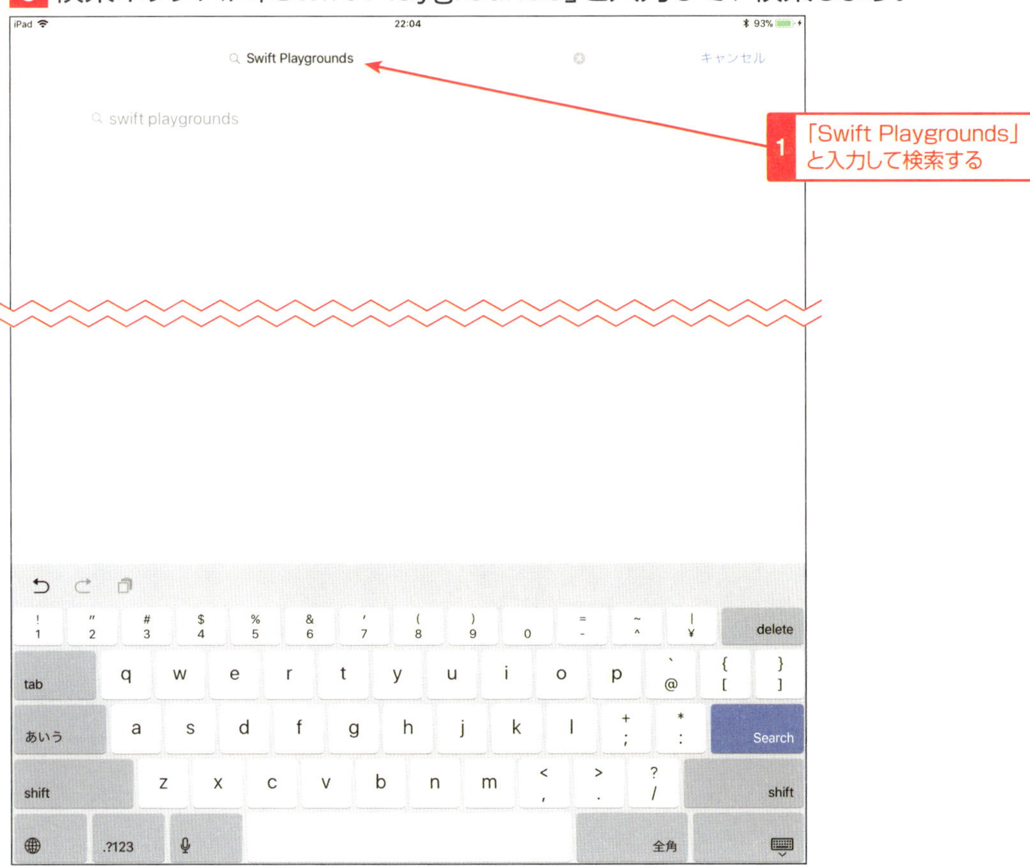

4 「Swift Playgrounds（スウィフト プレイグラウンズ）」の「入手（にゅうしゅ）」ボタンをタップしてダウンロードしよう。

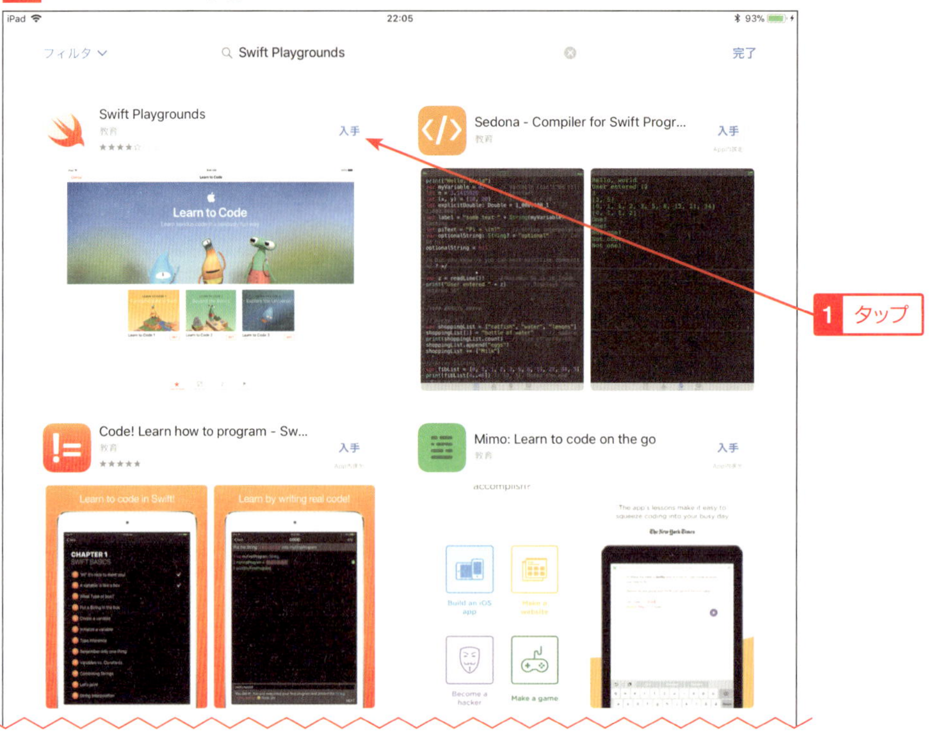

5 インストールされたアプリを起動（きどう）しよう。

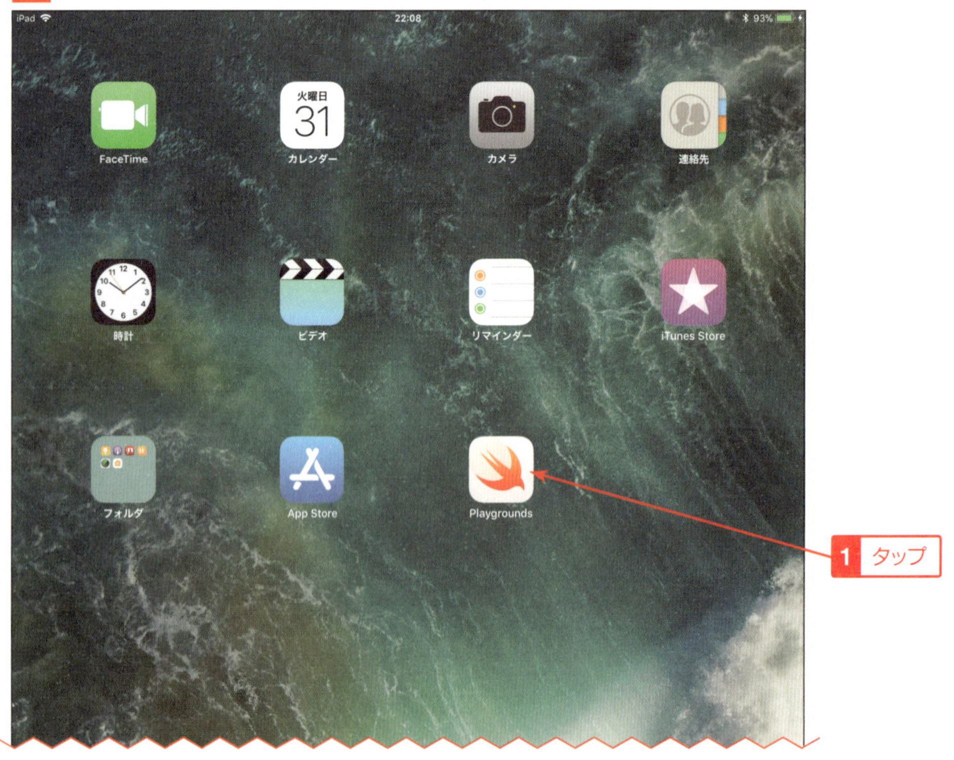

6 通知をしてもいいか聞いてくるので、「許可」をタップして通知を許可しよう。

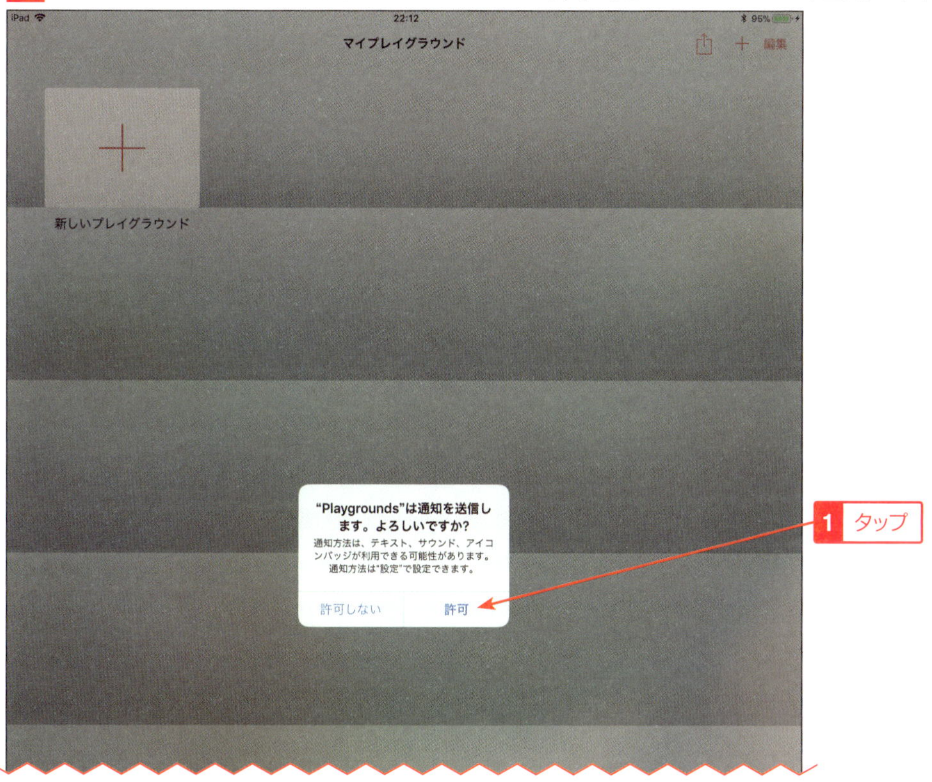

7 これで「Swift Playgrounds」が使えるようになったよ。

「Swift Playgrounds」アプリと書くとちょっと長いから、この本の中では、これ以降、「Playgrounds」アプリと書くよ。

COLUMN 「コードを学ぼう」に出てくるのは何？

「新しいプレイグラウンド」というボタンをタップすると「コードを学ぼう」というページが表示されるんだ。「Playgrounds」アプリのバージョンや状態によっては、アプリを起動したときに、最初にこの画面が表示されることもあるんだ。ここには、Swiftやプログラミングを学習するためのチュートリアルが表示されているんだ。たとえば、「コードを学ぼう1 Swiftの基本」をタップすると、チュートリアルのダウンロード画面が表示されるんだ。

「入手」ボタンをタップするとダウンロードできるよ。やってみよう。ダウンロードが終わると「マイプレイグラウンド」に「コードを学ぼう1」が追加されるから、タップしてみよう。このチュートリアルを使うとゲームをしながらSwiftを勉強することができるよ。この本でもSwiftを勉強するけど、このチュートリアルもやってみると、もっとSwiftのことがわかるようになるよ。

マイプレイグラウンド
編集
新しいプレイグラウンド
コードを学ぼう1
コードを学ぼう1
簡単なコマンド
1/8

第2章

Swift(スウィフト)の世界(せかい)に踏(ふ)み出(だ)そう

SECTION 03 「Playgrounds」で「Hello World!」

Swiftの世界にようこそ! これからプログラミング言語のSwiftのことを色々と学んでいくよ。

Hello World!

「Hello World!」は日本語では「こんにちは世界!」という意味だよ。なぜ、突然、こんな挨拶をしたかというと、プログラミングの勉強をするときに、昔から「Hello World!」と表示するプログラムを作るということから始める伝統があるんだ。新しいプログラミング言語を勉強するときも、ここから始める人が多いんだよ。この本でもここから始めてみよう!

マイプレイグラウンドを作る

iPadで「Playgrounds」アプリを起動して、次のように操作しよう。

1 「新しいプレイグラウンド」をタップしよう。

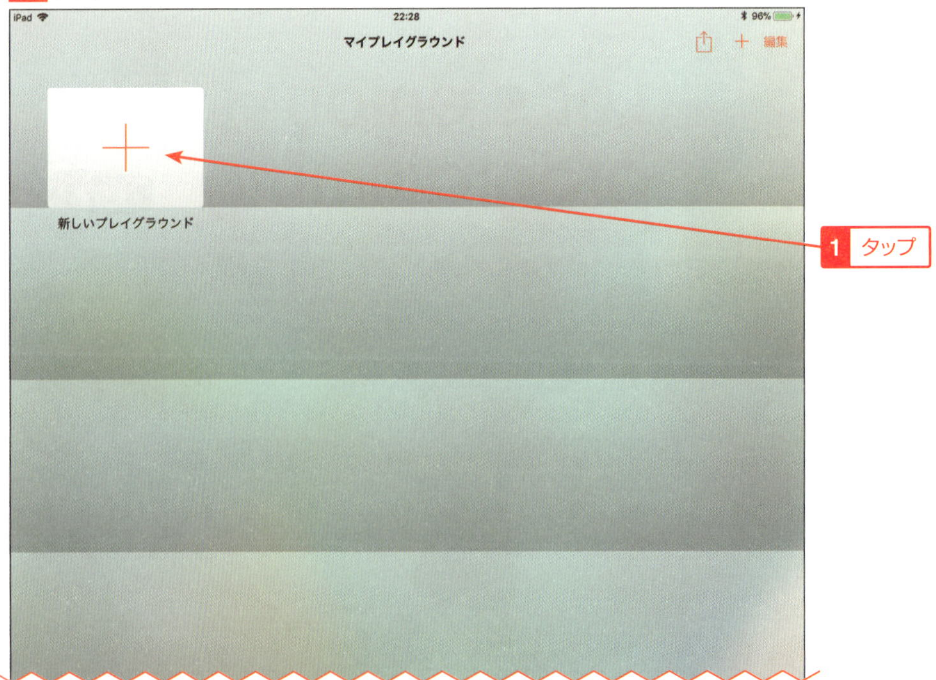

2 「テンプレート」タブをタップして、「空白(くうはく)」の「入手(にゅうしゅ)」をタップしよう。

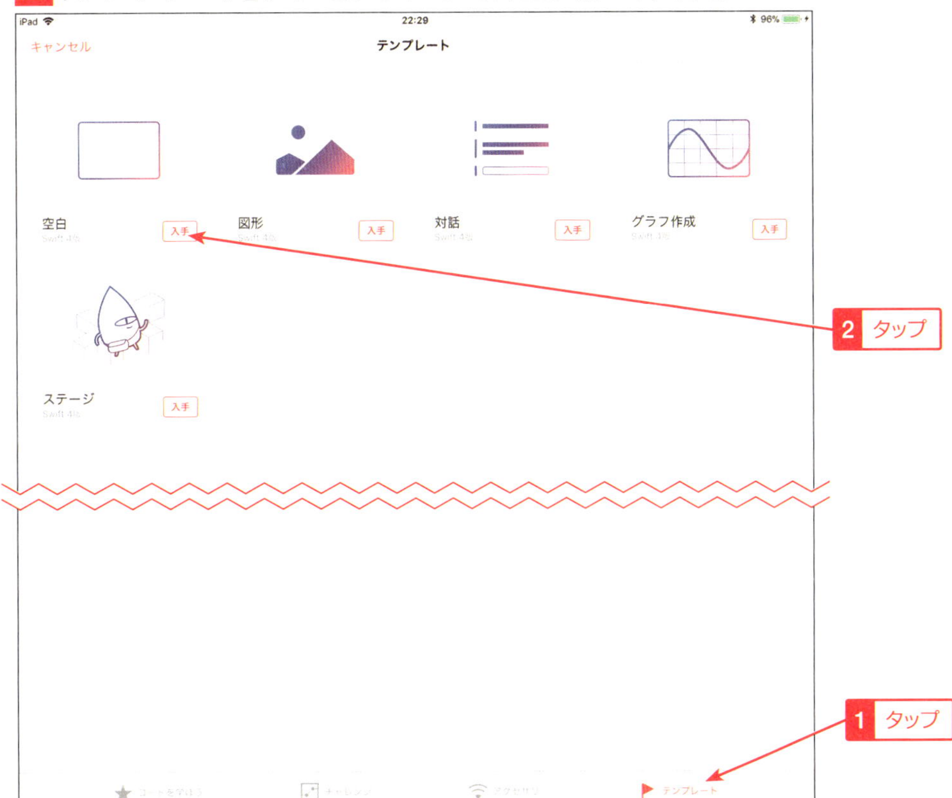

3 「マイプレイグラウンド」が追加(ついか)されるので、タップしよう。

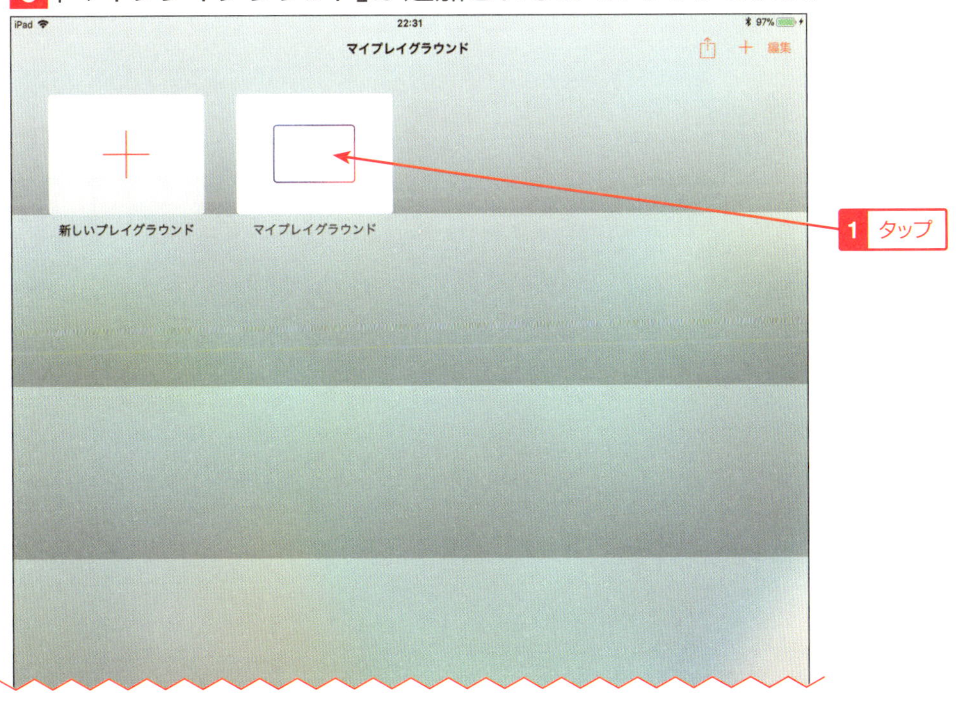

4 白紙(はくし)の画面(がめん)が表示(ひょうじ)されるよ。ここにコードを入力(にゅうりょく)するんだ。

「Hello World!」を入力する

「Hello World!」と表示するコードを入力しよう。次のように操作しよう。

1 画面の右下のキーボード表示ボタンをタップしよう。

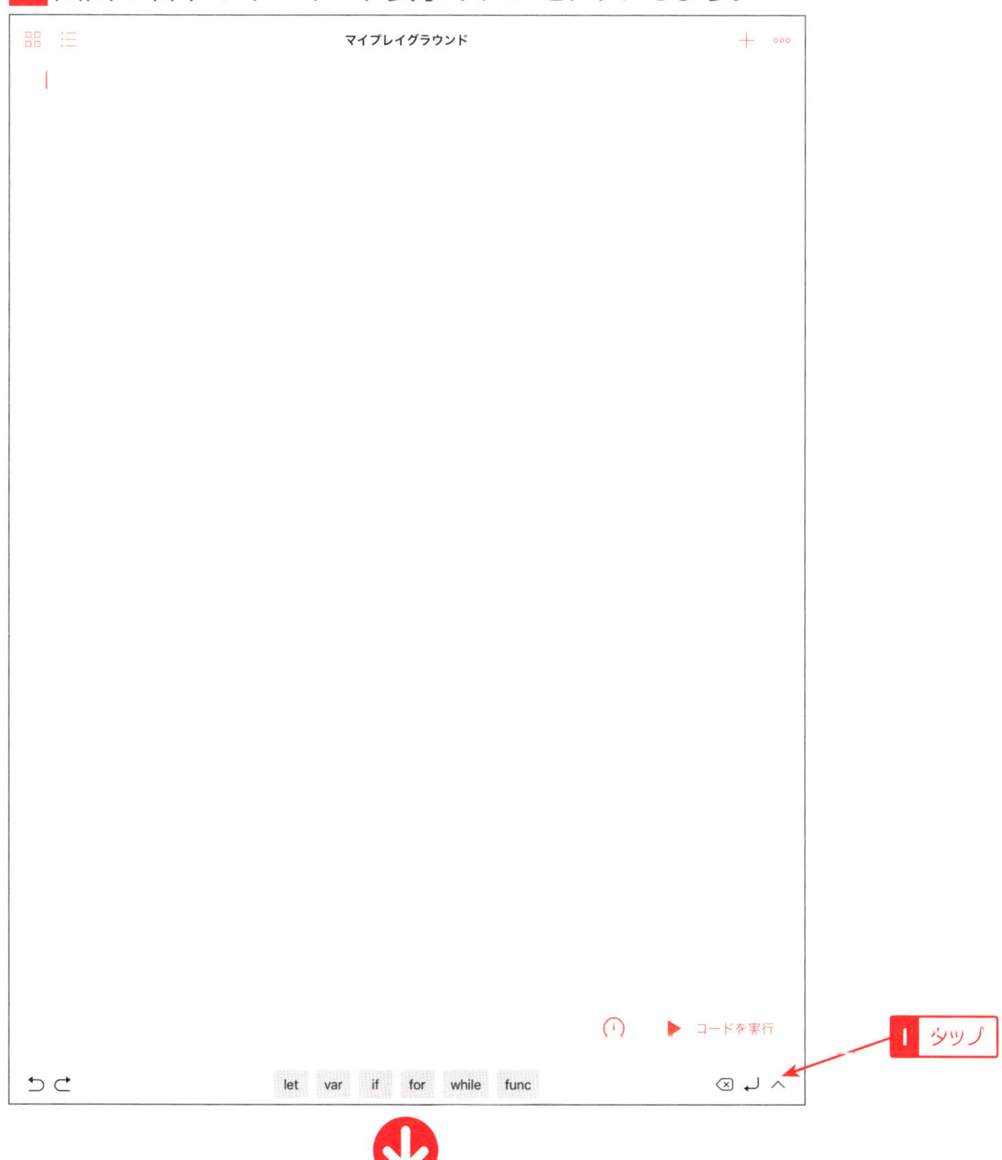

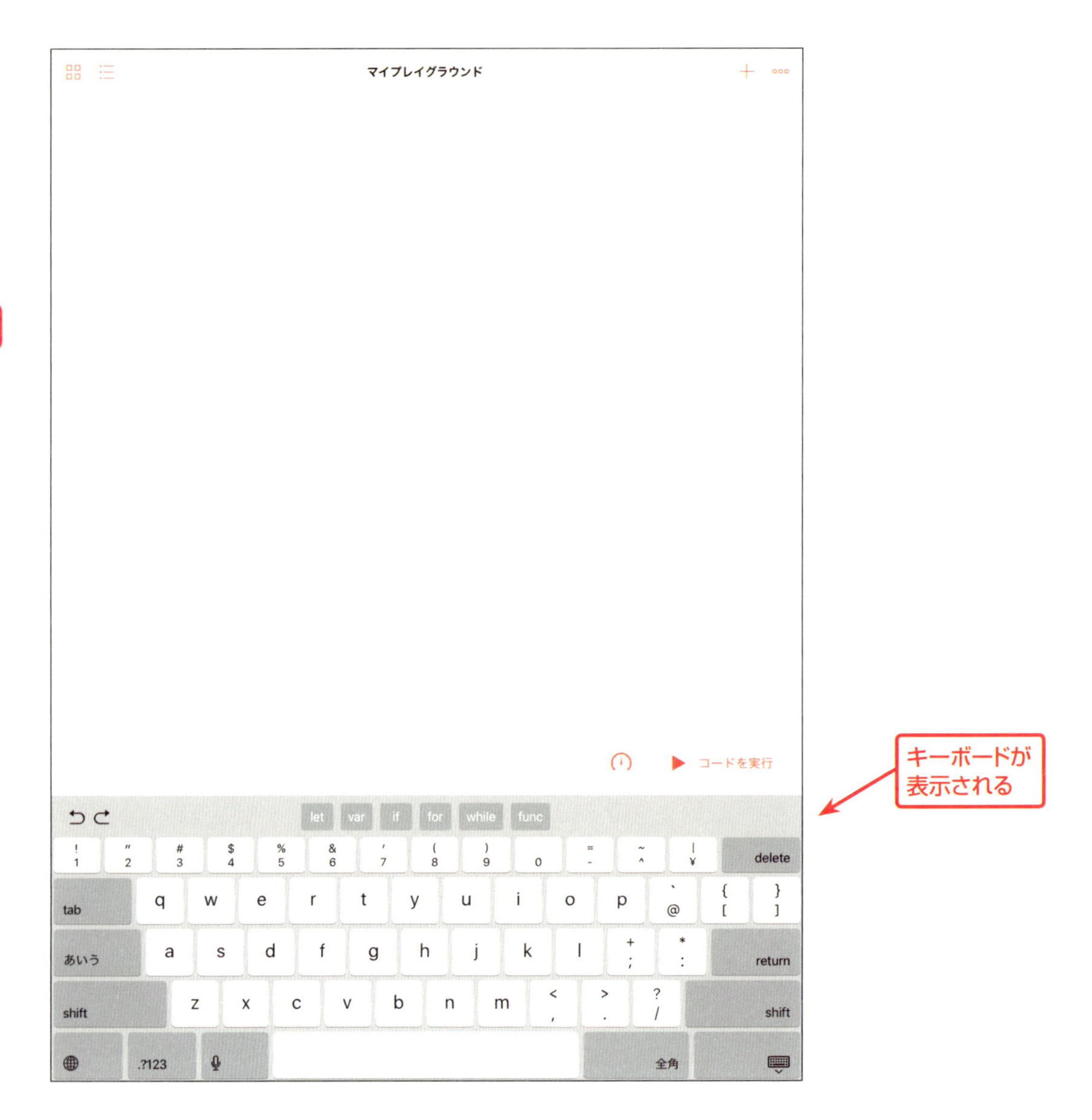

2 「print」と入力しよう。

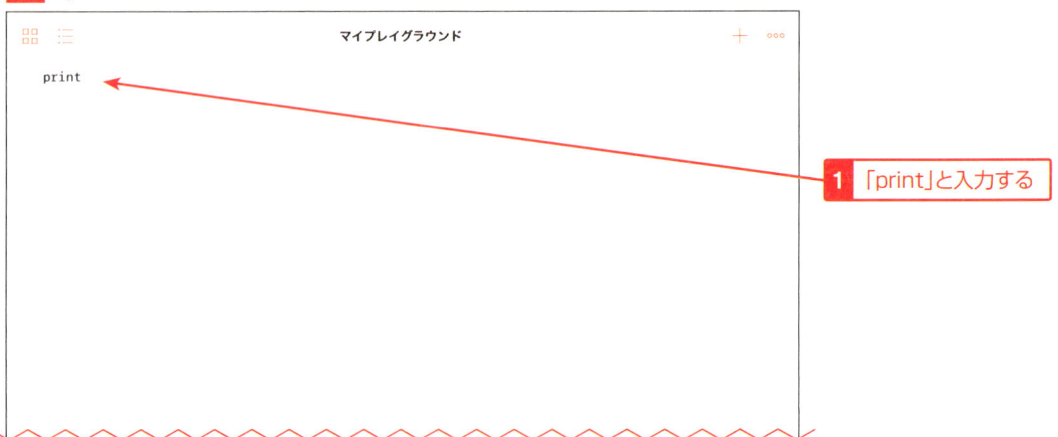

3 キーボードの上(うえ)に表示(ひょうじ)された「(items: Any...)」ボタンをタップしよう。

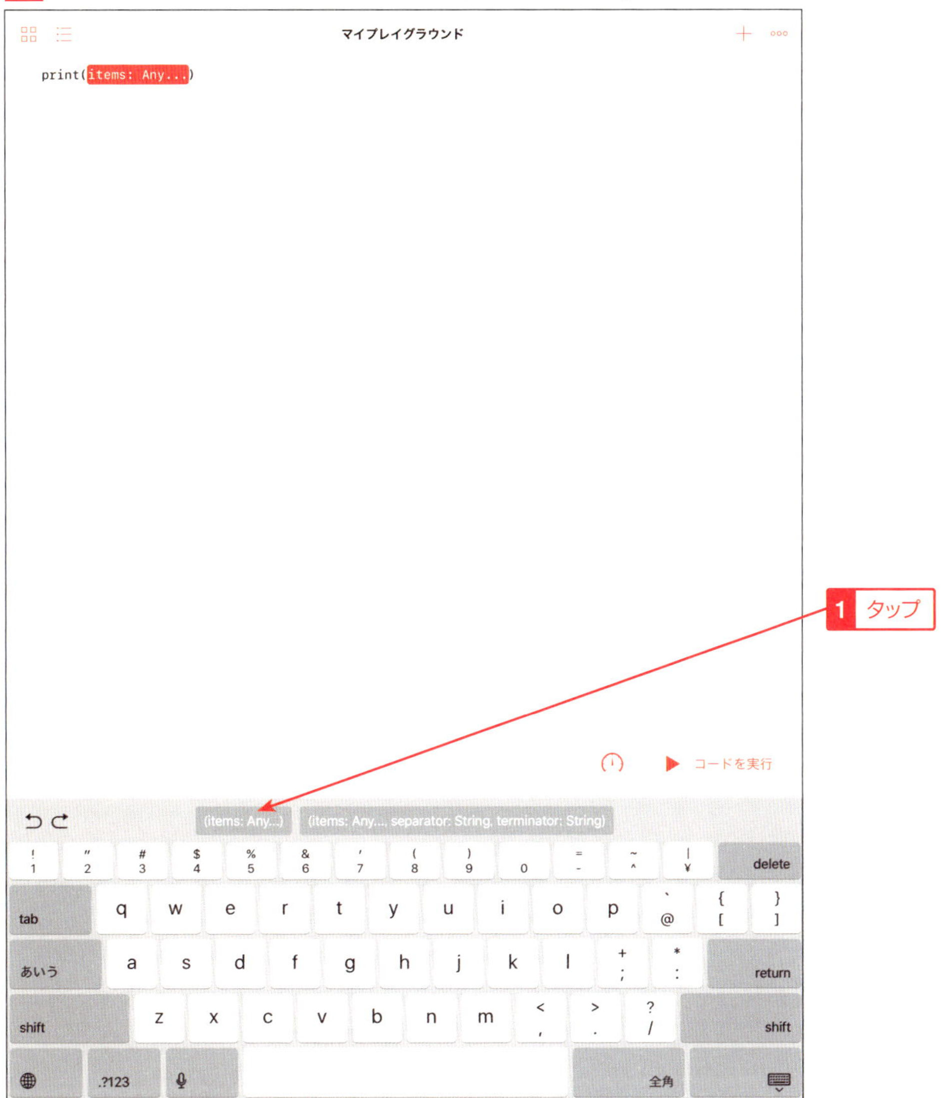

4 「items: Any...」がハイライトされている状態(じょうたい)で「"Hello World!"」と入力(にゅうりょく)しよう。ハイライトされているところが置(お)き換(か)わるよ。

コードを実行する

入力したコードを実行してみよう。次のように操作するんだ。

1 「コードを実行」ボタンをタップしよう。

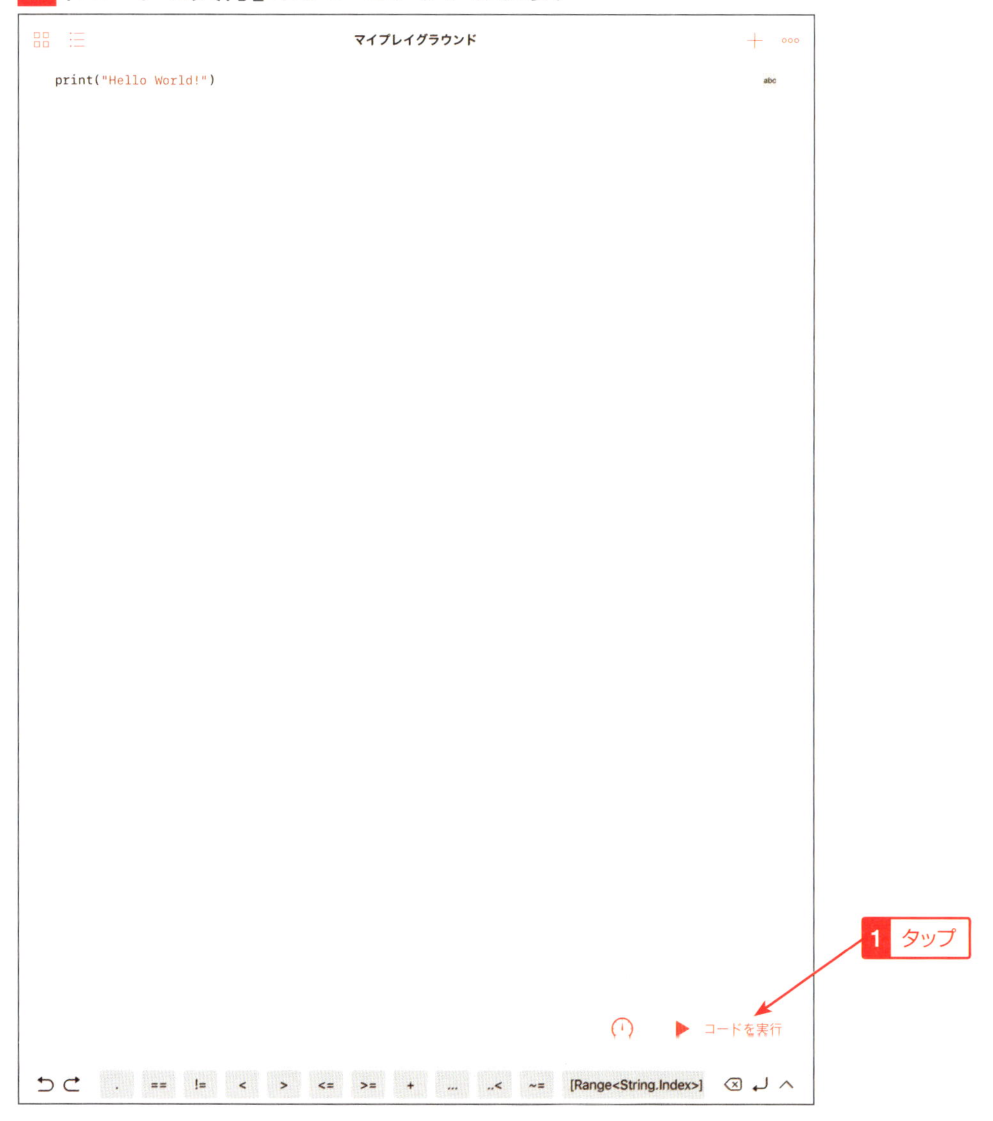

2 キーボードが閉じられて、「print」と入力した行の右端に「abc」というアイコンが表示されるんだ。この「abc」をタップしてみよう。

今、タップしたボタンは結果を表示するボタンなんだ。この「print」という関数で起きた結果が表示されているんだ。表示された結果は「Hello World!」という文字列だね。つまり、「Hello World!」という文字列が、このコードの結果だよ。関数の意味は後で勉強しよう。ここでは、このようなコードを書くと、「"」で囲まれた文字列が表示されるということだけ、わかってくれれば十分だよ。

COLUMN

「文字列」って何？

「文字列」という言葉が登場したね。文字列というのは、「テキスト」や「文章」のことなんだ。プログラミングの世界では、コード中で使用する「テキスト」や「文章」のことを文字列と呼ぶんだよ。Swiftでは「"」で囲まれた部分が文字列になるんだ。

COLUMN

キーボードの上のボタンがおかしい？

とても残念なことなんだけど、この本を書いている時点での最新版の「Playgrounds」アプリ（バージョン1.6.1）には日本語を使っている私たちにとっては、とても厄介な不具合があるんだ。それは、コメントを入力するときに、ソフトウェアキーボードを日本語に切り替えた後、コードを入力するために英語に戻すと、キーボードの上に表示されるコード補完ボタンの表示がおかしくなり、押してもうまく入力できなくなってしまうんだ。

こうなってしまわないように、コメントで日本語を入力した後、英語の入力に戻してから改行するようにしよう。それだけでも、だいぶこの不具合に出会う回数を減らせるんだ。

それでも、この状態になってしまったら、ソフトウェアキーボードの右下にある、キーボードを閉じるボタンをタップして、一度、キーボードを閉じて、もう一度開いてみよう。これで直すことができるよ。みんなのiPadでも、同じ状態になってしまったときは、キーボードを一度閉じるようにしよう。

SECTION 04 算数をやってみよう

Swiftは計算だってできるんだ。ここではSwiftを使って、算数の計算をやってみよう。

足し算、引き算、掛け算、割り算をやってみよう

足し算、引き算、掛け算、割り算のことをまとめて「四則演算」と呼ぶんだけど、まずは、Swiftに四則演算をやらせてみよう。足し算を計算してみよう。

```
1 + 2 + 3
```

Swiftでも足し算は「+」(プラス)を使うんだ。「+」と数字の間はくっつけてもいいけど、見やすくするためにスペースを入れているよ。次のように操作しよう。

1 ソフトウェアキーボードを表示しよう。

2 入力済みのコードがあったら、削除しよう。

3 「1」を入力し、ソフトウェアキーボードの上部の「+」をタップしよう。

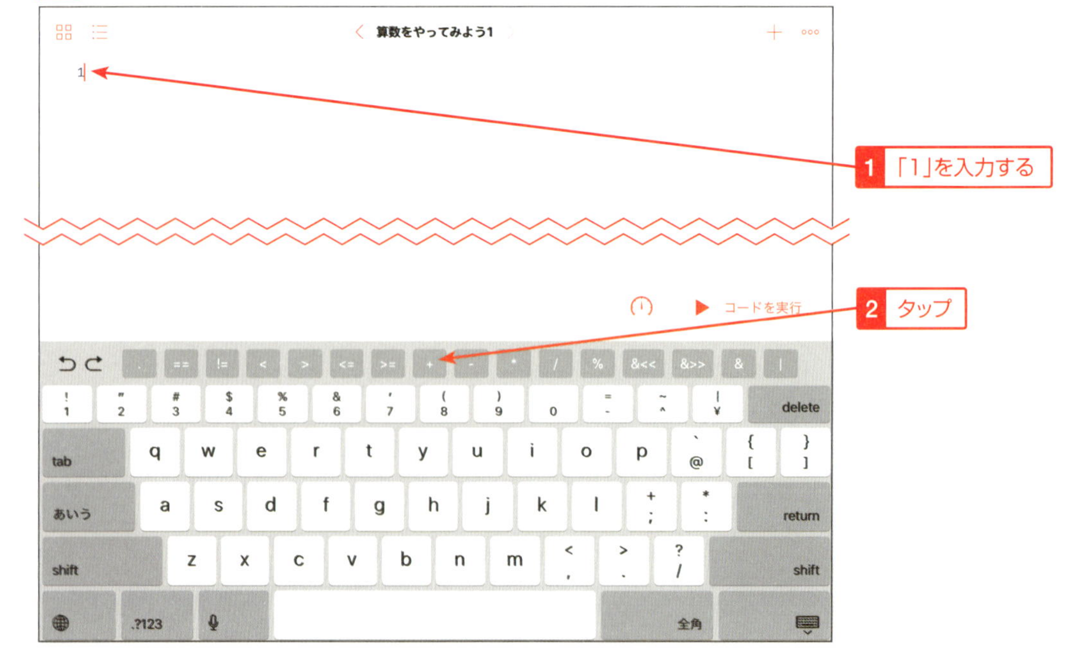

4 キーボードが閉じて、足す数を入力するためのテンキーが表示されるよ。

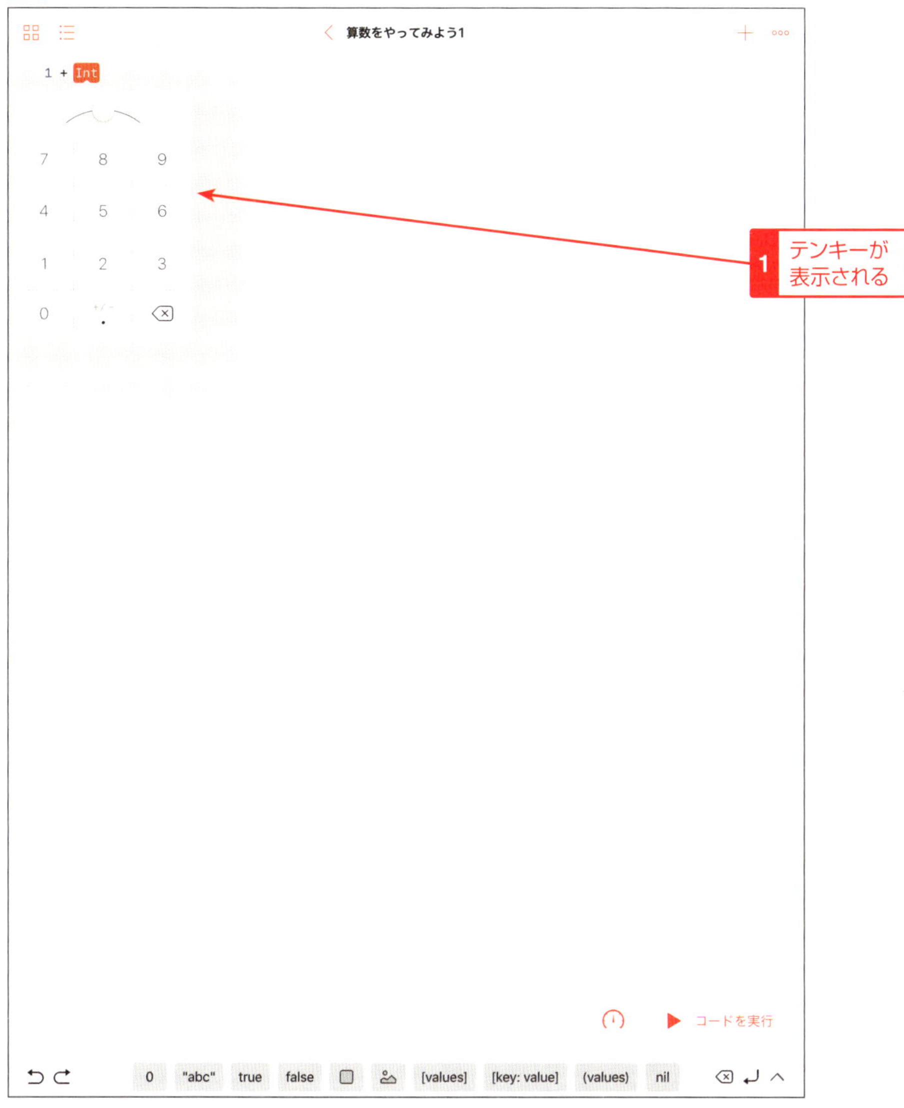

5 テンキーで「2」と入力し、画面の下の方に表示されている「+」ボタンをタップしよう。

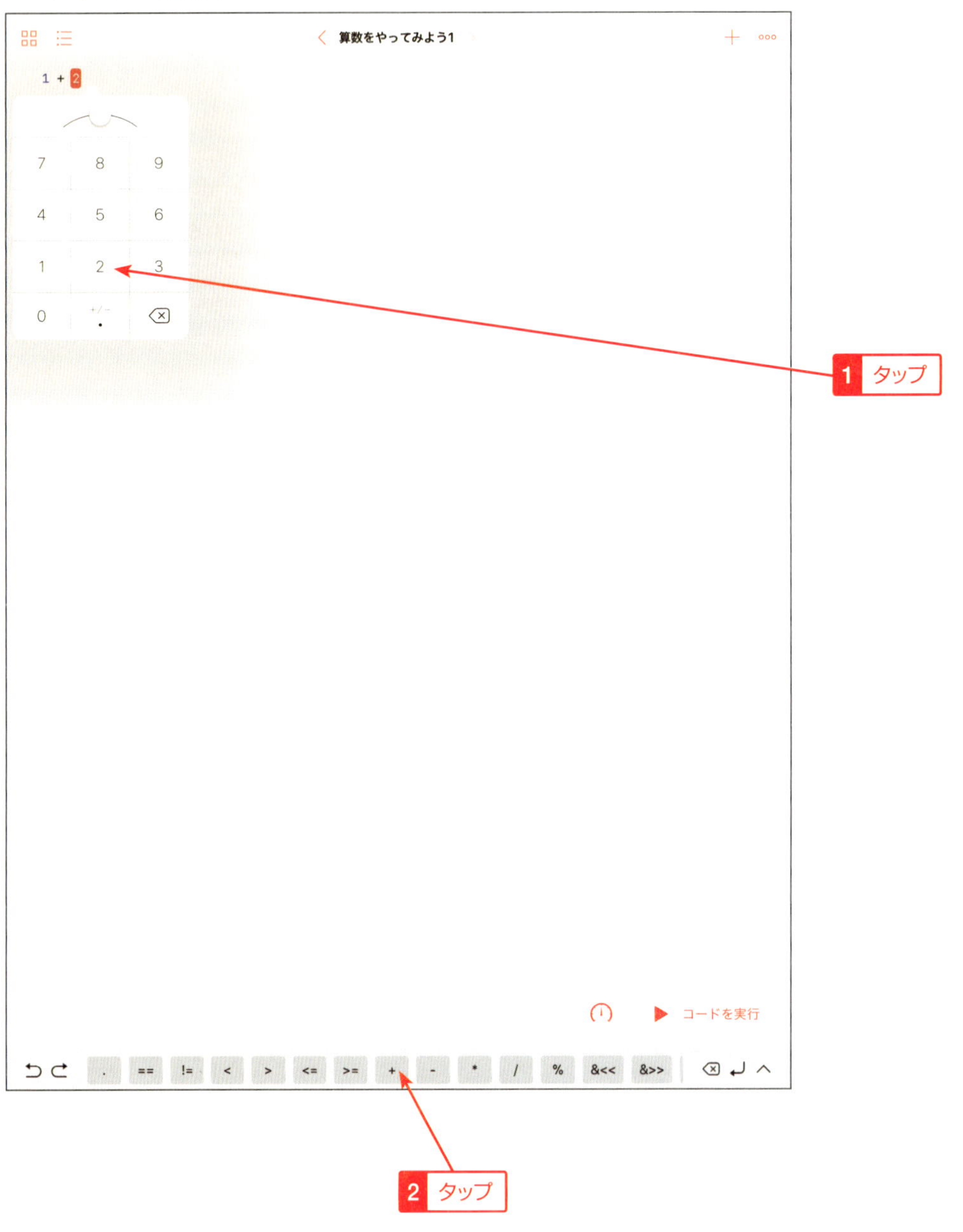

6 次に「3」と入力するんだけど、ちょっと違う方法を試してみよう。テンキーの上部にある楕円形のスライダーのノブを右方向にドラッグしてみよう。円形に変わって、ノブを動かすたびに数値が変わるんだ。3になるまで動かしてみよう。

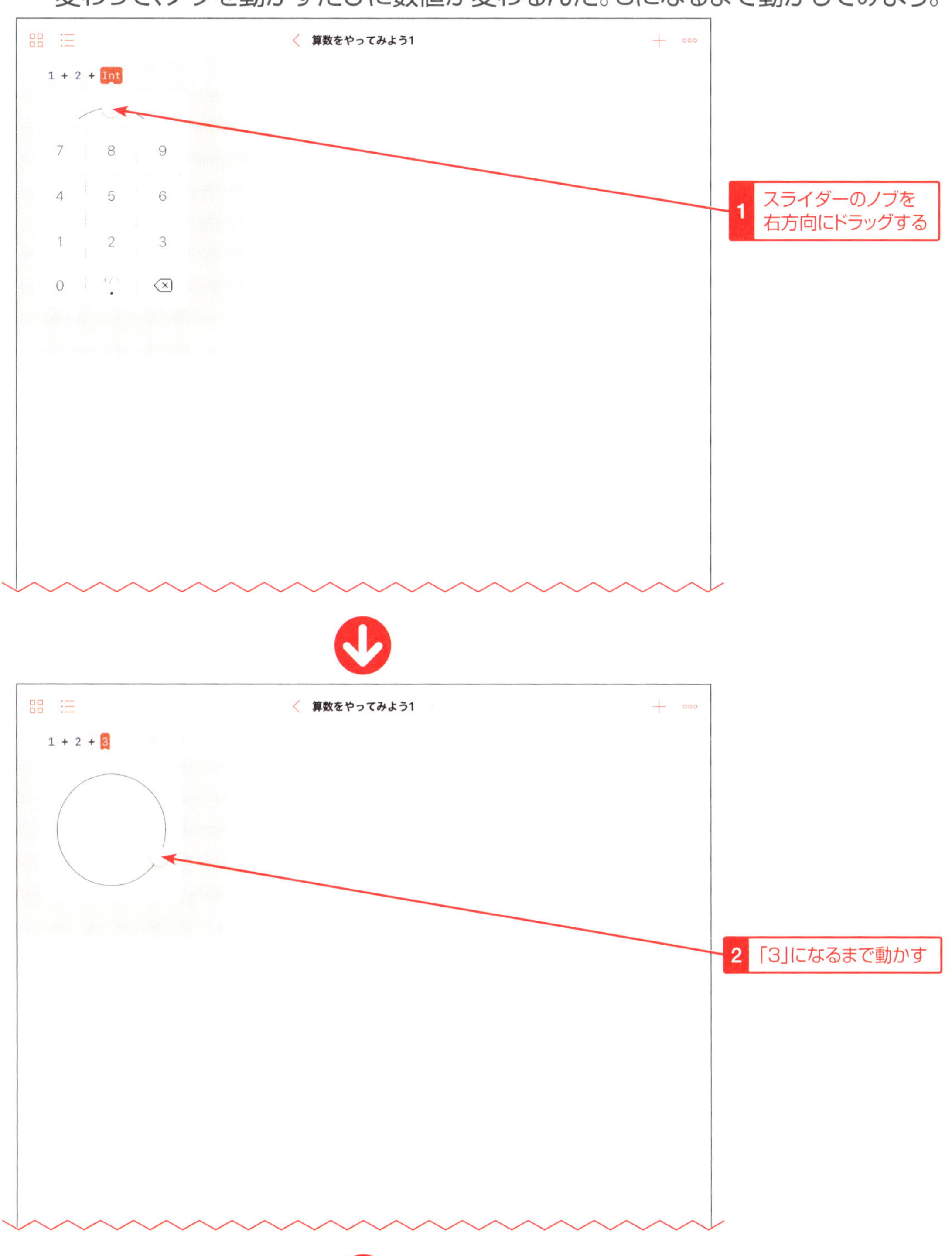

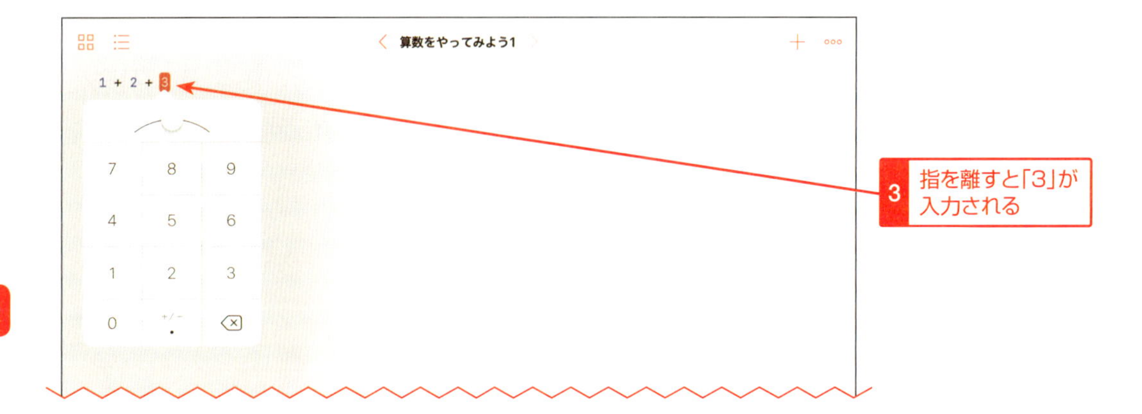

7 「コードを実行(じっこう)」ボタンをタップしよう。1回(かい)タップしただけだと、テンキーが閉(と)じるだけだから、もう1回(かい)タップしてみよう。

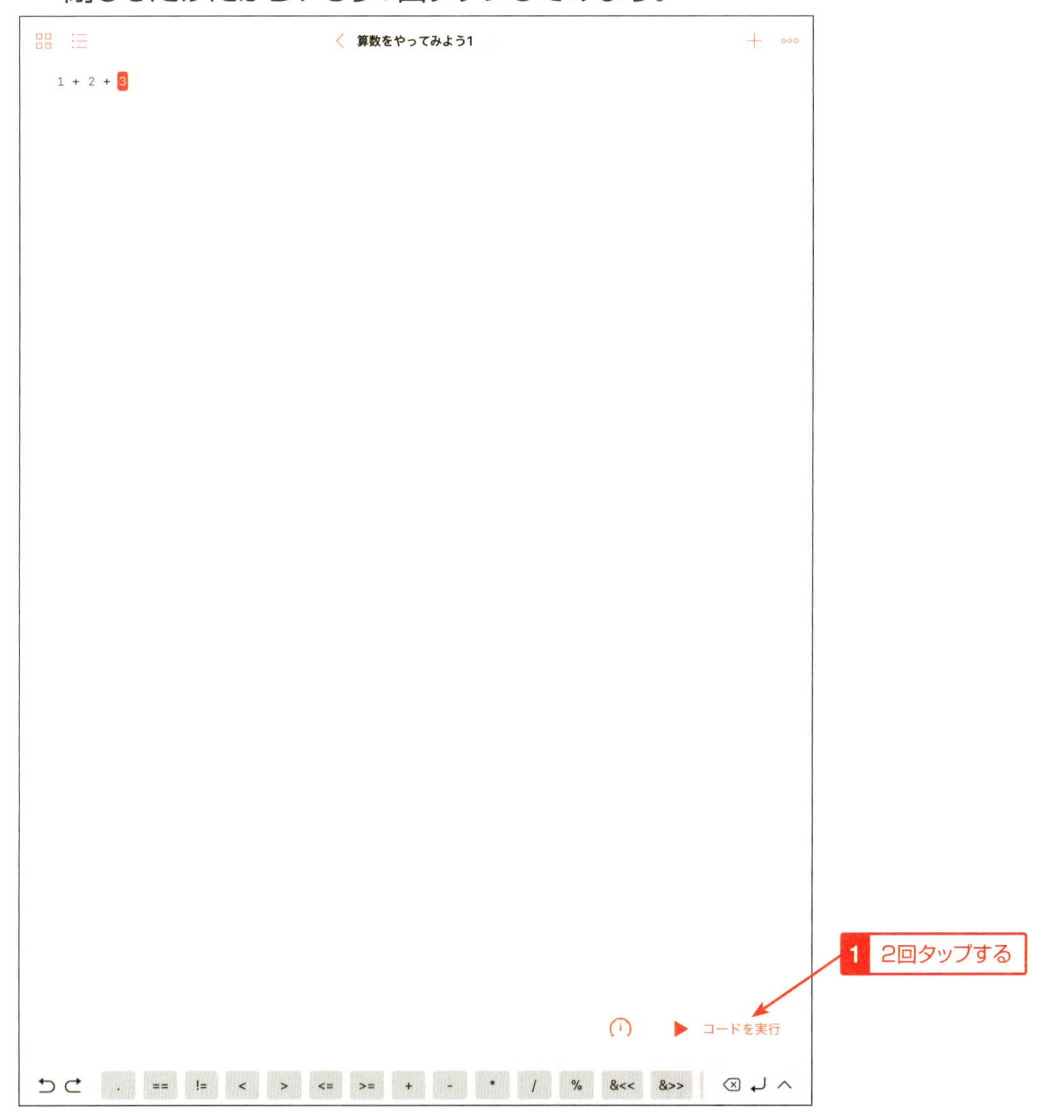

8 「123」というアイコンが表示されるので、そのアイコンをタップしてみよう。計算の答えが表示されるよ。

好きな数字を入れて練習してみよう。もっとたくさん、数を使っても大丈夫だよ。「.」を使って、次のように小数の足し算も試してみよう。入力済みのコードは残しておいて、次の行に入力しても大丈夫だよ。入力したら、「コードを実行」ボタンをタップして、コードを実行してみよう。

```
1.2 + 2.3 + 5.4
```

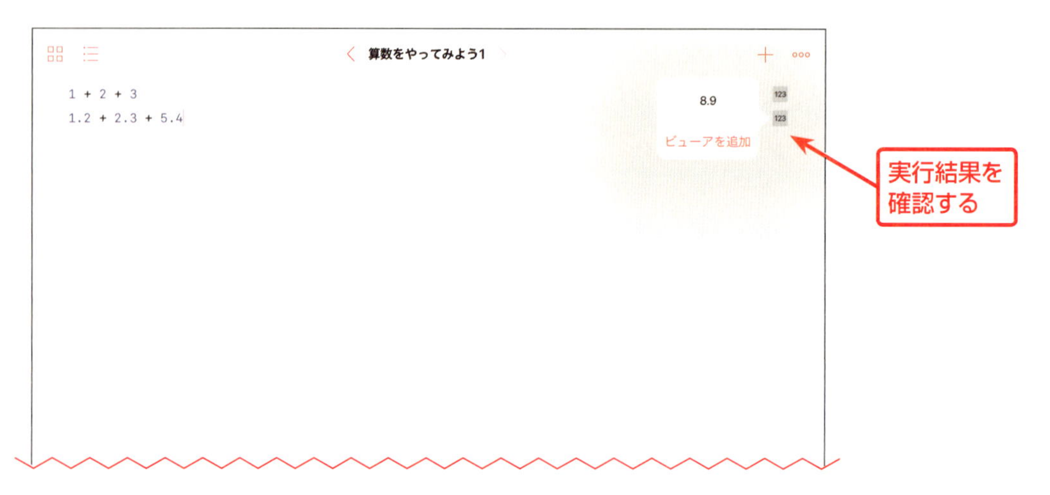

引き算や掛け算、割り算もやってみよう。引き算は「-」(マイナス)、掛け算は「*」(アスタリスク)、割り算は「/」(スラッシュ)を使うんだ。

```
5 - 4
2 * 6
6 / 2
2 * 2 + 3 * 2
```

複数の行を入力するときはちょっとコツがあるんだ。一緒にやってみよう。

1 「5」を入力し、キーボードの上部の「-」ボタンをタップしよう。

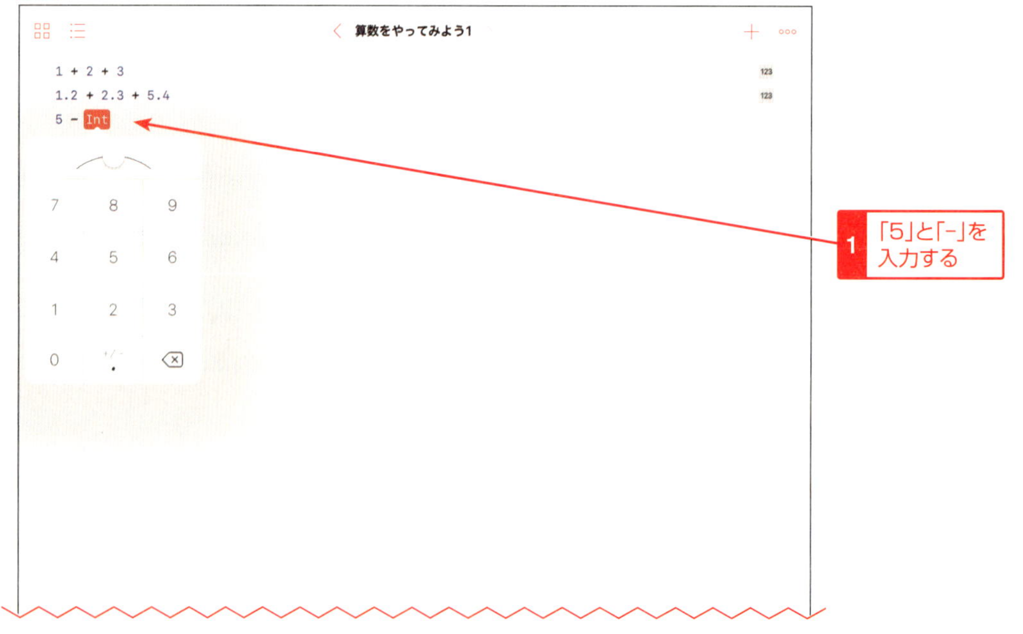

2 「4」を入力(にゅうりょく)し、画面右下(がめんみぎした)の改行(かいぎょう)ボタンをタップしよう。次(つぎ)の行(ぎょう)にカーソルが移動(いどう)するんだ。

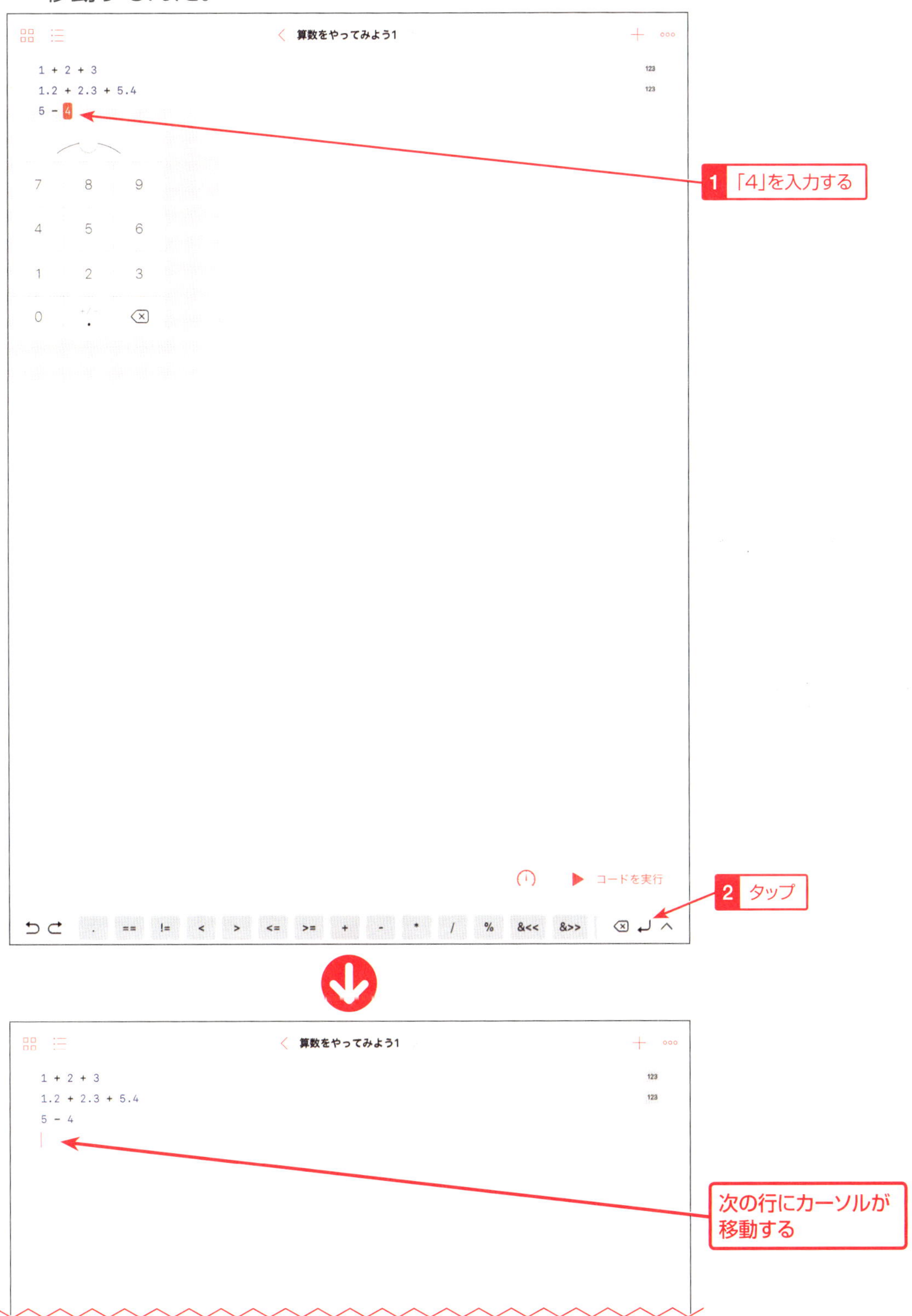

3 「2 * 6」を入力しよう。「*」はキーボードの上部に表示されるボタンで入力できるよ。入力が終わったら、画面右下の改行ボタンをタップしよう。

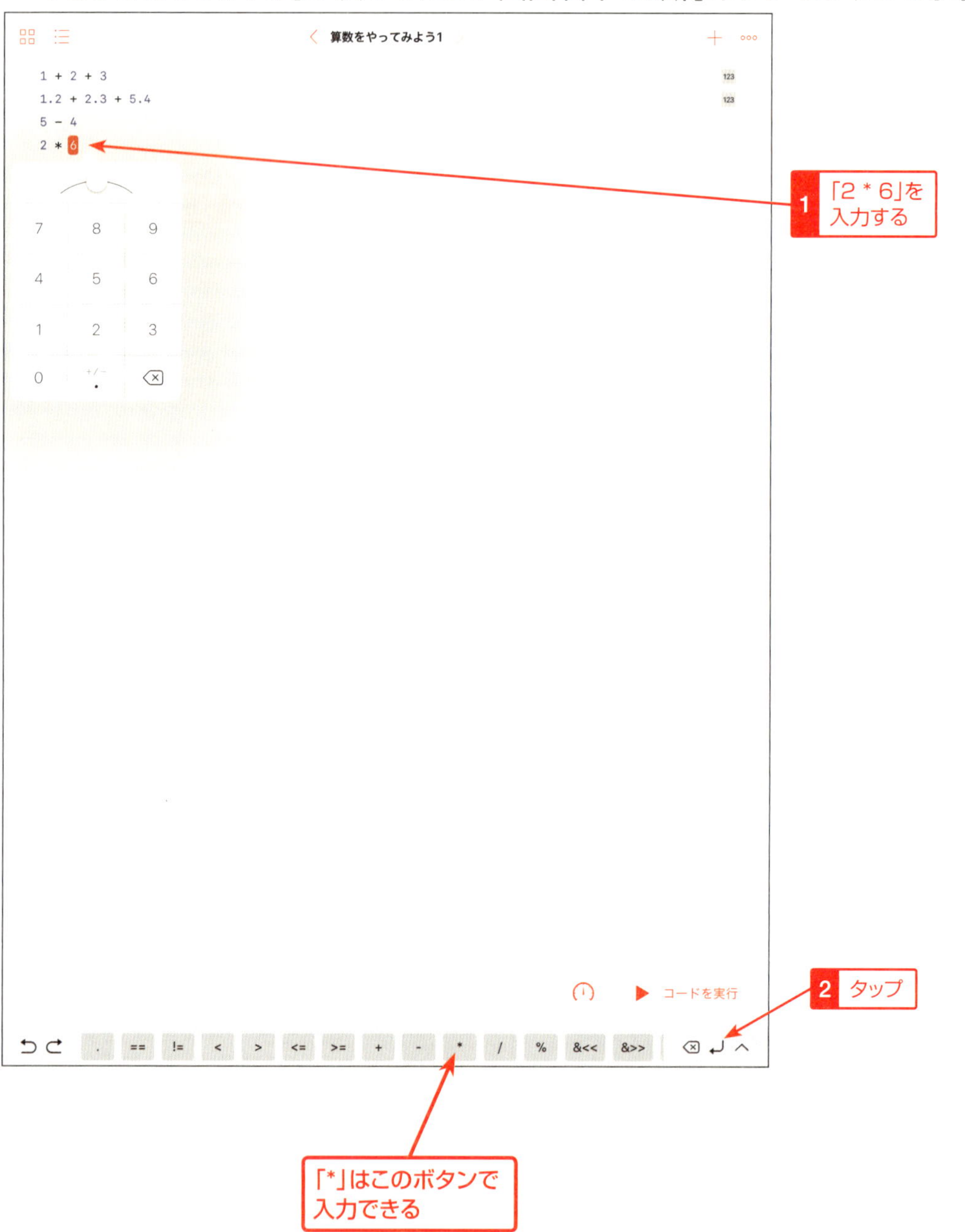

4 次の行にカーソルが移動するよ。このように複数の行を入力するときは、右下の改行ボタンをタップするのがコツだよ。

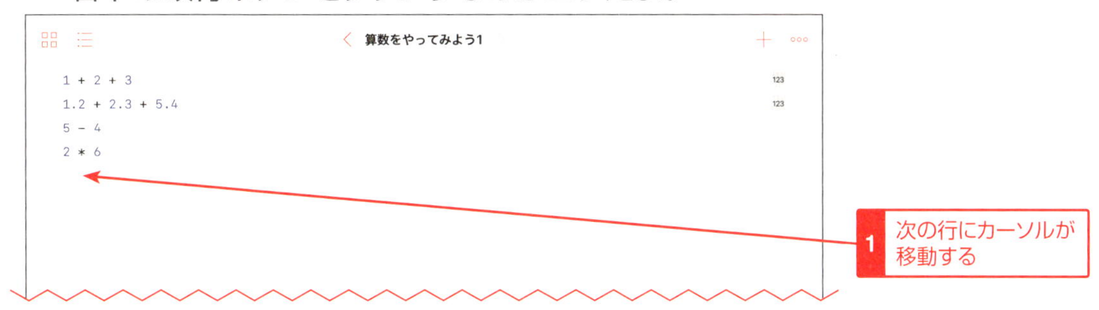

5 同じように操作して、残りの2行も入力しよう。入力が終わったら、「コードを実行」ボタンをタップしよう。

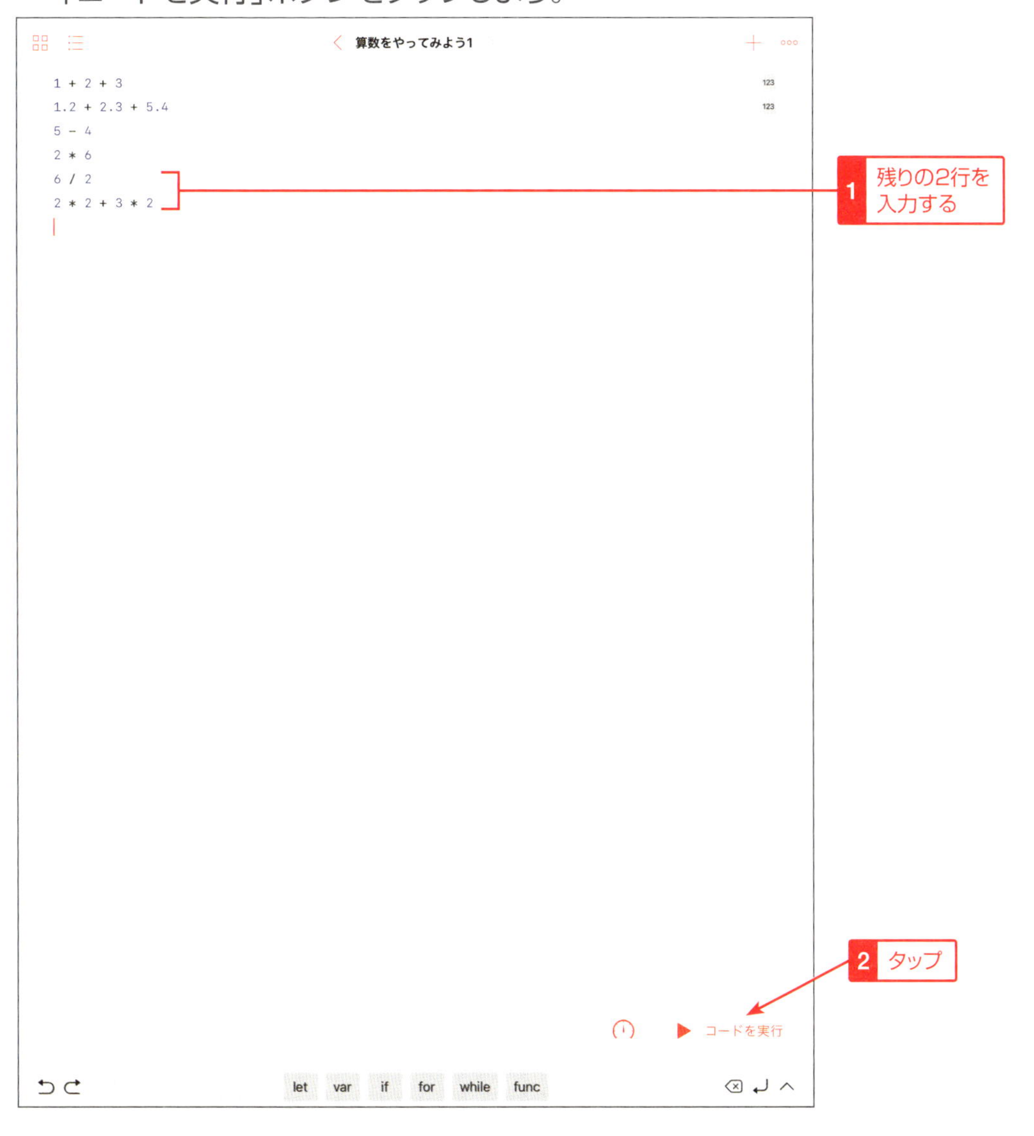

6 「5 - 4」の行(ぎょう)の「123」のアイコンをタップしよう。

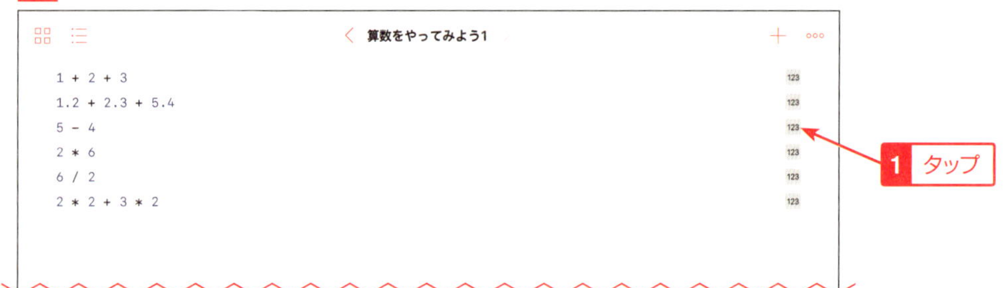

7 「ビューアを追加(ついか)」ボタンをタップしよう。計算結果(けいさんけっか)がコードの次(つぎ)の行(ぎょう)に表示(ひょうじ)されるんだ。

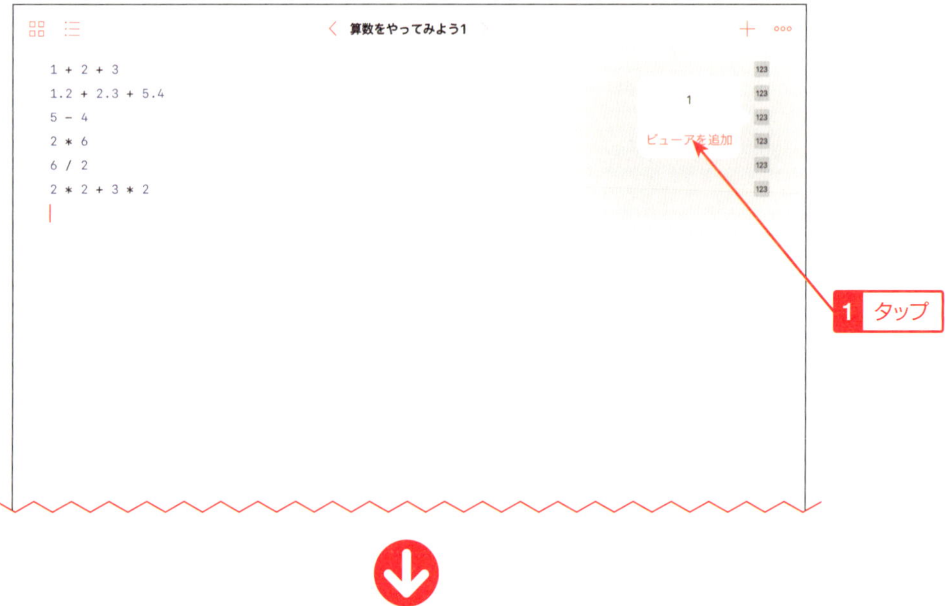

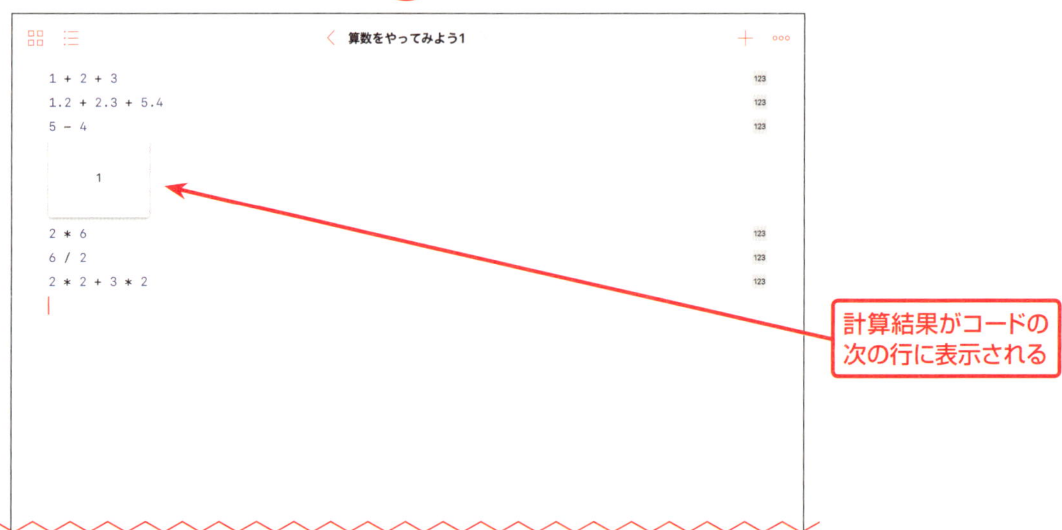

8 同じように操作して、残りの3行の答えも表示してみよう。

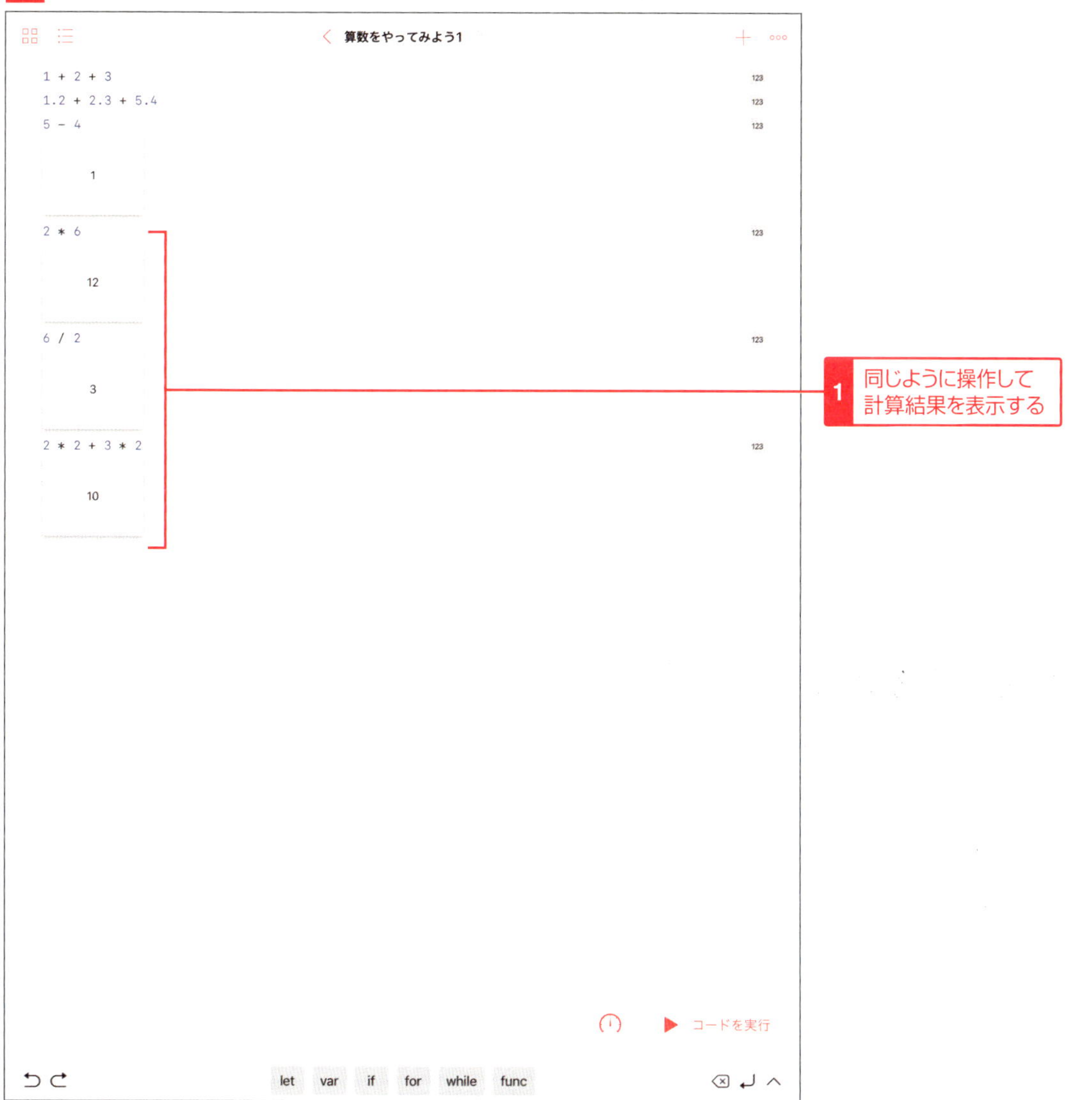

答えは上から順番に「1」「12」「3」「10」だよ。同じように表示されたかな?

掛け算と割り算は、足し算と引き算よりも先に計算するというルールがあるから、Swiftでも、掛け算と割り算は足し算と引き算よりも先に計算されるんだ。

結果ビューアを消したいときは、もう一度、「123」をタップしてみよう。「ビューアを削除」ボタンをタップすると、結果ビューアが削除されるんだ。

表示(ひょうじ)されている結果(けっか)ビューアをタップしても消(け)すことができるよ。タップすると表示(ひょうじ)される「削除(さくじょ)」ボタンをタップしてみよう。結果(けっか)ビューアが削除(さくじょ)されるんだ。

COLUMN

整数と小数

コンピュータでは整数と小数が別々のものになっているんだ。「5 / 2」は、みんなが普通に計算すると、答えは「2.5」だね。でも、Swiftでは違う答えが出るんだ。実際に入力して計算してみよう。

```
5 / 2
```

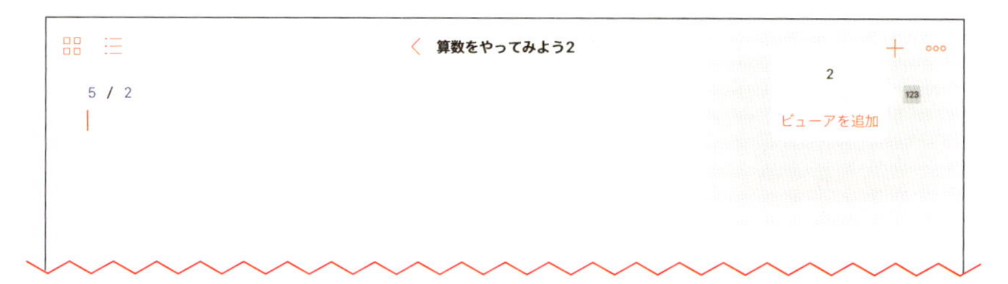

答えは「2」と表示されたね。では、次のように入力してみよう。

```
5.0 / 2.0
```

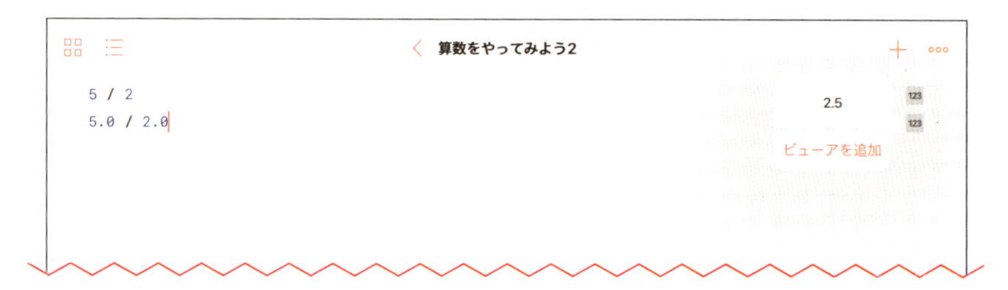

今度は「2.5」と表示されたね。

なぜ、このように変わったのかわかるかな？　実は、最初の割り算は整数同士だから、答えも小数点以下の部分は切り捨てられてしまったんだ。2番目の計算は小数点があるから、小数同士の計算になって、答えも小数になるんだよ。では、次のように、混ざっている場合はどうなるかやってみよう。

```
5 / 2.0
5.0 / 2
```

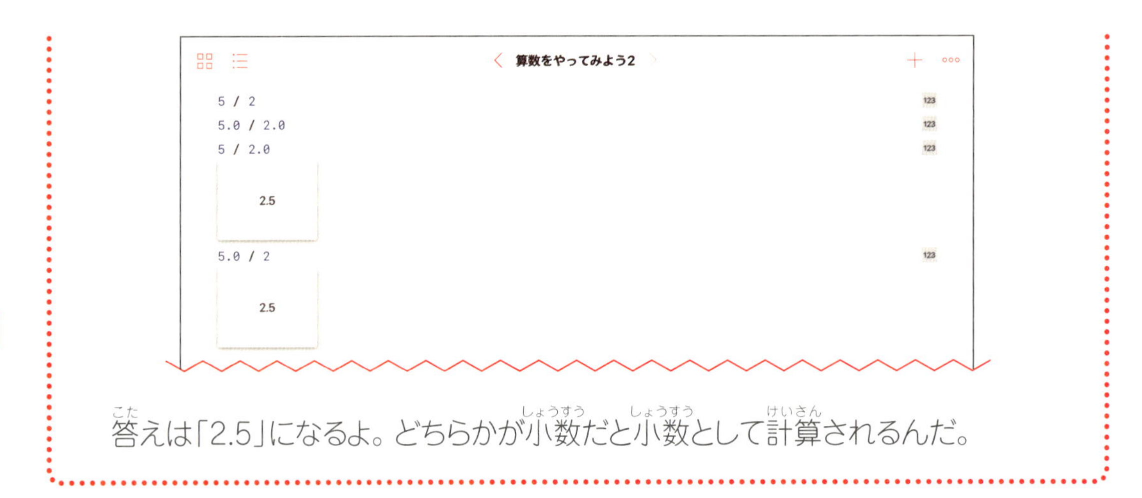

答えは「2.5」になるよ。どちらかが小数だと小数として計算されるんだ。

括弧を使ってみよう

算数には括弧で囲まれた場所を先に計算するというルールがあるんだ。Swiftでも括弧で囲まれた場所は先に計算されるよ。次の計算をやってみよう。

```
2 * (2 + 1)
```

次のように操作するんだ。

1 「2 *」までを入力しよう。

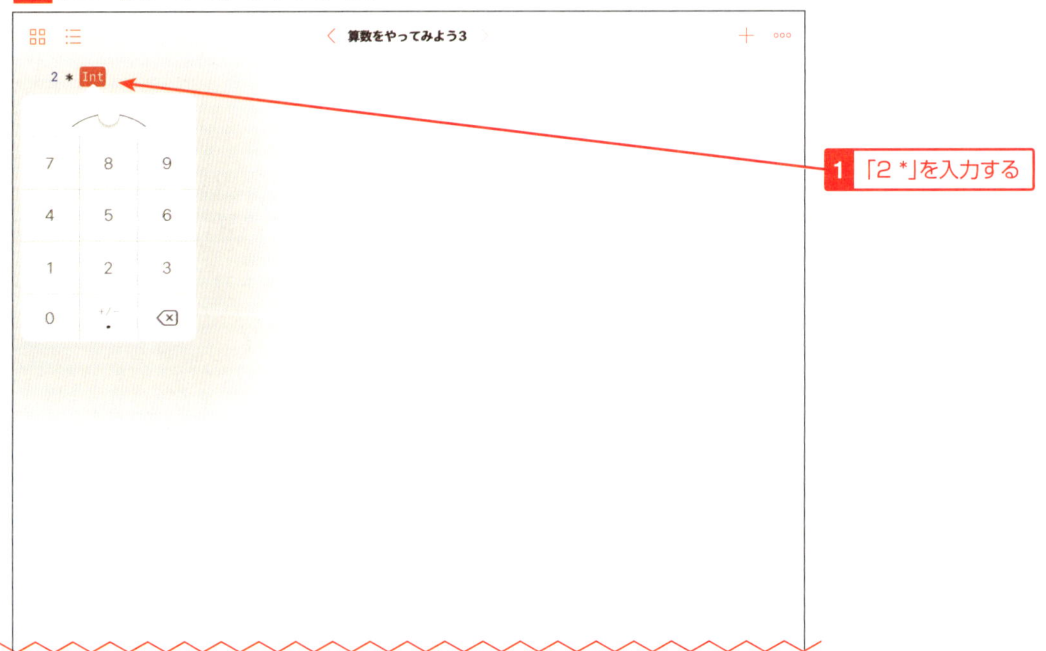

2 キーボードを表示して「(」を入力しよう。「(Values)」ボタンではなく、「Shift」キーをタップしてから、「8」のところに表示される「(」ボタンをタップするんだ。

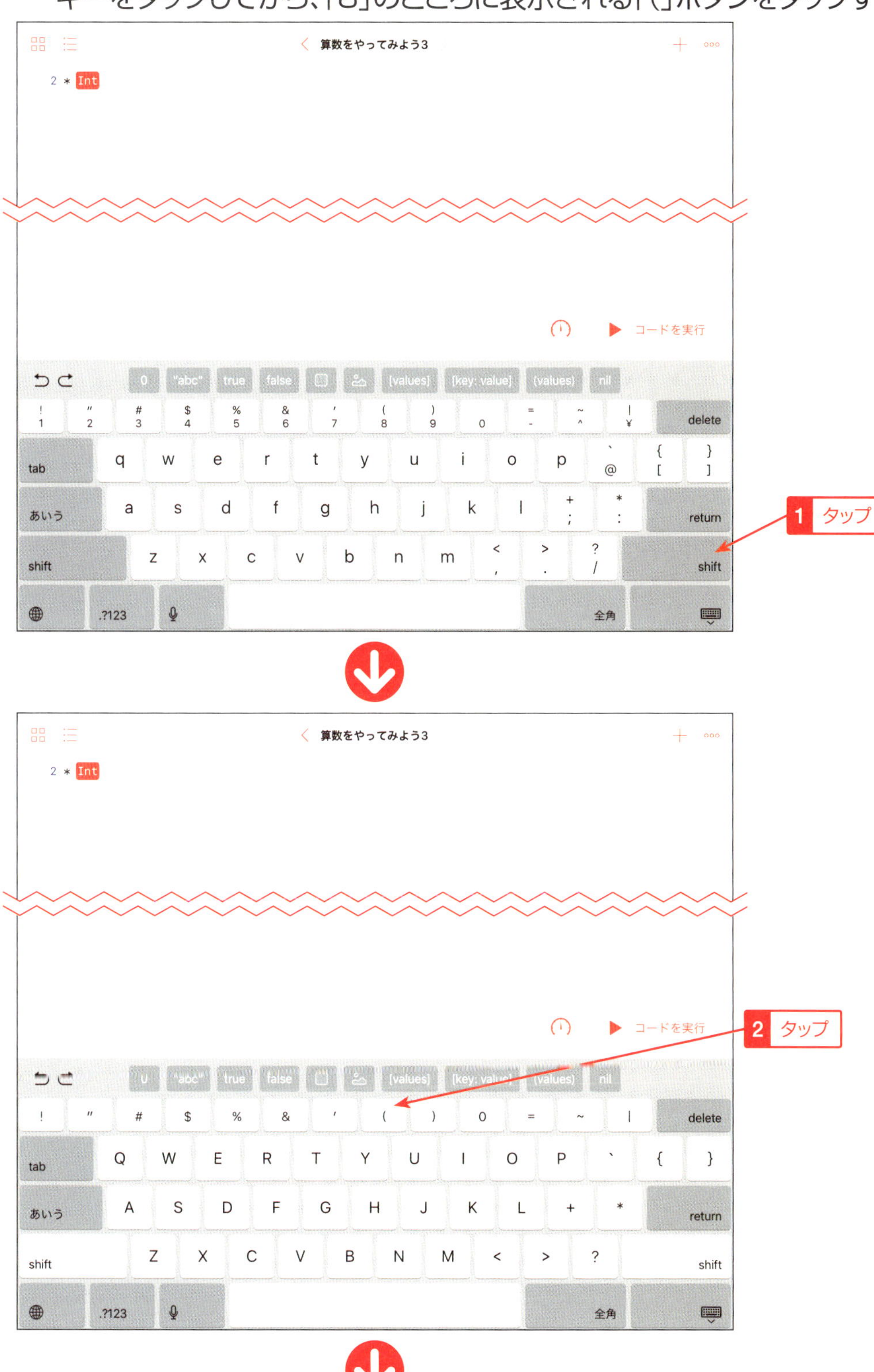

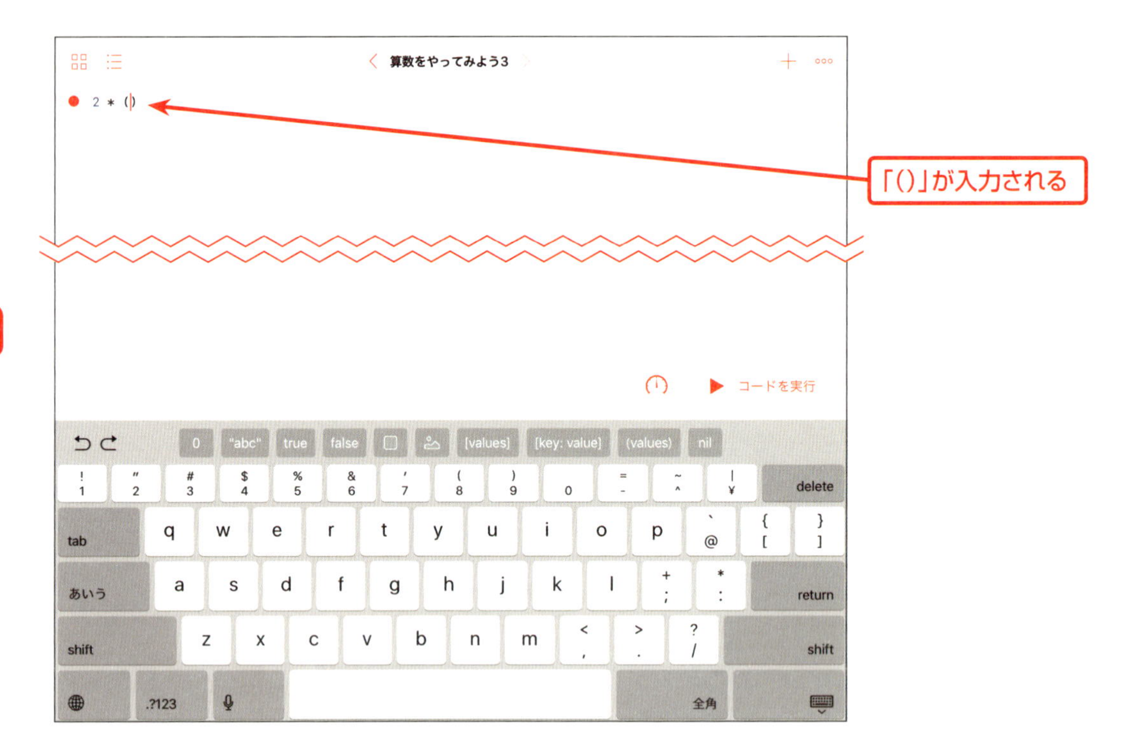

3 「2 + 1」を入力(にゅうりょく)しよう。

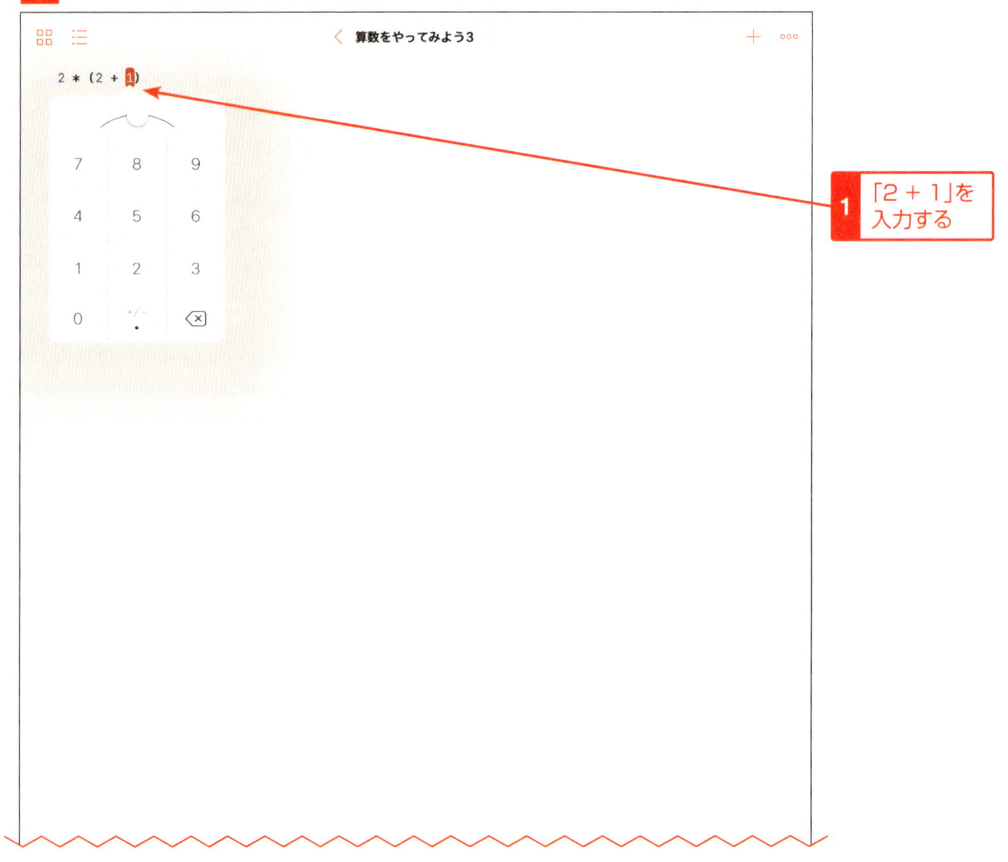

4 「コードを実行」ボタンをタップしから、「123」をタップしよう。

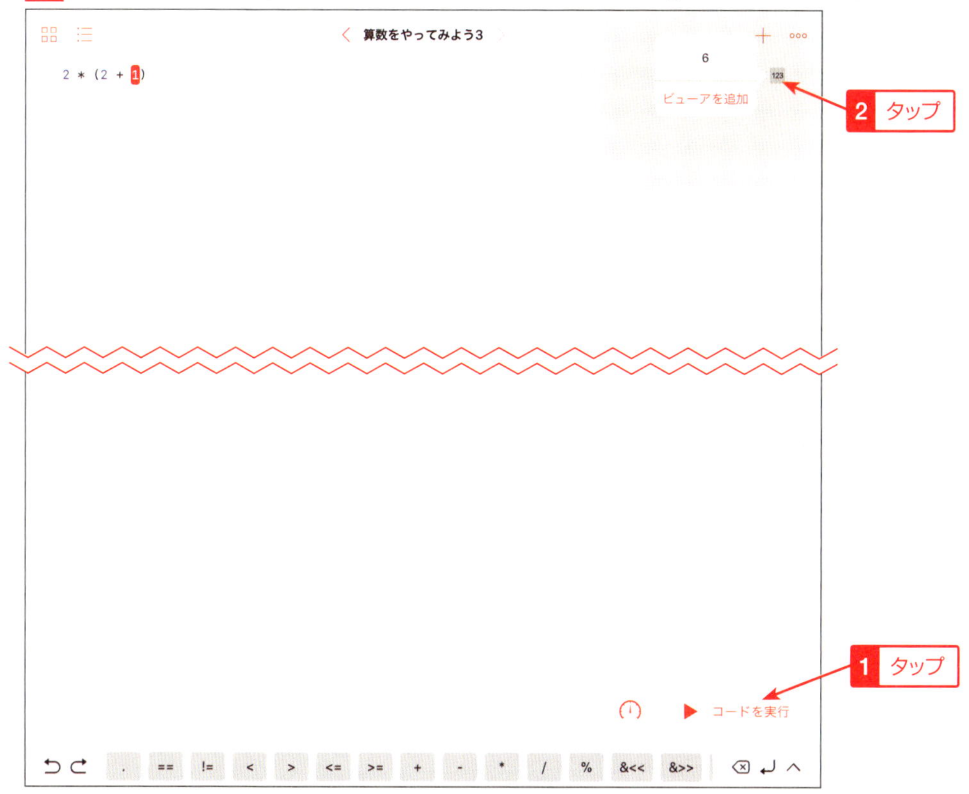

答えが「6」と表示されたかな？　括弧の中を先に計算すると「2 * 3」という式になって、答えは「6」になるんだ。算数だと括弧で囲まれた中に、二重に括弧を使いたいときは、「{}」（中括弧）や「[]」（大括弧、角括弧）を使うけど、Swiftでは、全部「()」を使うんだ。角括弧までだと三重だけど、Swiftでは四重でも五重でもできるんだ。

次のように、二重に括弧を使った計算もやってみよう。

```
(1 + (2 - 1) * 3) * 2
```

答えは、次の図のように「8」になるよ。

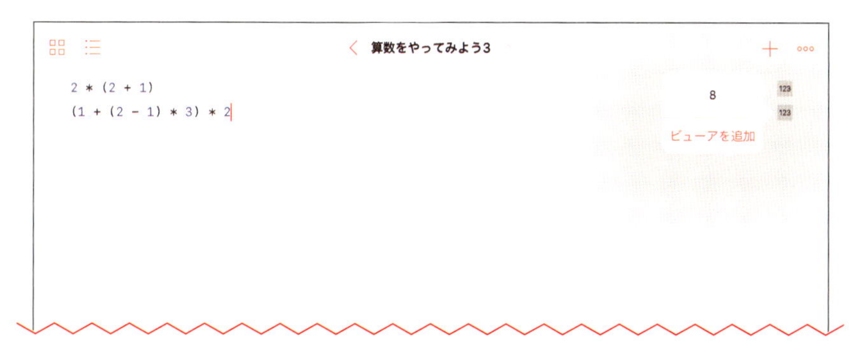

割り算の余りを計算しよう

Swiftは割り算の余りを計算することもできるんだ。「%」を使うんだ。割り算で「/」の代わりに「%」を書いてみよう。

```
5 % 3
```

答えは、次の図のように「2」だよ。「5 ÷ 3 = 1 余り 2」だからね。

COLUMN

余りの計算は整数だけ

小数の計算のときは余りが出ないから、小数に「%」を使うとエラーになってしまうんだ。次のように入力してみよう。

```
5.0 % 2.0
```

図のように赤丸が表示されるよ。これは、表示された行のコードが間違っていて、エラーになっているという意味なんだ。ここでは、小数に「%」を使っていることが間違いだよ。

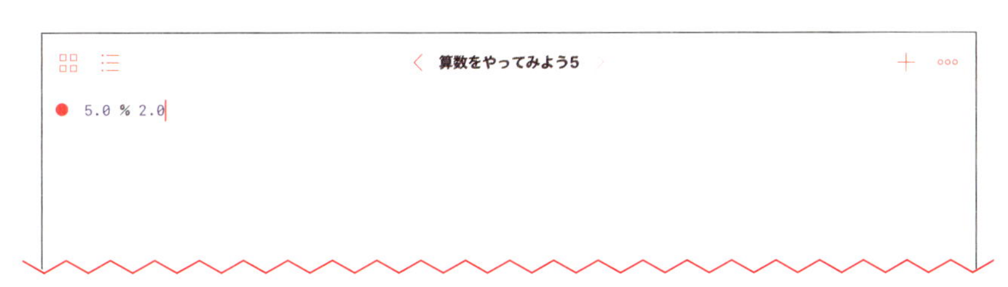

さらにこの赤丸をタップしてみよう。エラーの内容が表示されるんだ。メッセージの内容はわかりにくいかもしれないけど、コードを入力したときに赤丸が表示されたら、タップして理由を確認するようにしよう。

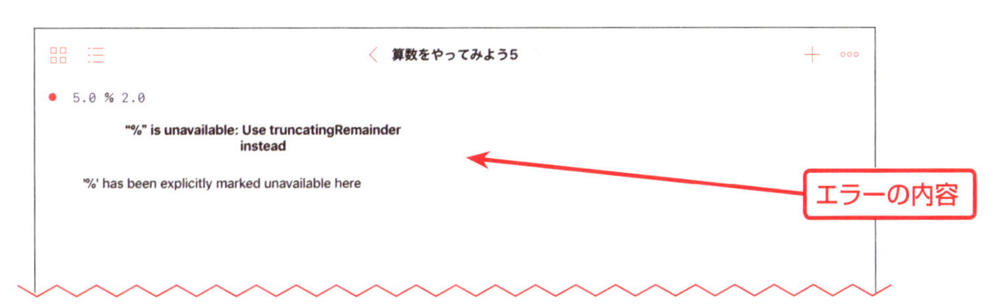

COLUMN

アプリの中は計算がたくさん

アプリの中は計算がたくさん出てくるよ。たとえば、ゲームアプリを作ったら、強さを表すステータスや、体力を表すヒットポイントなど、数値が色々と出てくるよ。これらの数値を足したり、引いたり、掛けたり、割ったりして、ゲームを進行させるんだ。

このセクションで練習した四則演算は単純なものだけど、実際のアプリもこのような単純な計算からできているんだ。

SECTION 05 変数を使ってみよう

次は変数を使ってみよう。「変数」というのは、数や文章などを覚えておいてくれる、名前の付いた箱みたいなものだよ。1つの箱(変数)に数や文章は1つだけ入れられるんだ。ただし、入れられるものは決まっているから分別して使ってね。変数はいくつも作ることができるから、色々なことを覚えさせておくことができるよ。

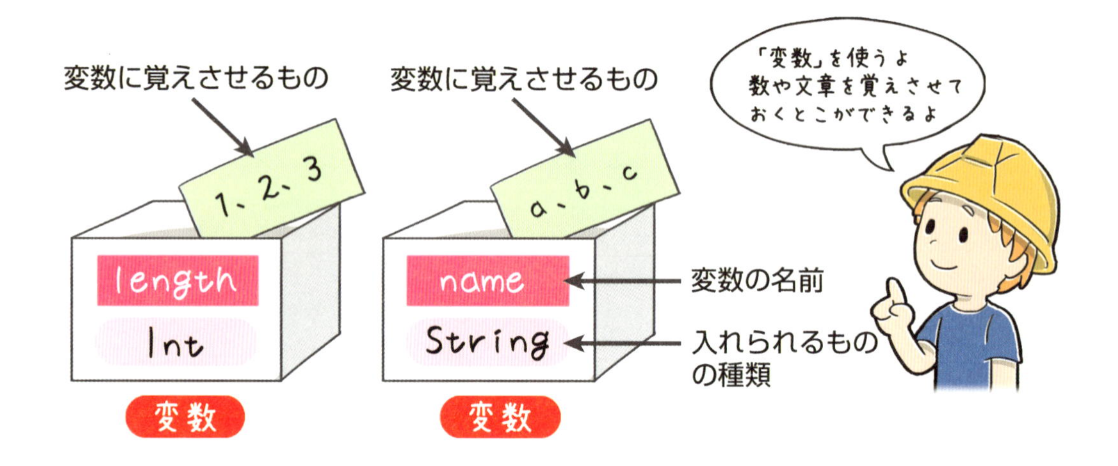

変数を作る

変数を作るには、まず、変数の名前を考えよう。作った変数が何なのかがわかるような、わかりやすい名前を付けるのがいいんだ。Swiftでは日本語でも作れてしまうけど、この本ではアルファベットと数字で、英語の名前を使うよ。それと、数字は先頭には使えないんだ。

名前を決めたら、「var」を使って変数を作るんだ。たとえば、次のように入力してみよう。「length」という変数が作られるよ。「length」は「長さ」という意味なんだ。

```
var length = 12
```

「var」は画面の下に表示された「var」ボタンを使って入力できるよ。次のように操作しよう。

1「var」ボタンをタップしよう。

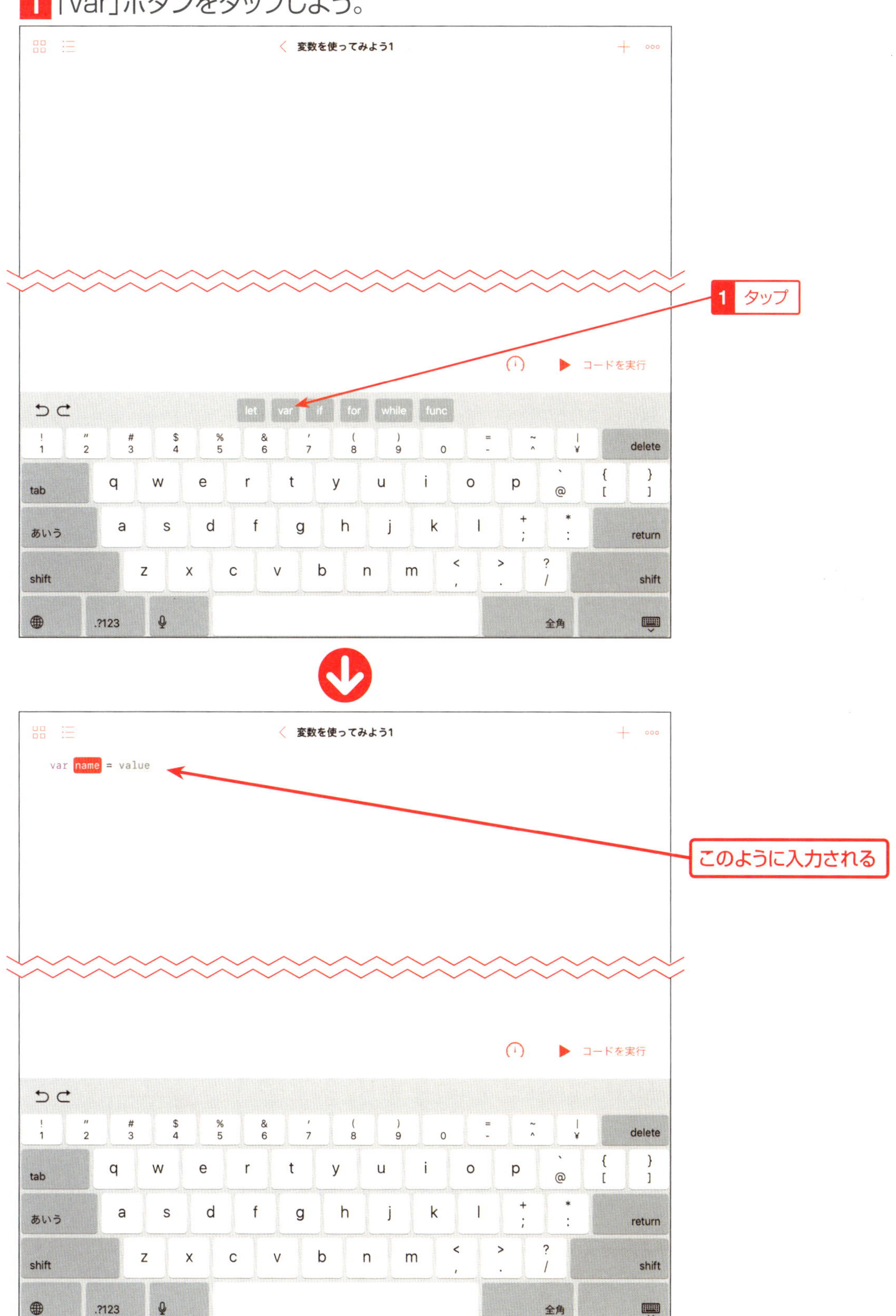

2 「length」と入力しよう。「name」が置き換わるよ。

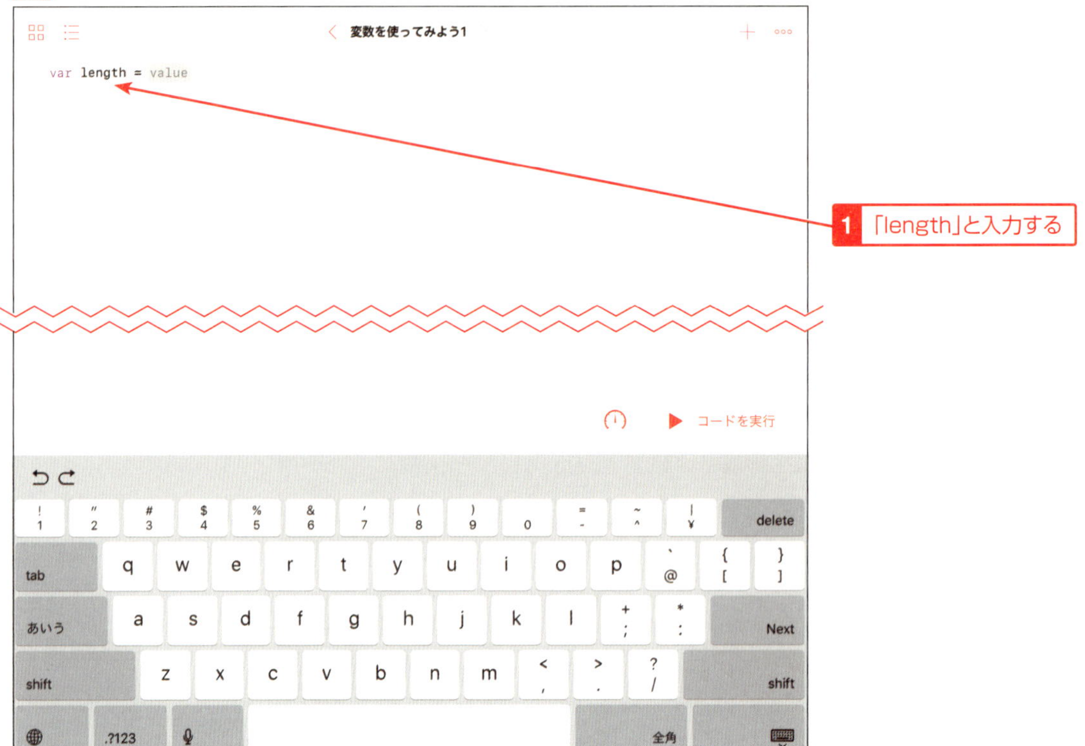

3 「Next」ボタンをタップしよう。「value」がハイライトされるよ。

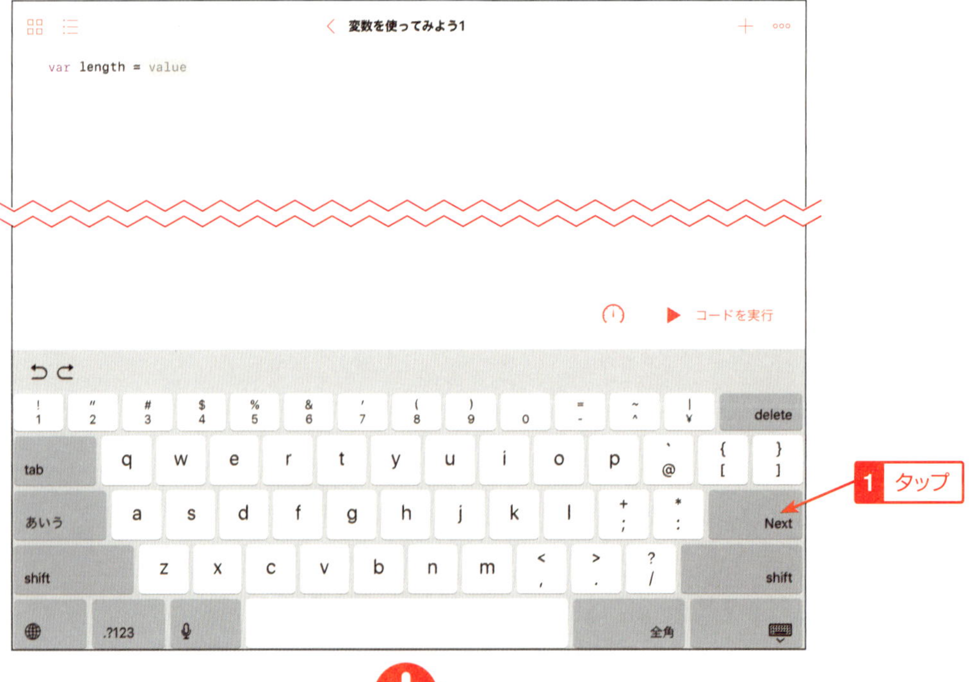

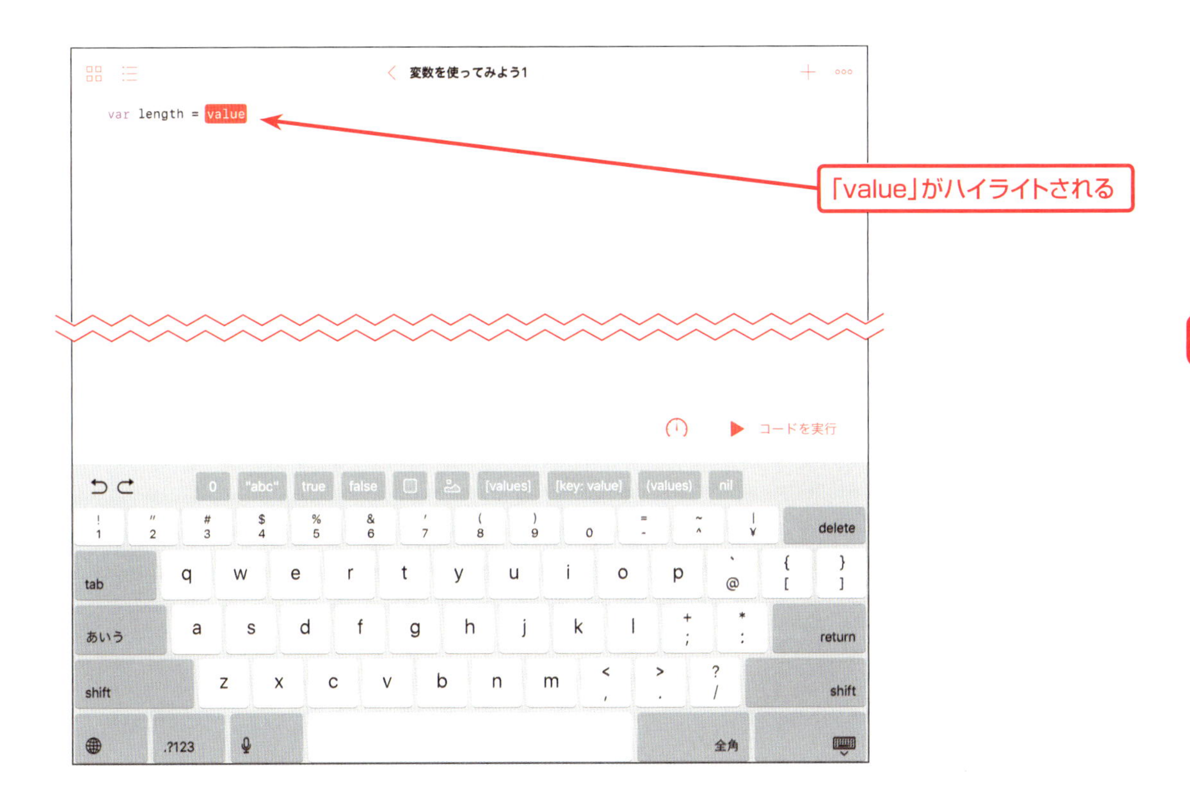

4 「12」と入力しよう。「value」が置き換わるよ。

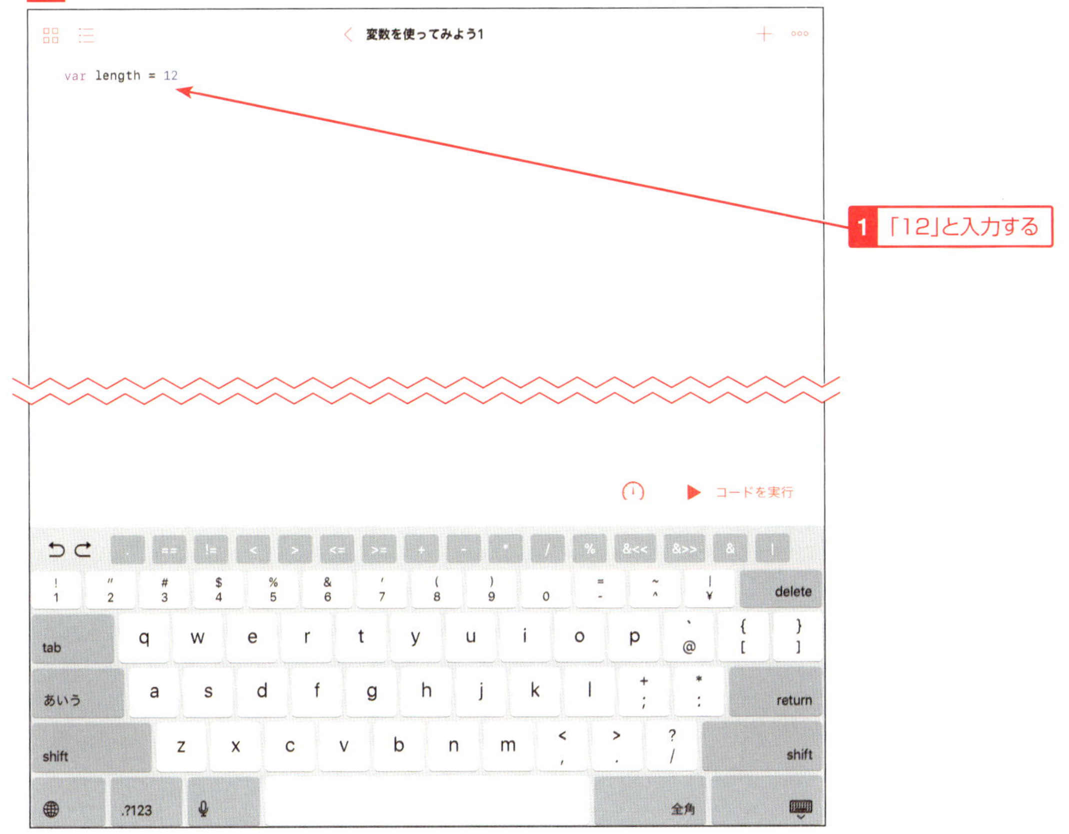

5 「コードを実行」ボタンをタップしてから、結果をタップして表示してみよう。変数「length」に入っている値が見られるんだ。

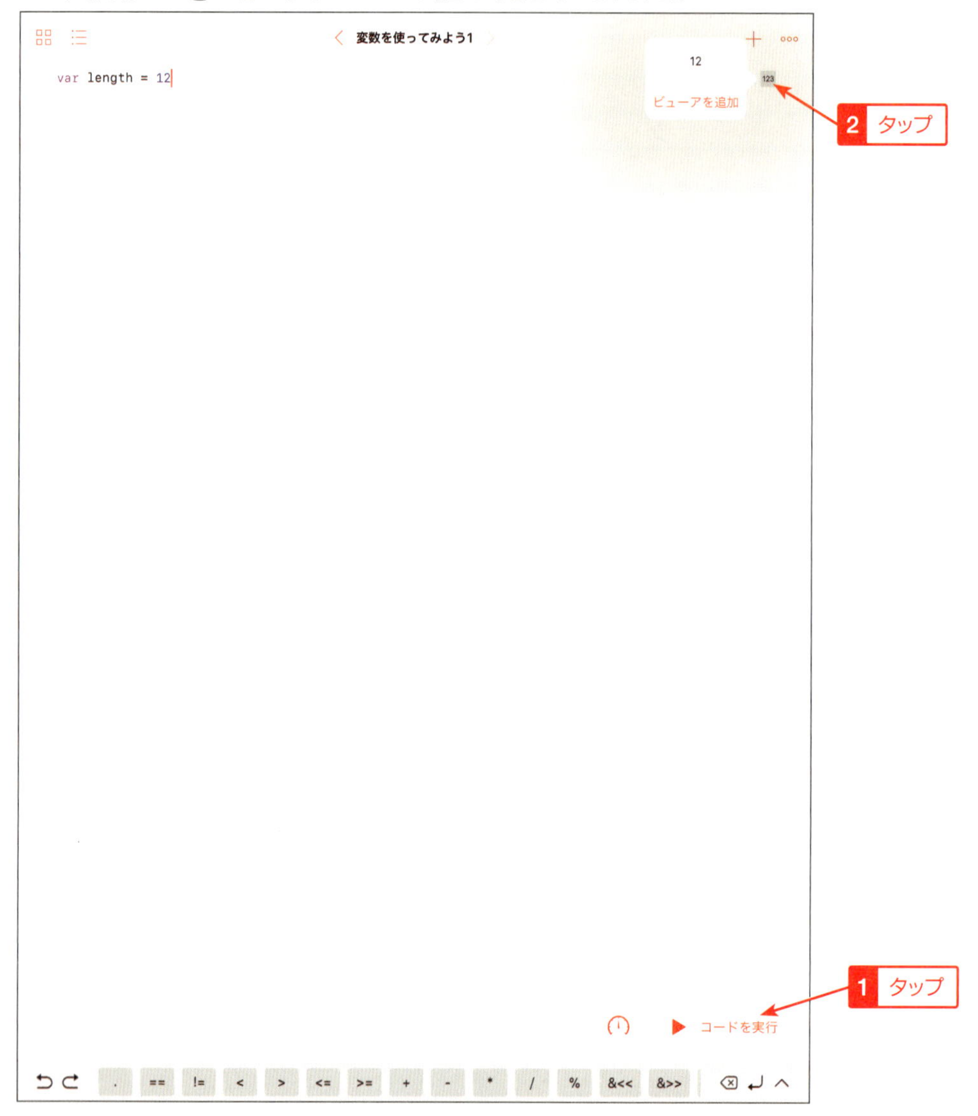

変数は、次のような書き方で作るんだ。

```
var 変数の名前 = 変数に入れるデータ
```

上で入力したコードは、「length」という名前の変数を作って「12」という数値を入れるということをしているんだ。変数にデータを入れることを「変数に値を代入する」と呼ぶんだ。色々なところで出てくるから、覚えておいてね。

作った変数を使ってみる

次に変数を使ってみよう。次のコードを入力してみよう。変数に覚えさせた数値を使って計算ができるんだ。操作方法は、今までやってみたことの組み合わせだから、挑戦してみよう。変数の足し算をするところは、ソフトウェアキーボードの「var」ボタンの並びに表示される変数のボタンも使うことができるよ。このボタンを使うと変数の入力が楽なんだ。

```
var x = 1
var y = 2
1 + 2
x + y
```

答えは次のように表示されるよ。

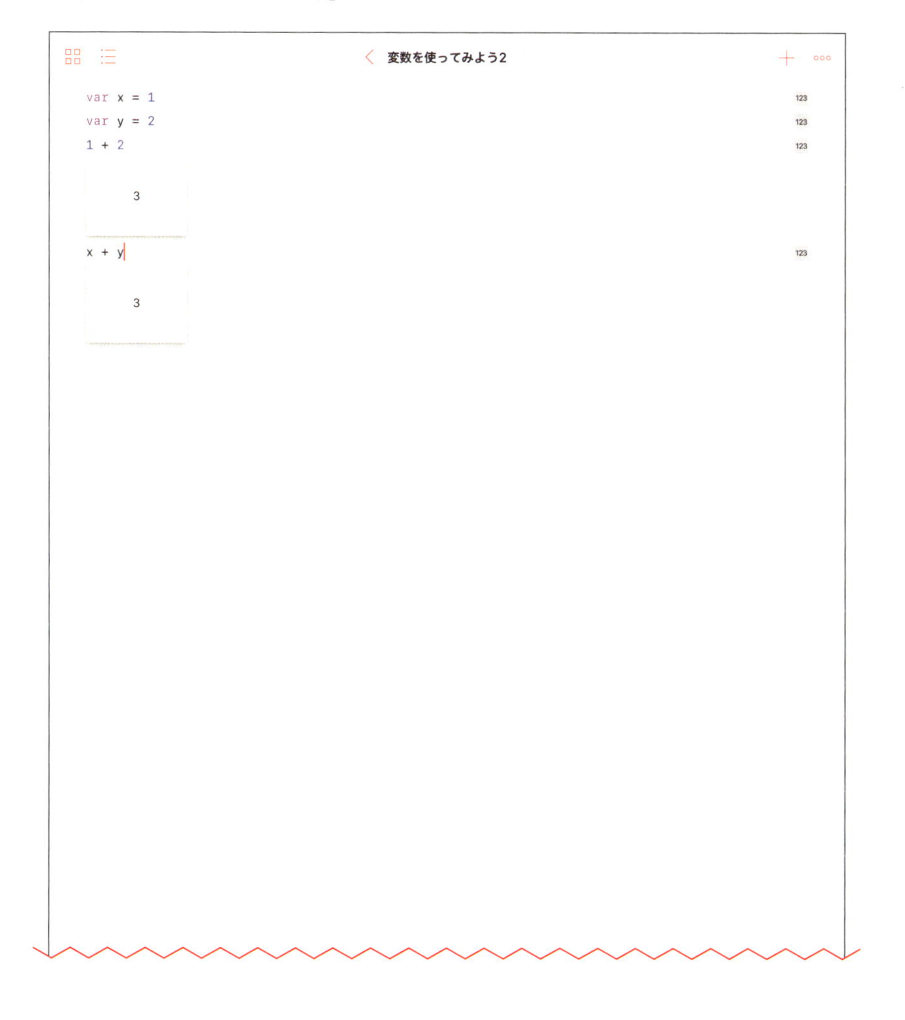

変数の内容を変える

変数は「=」(イコール演算子)を使って内容を変えることができるんだ。次のコードを入力してみよう。

```
var x = 1
var y = 2

var z = x + y
z = x - y
```

次のように計算の答えが表示されるよ。

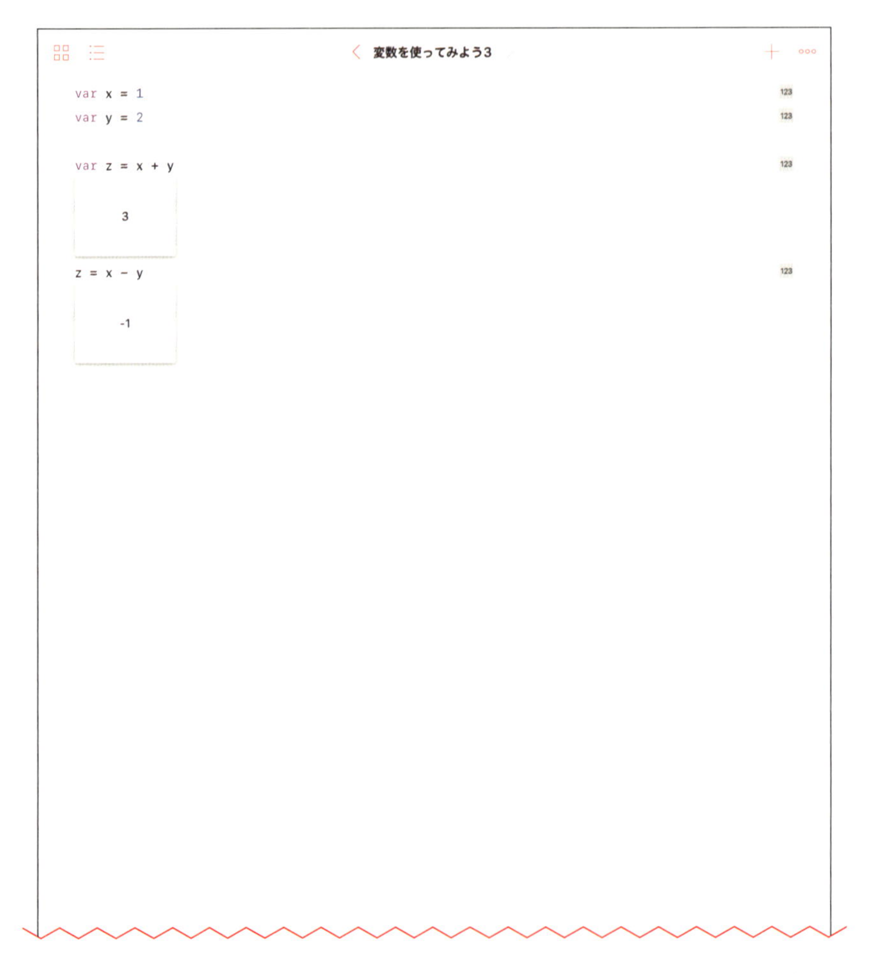

「z」には、最初は「1 + 2」の答え「3」が代入されるんだ。次に、「1 - 2」の答え「-1」が「z」に代入されるよ。

定数を作る

「var」の代わりに「let」を使うと定数というものを作ることができるんだ。定数は、値を代入したら、変えることができない変数だよ。どこかで内容が変わってしまっては困るものや、変わってほしくないときに使うんだ。

たとえば、みんなは円周率を知っているかな？　円の面積を計算するときに使うものだよ。円周率は「3.14159265359...」と決まっているんだ。これをプログラムの中で使いたいときに、使うたびに書いていると間違えてしまうかもしれないから、定数にしておくんだ。

次のコードを実行してみよう。半径3cmの円の面積を計算しているんだ。「let」も「var」の並びに表示されるボタンで入力できるよ。

```
let pi = 3.14159265359
3 * 3 * pi
```

答えは次のように表示されるよ。

COLUMN

変数って使うの?

変数をはじめて使ったときに、著者は「本当に変数って使うの? 直接、数値を書いた方が早いのに」と、思ったんだ。でも、実際にアプリを作ってみると、数値を書くよりも、定数や変数を使うことがほとんど。なぜならば、ユーザーが入力するものは、アプリを作るときにはわからないし、システムの設定はシステムから取り出すしかないからなんだ。

アプリを作るときに決める値もあるけど、これは色々なところで同じ値を使うから、定数にしておかないと、変えるときに大変だし、使うときに、入力を間違えるかもしれないね。

この本の後の方で登場する、「構造体」や「クラス」というものを使うときにはインスタンスというものを作るけど、これも変数に入れて使うんだ。

SECTION 06 コメントを使ってみよう

コードにはコメントを入力することができるんだ。コメントは何をするためのコードなのかや、どうしてこのようなコードになっているのかなどを書こう。次のように入力してみよう。

「/」と「*」はソフトウェアキーボードの上の部分に表示されているボタンではなくて、ソフトウェアキーボードの方に表示されているボタンを使うようにしよう。

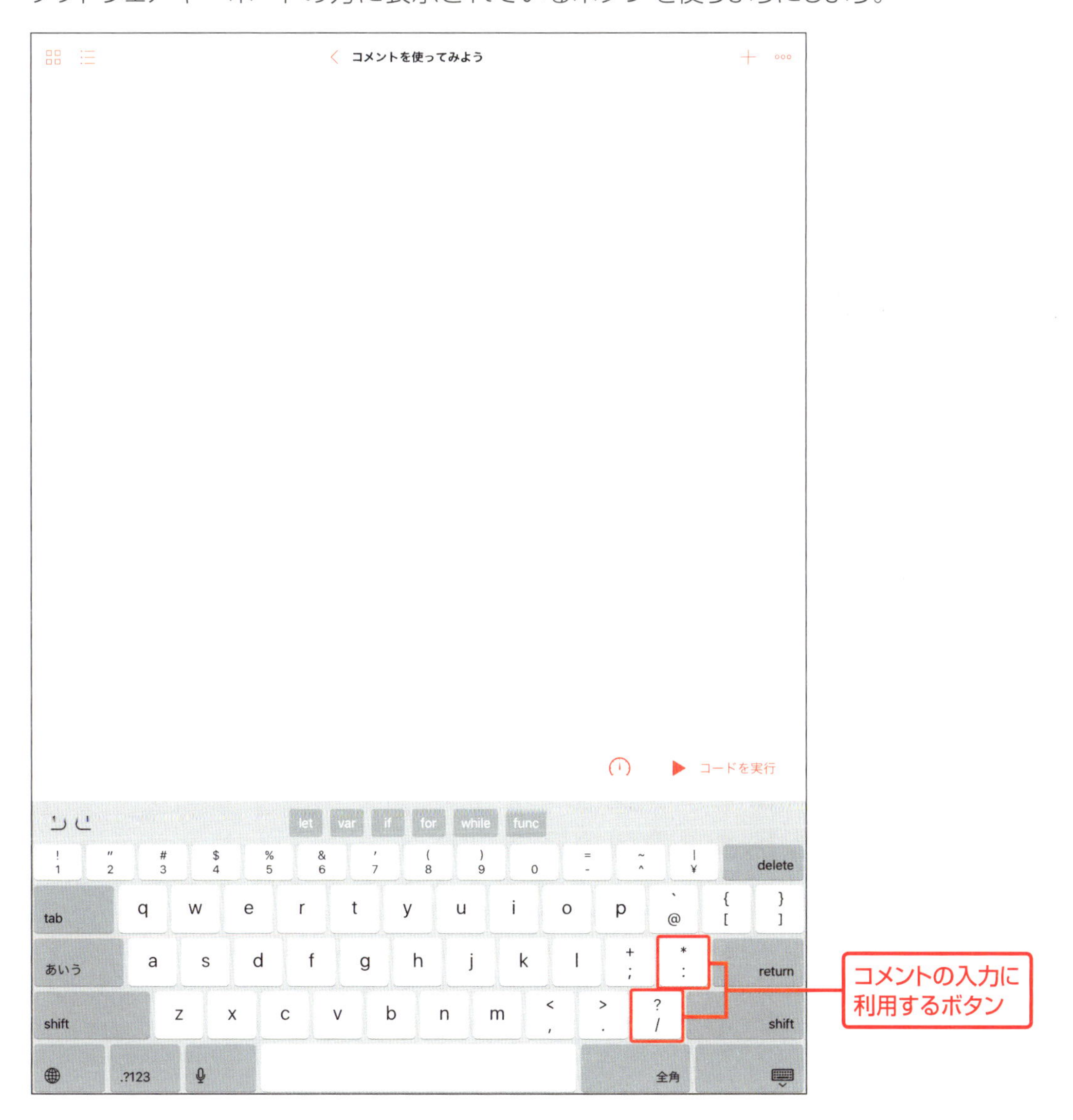

```
let r = 10.0 // 半径
let pi = 3.14159265359 // 円周率

/*
 円の面積を計算する
 円の面積は次の公式で計算できる
 半径 * 半径 * 円周率
 */
let area = r * r * pi
```

コードを実行すると、次のようになるんだ。

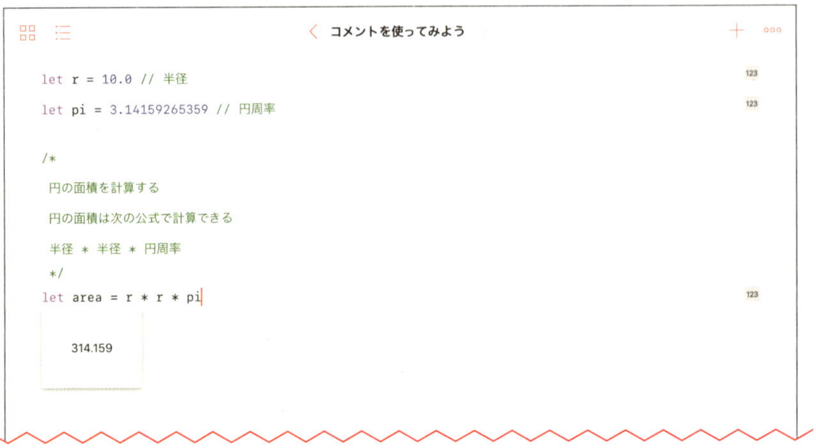

```
コメントを使ってみよう

let r = 10.0 // 半径
let pi = 3.14159265359 // 円周率

/*
 円の面積を計算する
 円の面積は次の公式で計算できる
 半径 * 半径 * 円周率
 */
let area = r * r * pi

314.159
```

Swiftでコメントを書く方法は、2つあるんだ。

1つは「//」を使う方法で、「//」を書くと、「//」から行の終わりまでがコメントになるんだ。もう1つは「/*」と「*/」を使う方法で、「/*」から「*/」までがコメントになるんだ。

COLUMN コメントは何のために書くの?

コードは、書いたときは何をしているのかがわかるけど、後で見るとわからなくなってしまうことがあるんだ。コメントで、コードの目的や理由などを書いておくと、後でコードを見たときにわかりやすくなるんだ。また、他の人が書いたコードでも、コメントが書かれていれば、何のコードなのかがわかりやすくなるよ。ちなみに、自分が書いたコードが後からわからなくなることを、「○○前（たとえば半年前）の自分は他人」なんていう人もいるんだ。

SECTION 07 結果によって別の動きをさせてみよう

プログラムに何かをチェックさせて、その結果によって動作を変えることを「条件分岐」と呼ぶんだ。たとえば、クイズアプリが4択問題を出したときを想像してみよう。ユーザー（アプリを使う人）が選んだものが合っていたら、「正解」と表示し、間違っていたら「ハズレ」と表示されるよね。これも条件分岐なんだよ。

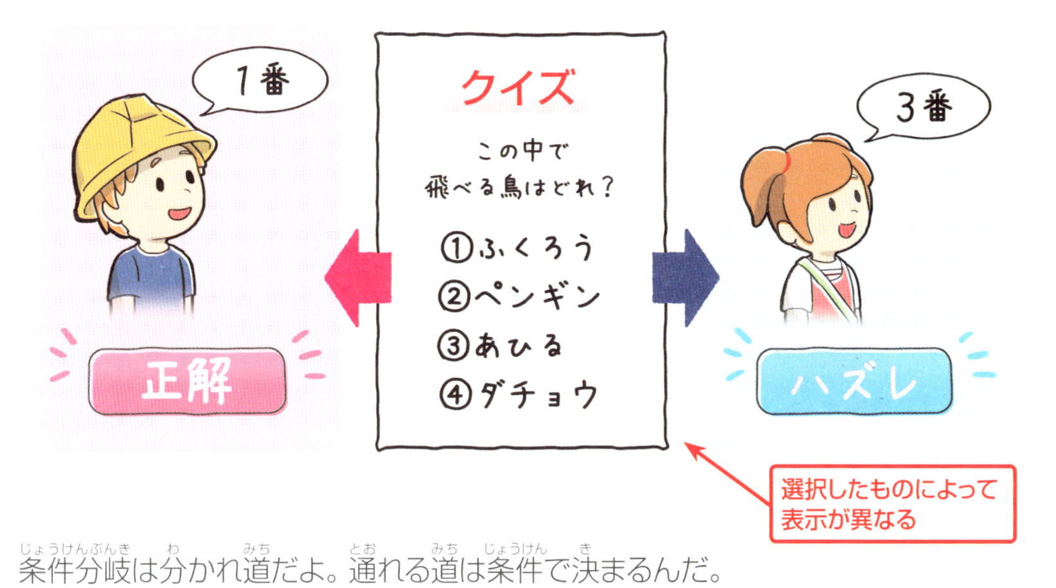

選択したものによって表示が異なる

条件分岐は分かれ道だよ。通れる道は条件で決まるんだ。

10歳になっている
9歳まで
ぼくは10歳だからこっち！
わたしは8歳だからこっち！

条件によって通れる道が決まる

条件分岐を書いてみる

条件分岐は「if」文を使うんだ。たとえば、次のコードを入力してみよう。

```
let i = 5

if i < 10 {
    print("i は 10 よりも小さい ")
} else {
    print("i は 10 以上 ")
}
```

「if」を使うのは、はじめてだから、一緒に操作しよう。

1 「let i = 5」まで入力して、「return」ボタンを2回タップしよう。

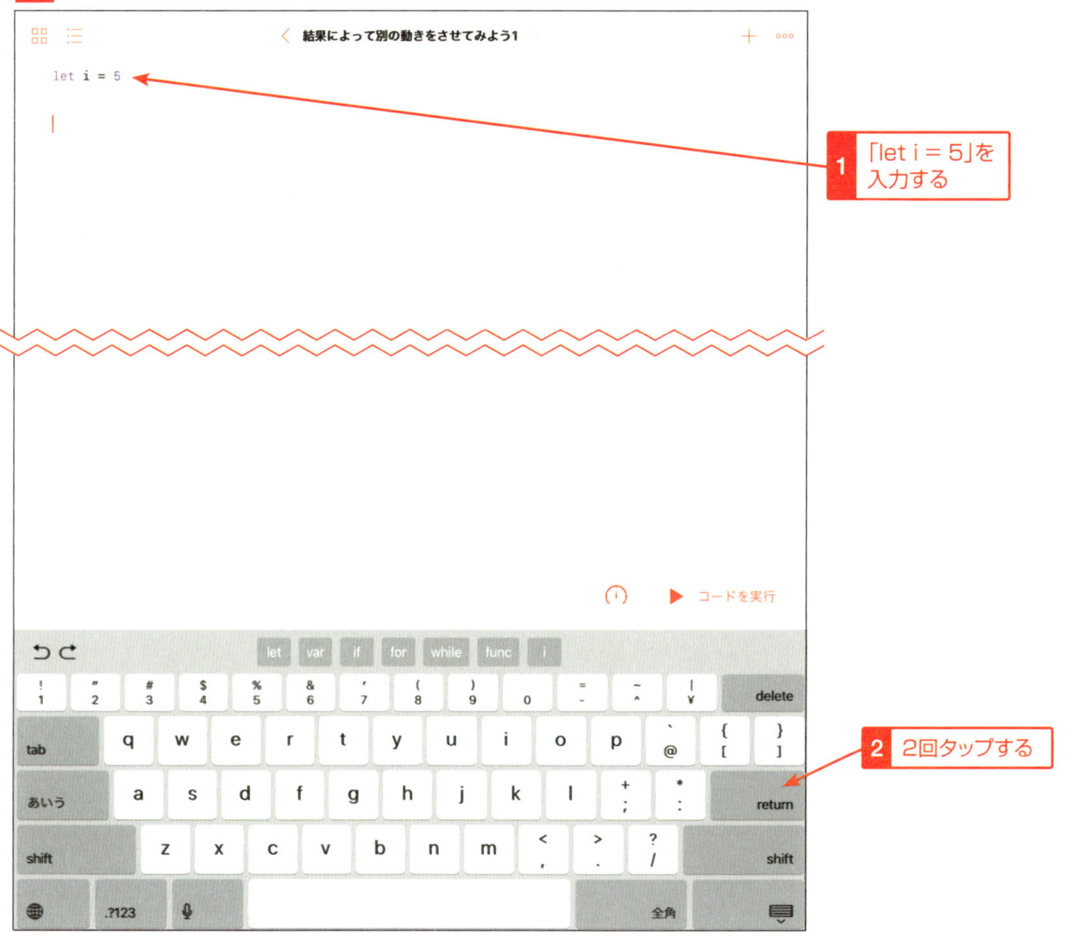

2 ソフトウェアキーボードの上(うえ)にある「if」ボタンをタップしよう。

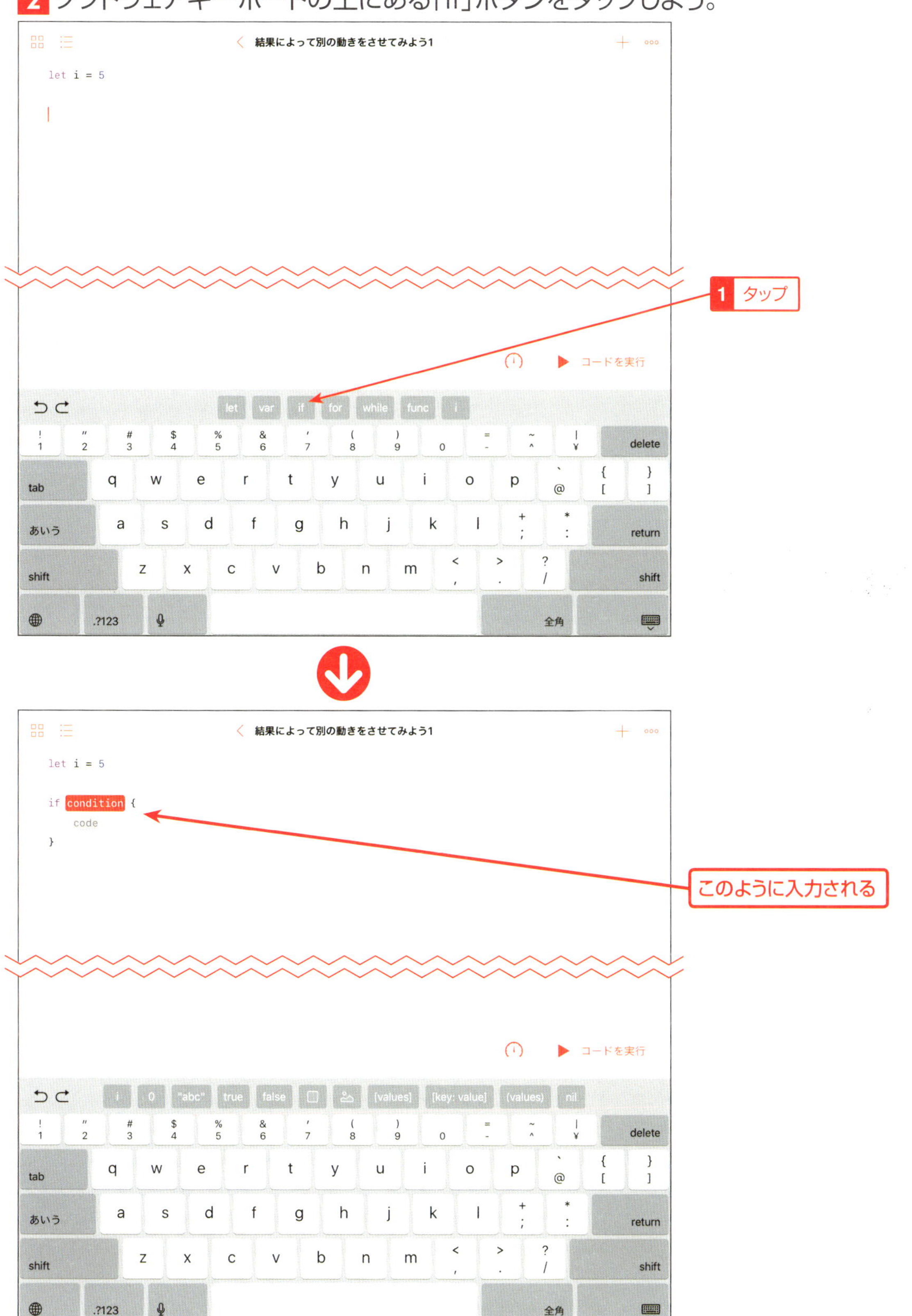
結果によって別の動きをさせてみよう1
let i = 5
コードを実行
let
var
if
for
while
func
1 タップ
結果によって別の動きをさせてみよう1
let i = 5
if condition {
code
}
このように入力される
コードを実行

3 「i < 10」を入力しよう。テンキーは何も表示されていないところをタップして閉じよう。

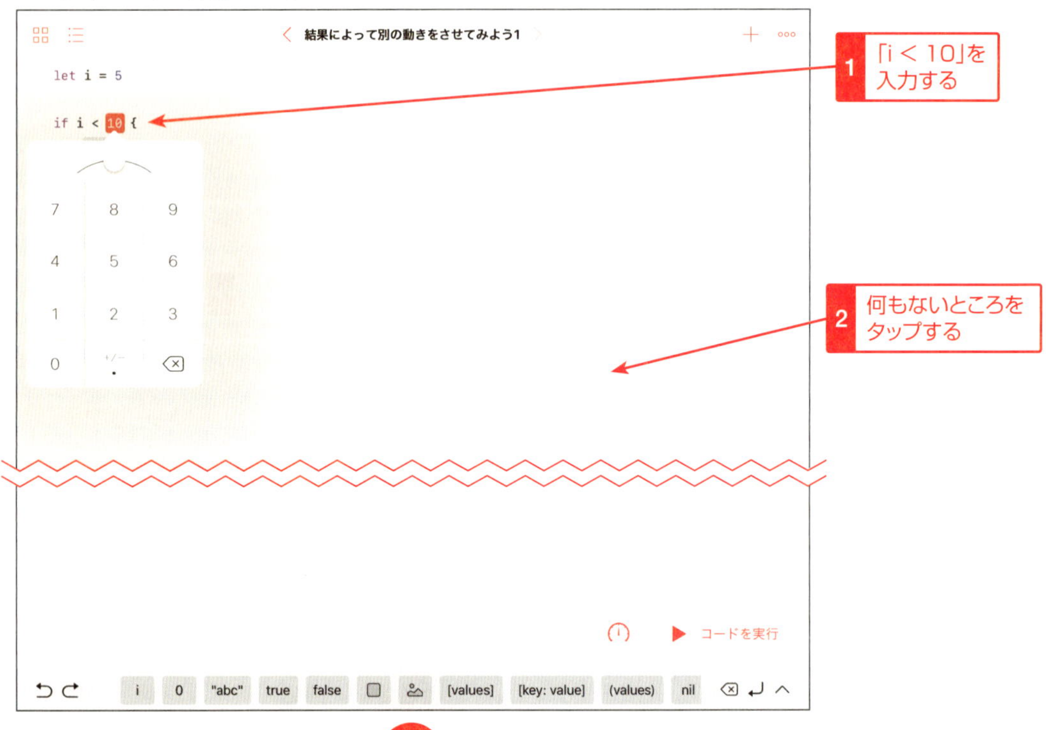

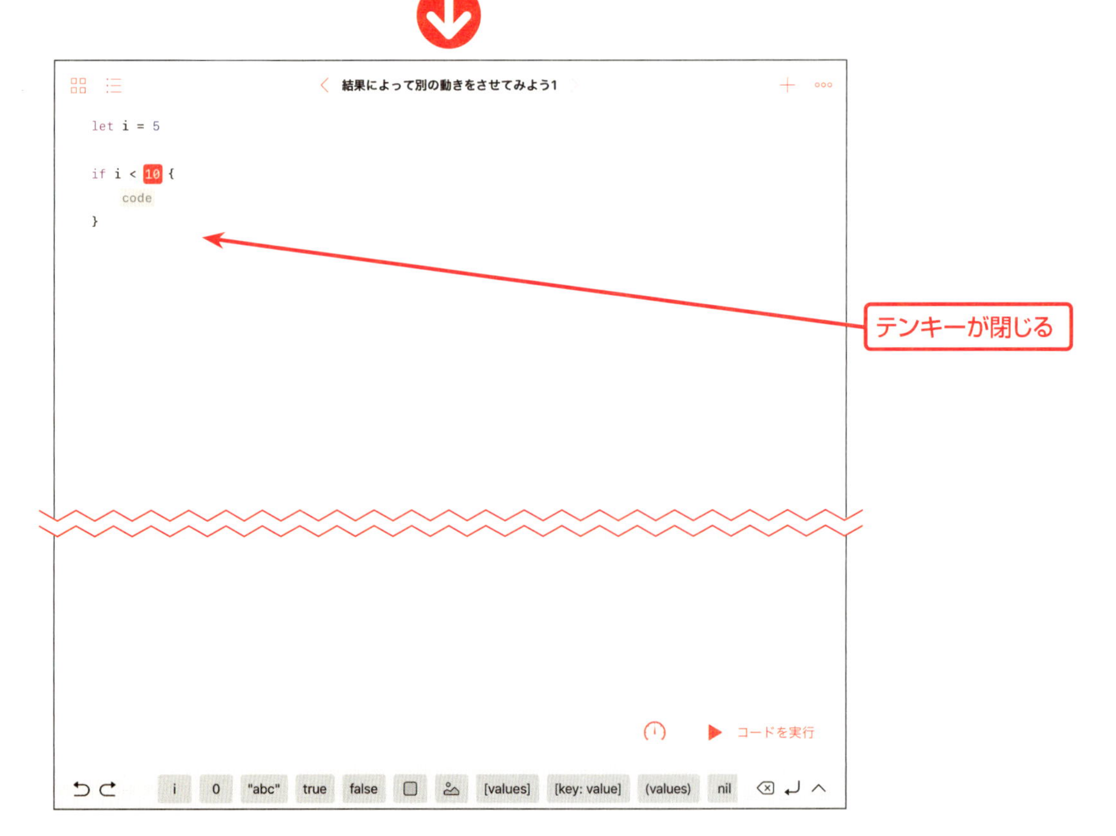

4 「code」をタップしよう。

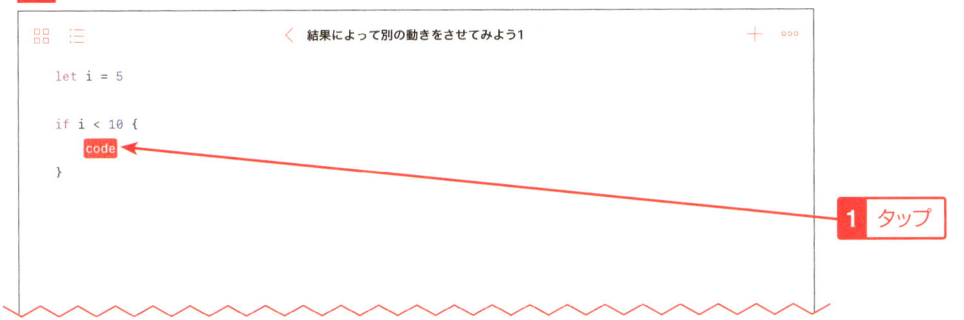

5 「print("iは10よりも小さい")」を入力しよう。

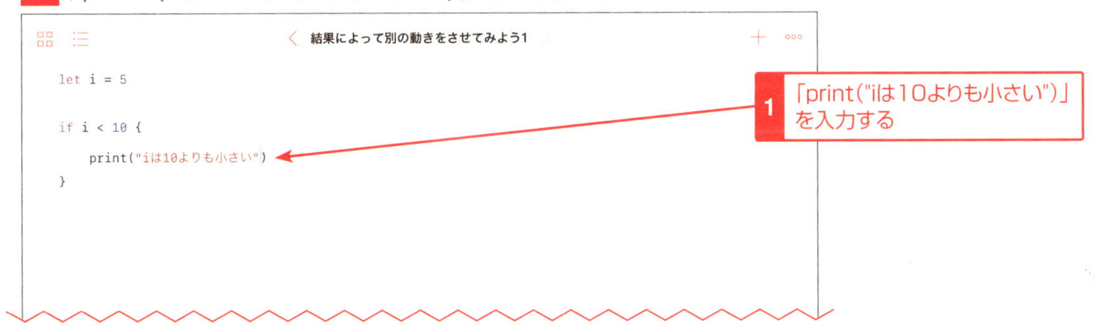

6 入力したコードの「if」をタップし、「'else'文を追加」ボタンをタップしよう。

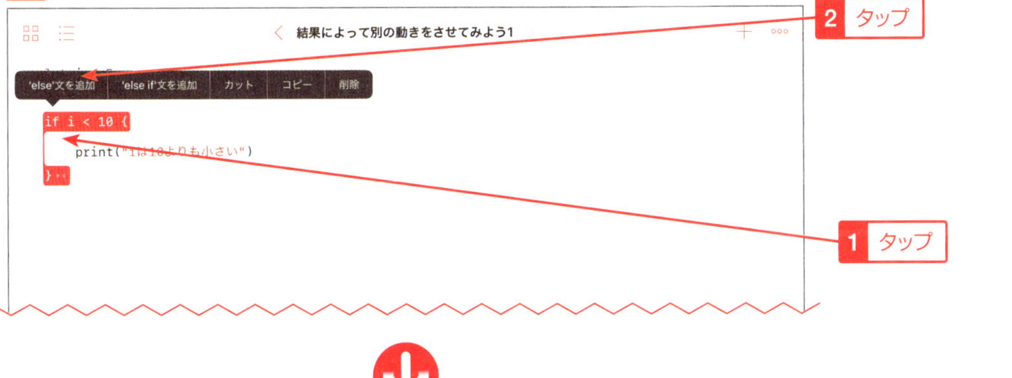

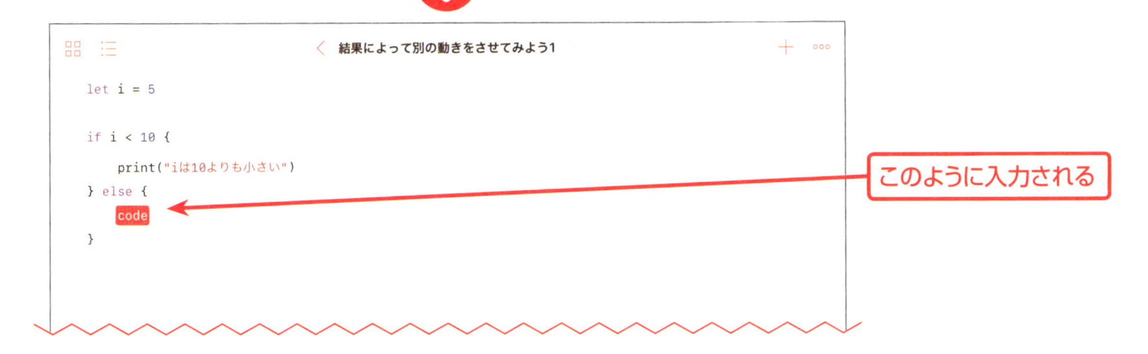

7 「print("iは10以上")」を入力しよう。

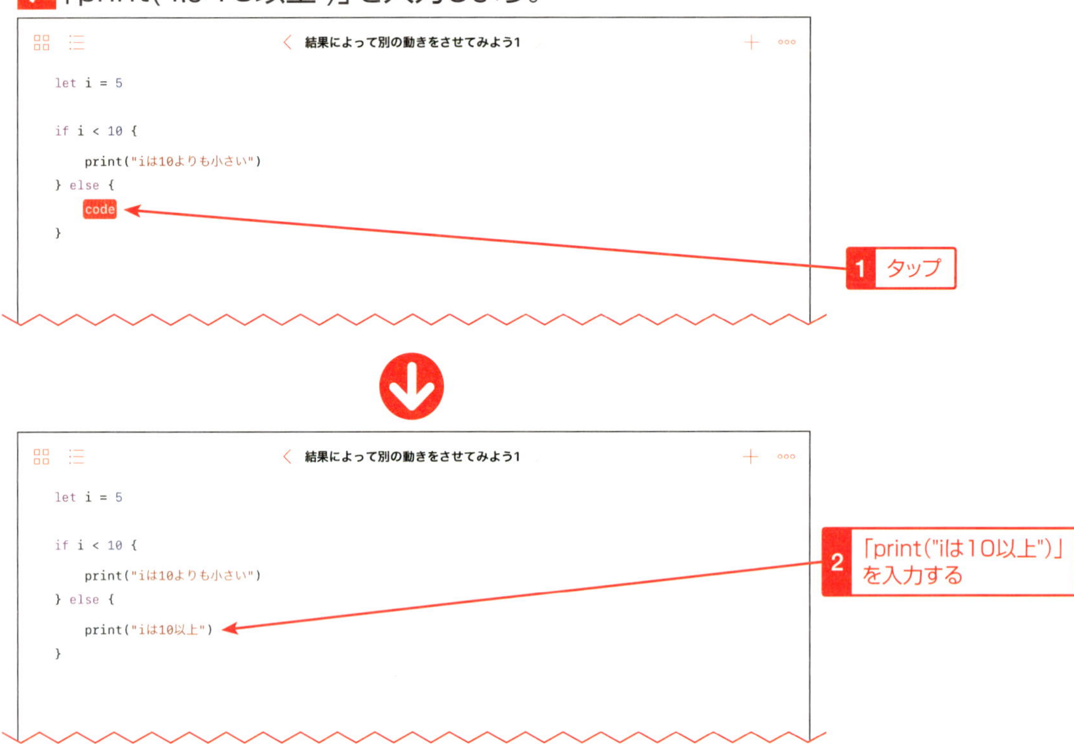

このコードを実行すると、次のようになるんだ。

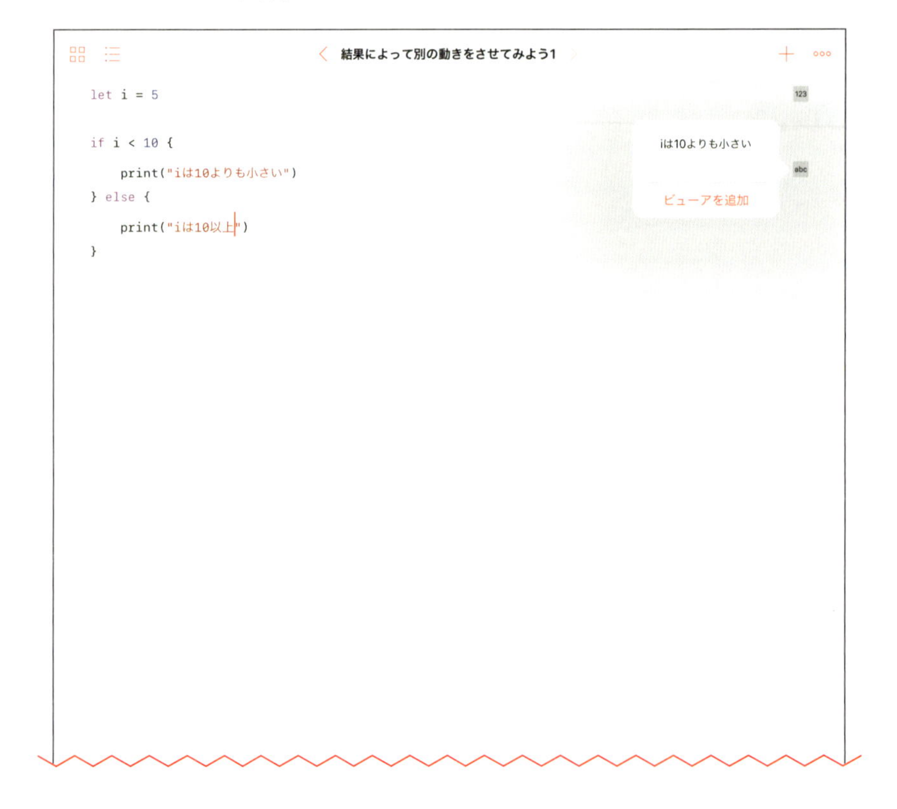

「print("iは10よりも小さい")」の行には結果を表示するためのボタンが表示されるけど、「else」側の「print("iは10以上")」には表示されないんだ。これは、表示された方のコードは実行されたけど、表示されなかった方のコードは実行されなかったということなんだ。

なぜ、そうなったのかというと、「if」文は次のようなルールで動くからだよ。

```
if 条件 {
    条件が成り立つときに実行するコード
} else {
    条件が成り立たないときに実行するコード
}
```

条件に書いた通りになっていることを、「条件が成立する」や「条件が成り立つ」と呼ぶんだ。サンプルコードは次のように動いたんだよ。

```
if i < 10 {
    print("iは10よりも小さい")
} else {
    print("iは10以上")
}
```

- `if i < 10 {` ― iは5なので、この「i < 10」は成り立つ
- `print("iは10よりも小さい")` ― 成り立つから、こちら側が動く
- `print("iは10以上")` ― こちら側は動かない

たとえば、「i」に15を代入するように変更してみると、今度は「else」に書いたコードが動くよ。試してみよう。

COLUMN

「else」は書かないでもいい？

「if」文を書くときに、「else」はいらなければ省略してもいいんだ。「条件が成り立たなかったときは、このようにする」というコードが必要ないときは「else」側を省略することができるよ。たとえば、サンプルコードを次のようにすると、「i」が10よりも小さいときだけ、メッセージを表示するというコードになるんだ。「i」が10以上のときは「{}」のところはスキップするよ。

```
let i = 5

if i < 10 {
    print("i は 10 よりも小さい ")
}
```

このコードを実行すると、次のようになるんだ。

「あっちがダメでも、こっちはOK?」というコードを書いてみる

条件をチェックしたけど成り立たないときに、別の条件なら成り立つかをチェックするということもできるんだ。これには「else if」文を使うんだよ。

次のコードを入力してみよう。「else if」は「else」を入力するのと同じように、入力した「if」をタップすると、「'else if'文を追加」ボタンが表示されるから、このボタンをタップしよう。

```
let i = 9

if i % 2 == 0 {
    print("iは2で割り切れます")
} else if i % 3 == 0 {
    print("iは3で割り切れます")
}
```

このコードを実行すると、次のように表示されるんだ。

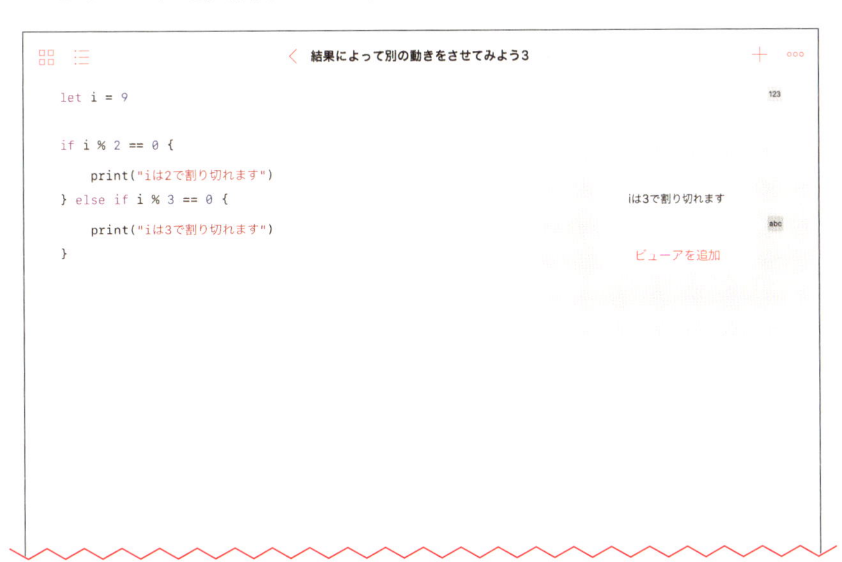

このコードは、はじめに「iが2で割り切れる?」かを調べているんだ。割り切れないときは「iは3で割り切れる?」かを調べるよ。このように「else if」は「else」と「if」を組み合わせたような形で書くんだ。

ここでは「i」に9を代入しているので、3で割り切ることができるよ。そのため、「iは3で割り切れます」と表示されたんだ。

SECTION 08 同じことを繰り返しさせてみよう

同じことを何度もやりたいときには、「ループ（繰り返し）」を使うんだ。ループを使うと、何度でも好きな回数だけ同じことを繰り返して実行することができるよ。人間が同じことをやろうとしてもできないくらいな莫大な回数でも、コンピュータは繰り返すことができるんだ。

ループする回数を指定してみよう

まず、最初はループする回数を指定する方法だよ。「for」という命令を使ってループさせるんだ。次のように入力してみよう。「for」はソフトウェアキーボードの上に表示される専用のボタンを使って入力しよう。

```
// 合計を入れる変数
var total = 0

// 1から10まで足し算をする
for i in 1 ... 10 {
    total += i
}

print(total)
```

このコードを実行すると、次のようになるんだ。

同じことを繰り返しさせてみよう1

```
// 合計を入れる変数
var total = 0                                123

// 1から10まで足し算をする
for i in 1 ... 10 {
    total += i                               10
}

print(total)                                 abc
    55
```

このコードは、「1+2+3+...」を繰り返して、10まで足し合わせていくコードだよ。答えは55だけど、正しく表示できたかな?

「for」文は次のような書式で書くんだ。

```
for カウンター変数 in 範囲 {
    ループする処理
}
```

サンプルコードは、「1から10まで」という範囲を指定しているんだ。実行すると、繰り返すたびに、変数「i」は、「1、2、3 … 10」と変わっていくんだ。変数「total」は0から始まって、変数「i」の値を足していくから、次のように変わっていくよ。

◉変数「i」と変数「total」の変化の様子

ループ回数	i	total
1	1	1
2	2	3
3	3	6
4	4	10
5	5	15
6	6	21
7	7	28
8	8	36
9	9	45
10	10	55

▶範囲指定の方法

Swiftで範囲を書くには「範囲演算子」というものを使うんだ。範囲演算子は2種類あるよ。

◉範囲演算子

演算子	説明	例
..<	範囲の最初と最後の1つ前。1ずつ増えていく範囲	「0 ..< 10」は、0から9まで
...	範囲の最初と最後。1ずつ増えていく範囲	「0 ... 10」は、0から10まで

▶「+=」って何?

「total += i」というのは、「total = total + i」を省略した書き方だよ。「total + i」を「total」に代入するという意味になるんだ。このような省略した書き方は他にもあるんだ。

◉省略表記

省略したコード	省略していないコード
i += 2	i = i + 2
i -= 2	i = i - 2
i *= 2	i = i * 2
i /= 2	i = i / 2
i %= 2	i = i % 2

ループの条件を指定してみよう

次はループする条件を指定する方法だよ。ループする条件というのは、「○○が△△になっている間はループする」というもののことだよ。たとえば、色々な場所の天気を知ることができるアプリがあるとすると、「雨が降っている間はループする」という条件で、ループの中身は「雨のアニメーションを動かす」ということができるんだ。

▶「while」を使ってみよう

条件を指定したループを行うには、「while」文を使うんだ。次のコードを入力してみよう。「while」はソフトウェアキーボードの上の専用のボタンで入力しよう。

```
// 100 を超えるまでループする
var total = 1

while total < 100 {
    // 合計を 2 倍にしていく
    total *= 2
}

print(total)
```

このコードを実行すると、次のようになるんだ。

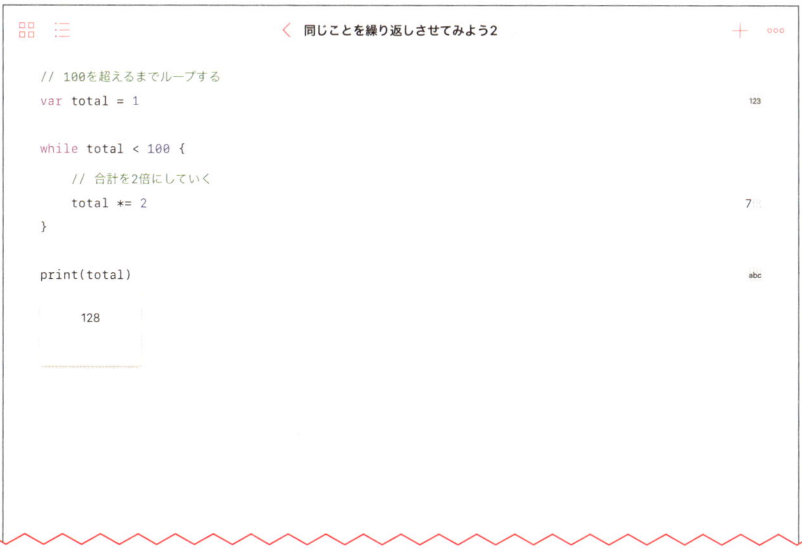

同じことを繰り返しさせてみよう2

```
// 100を超えるまでループする
var total = 1                    123

while total < 100 {
    // 合計を2倍にしていく
    total *= 2                   7
}

print(total)                     abc

128
```

このコードは変数「total」を2倍にしていくコードだよ。「total」が100よりも小さい間は、ループするんだ。何回ループするかは計算すればわかるけど、コードには書かれていないんだ。このように回数ではなく、条件を指定するループを作れるのが「while」文なんだ。

「while」文は次のような書式で書くんだ。

```
while 条件 {
    ループするコード
}
```

サンプルコードでは「total < 100」というのが条件で、「2倍にする」というコードがループするコードだよ。

▶「repeat」を使ってみよう

Swiftにはもう1つ、「while」と「repeat」という2つの文で作るループがあるんだ。「repeat」文は次のような書式で書くんだ。

```
repeat {
    ループするコード
} while 条件
```

「repeat」文もループする条件を指定するループなんだ。「while」文だけの場合と、何が違うのかわかるかな? 答えは次のコードを実行してみよう。違いがわかるよ。「repeat」はソフトウェアキーボードの上に専用のボタンが表示されていなくても、最初の2文字くらいを入力すると、ボタンが表示されるよ。

```
var i = 0
var j = 0

while i < 0 {
    i += 1
}
```

```
repeat {
    j += 1
} while j < 0

print(i)
print(j)
```

このコードを実行すると、次のようになるんだ。

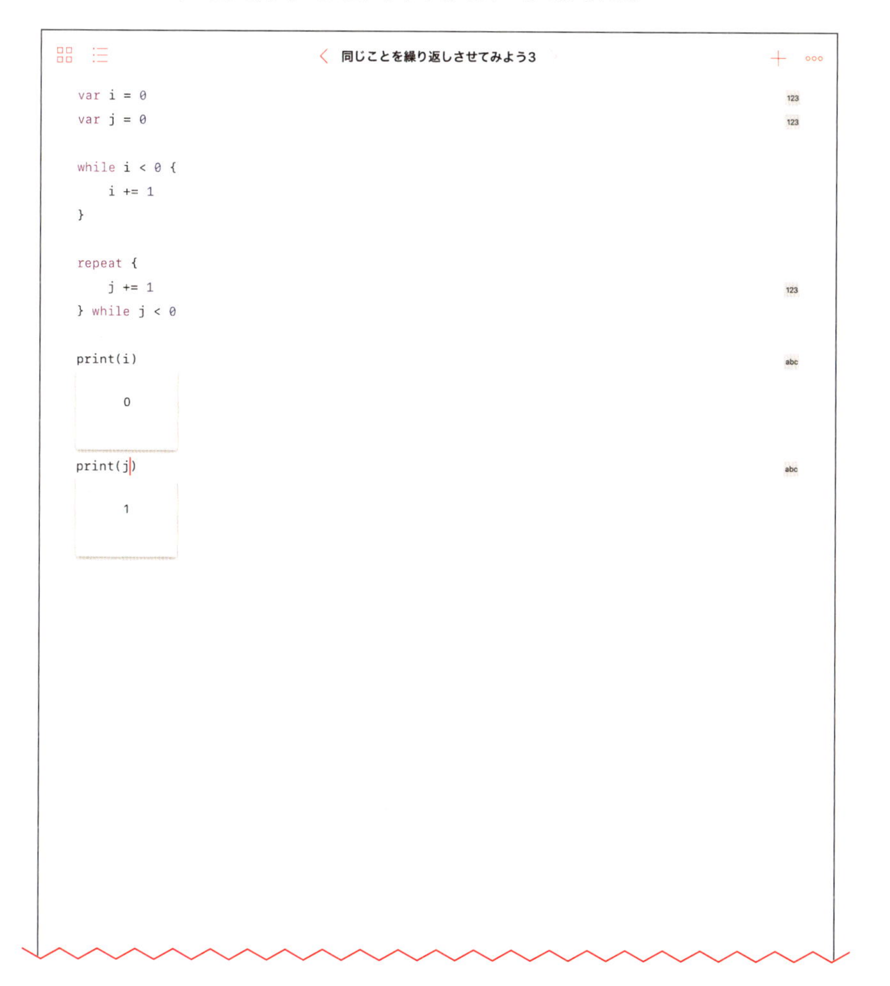

変数「i」は0のまま、変数「j」は1になったかな？　これが答えだよ。「while」文だけのループはループする前に、ループできるかを調べるんだ。「repeat」を使うと先にループするコードを実行してから、2回目のループができるかを調べるんだ。だから、このサンプルコードでは、「while」文だけの方は、ループするコードが1回も実行されなかったんだよ。

無限ループを作ってみよう

今度は無限ループというものを作ってみよう。無限ループというのは、ずっとループする、終わりがないループなんだ。ただし、本当にまったく終わりがないと困ってしまうから、ループする条件はループし続けるものを指定して、プログラムの中で、何かの条件が成り立つと、強制的にループを中止するようにしておくんだ。

ループを中止するには「break」文を使うよ。「break」と書くと、そこでループが中止されるんだ。次のコードを入力してみよう。

```
var i = 0

while true {
    i += 1
    if i > 100 {
        break
    }
}

print(i)
```

このコードを実行すると、次のようになるんだ。

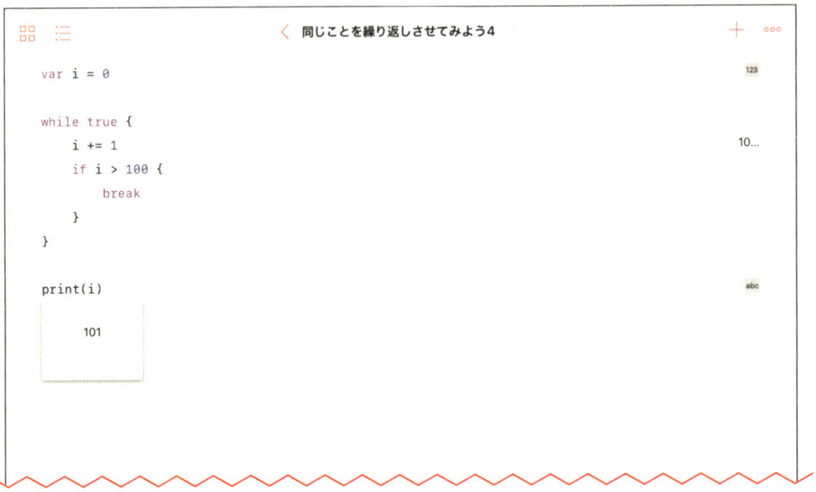

同じことを繰り返しさせてみよう4

```
var i = 0

while true {
    i += 1
    if i > 100 {
        break
    }
}

print(i)
```

123
10...
abc
101

ループは中止できたかな?　このサンプルコードでは変数「i」が100を超えたらループを中止しているよ。最後に表示された変数「i」の値は101になっているはずなんだ。

今回はスキップ!

ループを中止しないで、今回は残りをスキップするということもできるんだ。スキップするには「continue」文を使うよ。「continue」と書くと、ループの残りをスキップするんだ。次のコードを入力してみよう。

```
var total = 0

for i in 0 ... 10 {
    // i が 2 で割り切れるときはスキップする
    if i % 2 == 0 {
        continue
    }

    total += i
}

print(total)
```

このコードを実行すると、次のようになるんだ。

```
同じことを繰り返しさせてみよう5

var total = 0                                  123

for i in 1 ... 10 {
    // iが2で割り切れるときはスキップする
    if i % 2 == 0 {
        continue
    }

    total += i                                 5回
}

print(total)                                   abc
    25
```

このコードは2で割り切れるときはスキップして、割り切れないときだけ足し算をするコードだよ。2で割り切れないとき、つまり、奇数だけを足すから、次のような計算になるんだ。

```
total = 1 + 3 + 5 + 7 + 9
```

答えは25だよ。正しく表示されたかな？

COLUMN

ループの使い分けはどうしたらいい？

ループだけでも3種類あることがわかったね。では、どのように使い分けたらいいのかな？　正しい答えはあるともないともいえるんだ。実は、どのループも、別のループで同じことをするようにコードを書くことができるんだ。

でも、回数が重要なときは「for」文、条件が重要なときは「while」文を使うようにすると、わかりやすいコードを書けることが多いよ。

SECTION 09 関数を使ってみよう

プログラムの中で同じことをするときは、何度も同じことを書かないで、関数にしよう。「関数」はコードをまとめて部品にしてくれるものだよ。関数は使いたい場所から実行することができるんだ。

引数をもらう関数は、引数を使って何か作ってくれるよ。「引数」というのは、関数を使うところで関数に渡してあげるデータのことで、関数は渡されたデータを使って、動きを変えることができるんだ。引数がなかったら、関数はいつも同じことしかできないものになってしまうんだよ。

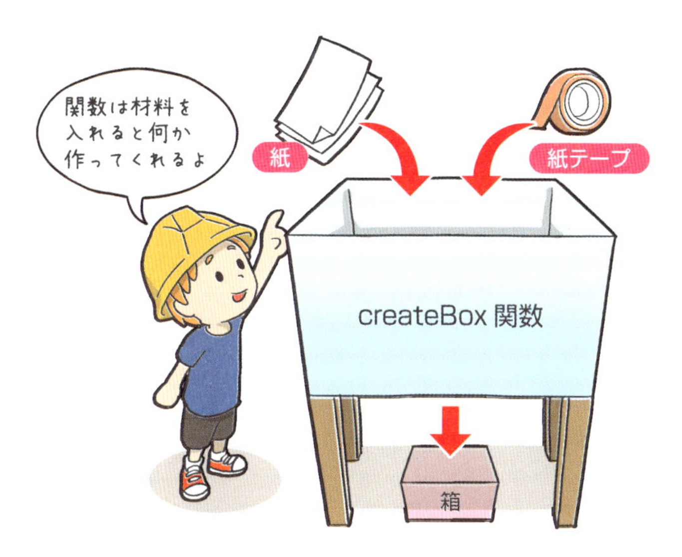

その他に関数は、リモコンのボタンのようにコマンドや命令のようなときもあるんだ。

「print」関数を使ってみよう

ここまで来るまでに、「print」関数を何度も使ってきたね。「print」関数は引数に指定した文字列や変数をコンソールに書き出してくれる関数だよ。iPadの「Playgrounds」アプリには、コンソールがないから、特別どこかに出力されるわけではないけど、Macの「Xcode」で実行すると、コンソールという場所に出力されるんだ。

関数は次のような書き方で実行できるんだ。

```
関数名 ( 引数 )
```

引数が1つもないときは「()」だけを書いて、引数がいくつもあるときは「,」(カンマ)で区切って書くんだよ。それと、関数を実行することを「関数を呼ぶ」というよ。覚えておいてね。

文字列の中に変数の値を埋め込んでみよう

ここでは少し違った方法で、「print」関数に渡す文字列を作ってみよう。次のコードを入力してみよう。

```
let i = 1 + 2 + 3
print("i は \(i) です ")
```

このコードを実行すると、次のようになるんだ。

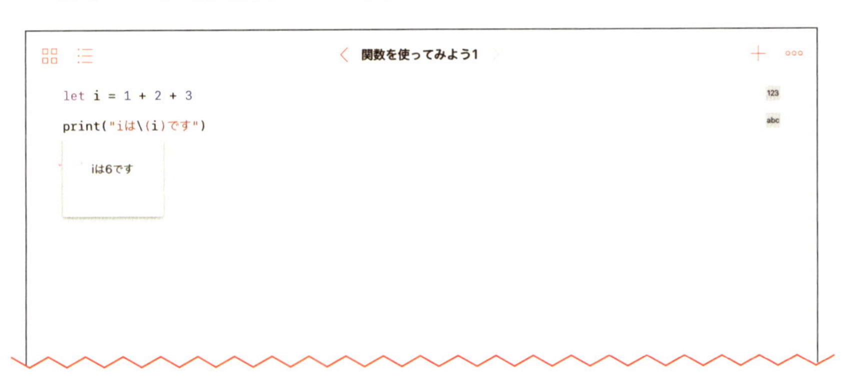

このコードが今までのと違うのは、文字列だけや変数だけではなくて、文字列と変数が一緒に表示されることだよ。文字列の中で「\(変数)」と入力すると、文字列の中に変数を埋め込むことができるんだ。

COLUMN

「print」関数を使うのはなぜ?

「Playgrounds」アプリを使っていると、「print」関数を使わないでも、好きなときに変数の内容を見ることができるね。それも最後の値だけではなくて、途中の値だって見ることができるんだ。この機能は、Swiftの機能ではなくて、「Playgrounds」アプリの機能なんだ。その機能のおかげで、「print」関数を使わないでも値を見ることができるのに、この本では「print」関数を使っている理由は、「Playgrounds」アプリ以外で、Swiftのコードを書くときにも使えるコードにするためなんだ。この本で書いているコードは、Macでも使うことができるんだ。「print」関数は「Playgrounds」アプリ以外でも使えて、コンソールという場所に、出力してくれる便利な関数なんだ。

関数を作ってみよう

簡単な関数を作ってみよう。次のコードを入力してみよう。名前と都道府県は、自分の名前と住んでいるところに変えてもいいよ。「func」はソフトウェアキーボードの上の専用のボタンで入力しよう。それと、関数を呼ぶコードを入力するときは「printProfile」ボタンが表示されるから、それを使おう。「Playgrounds」アプリは自分が作った関数もボタンにしてくれるんだ。

```
func printProfile() {
    print(" 私の名前は林です ")
    print(" 東京に住んでいます ")
}

// 関数を呼ぶ
printProfile()
```

このコードを実行すると、次のようになるんだ。

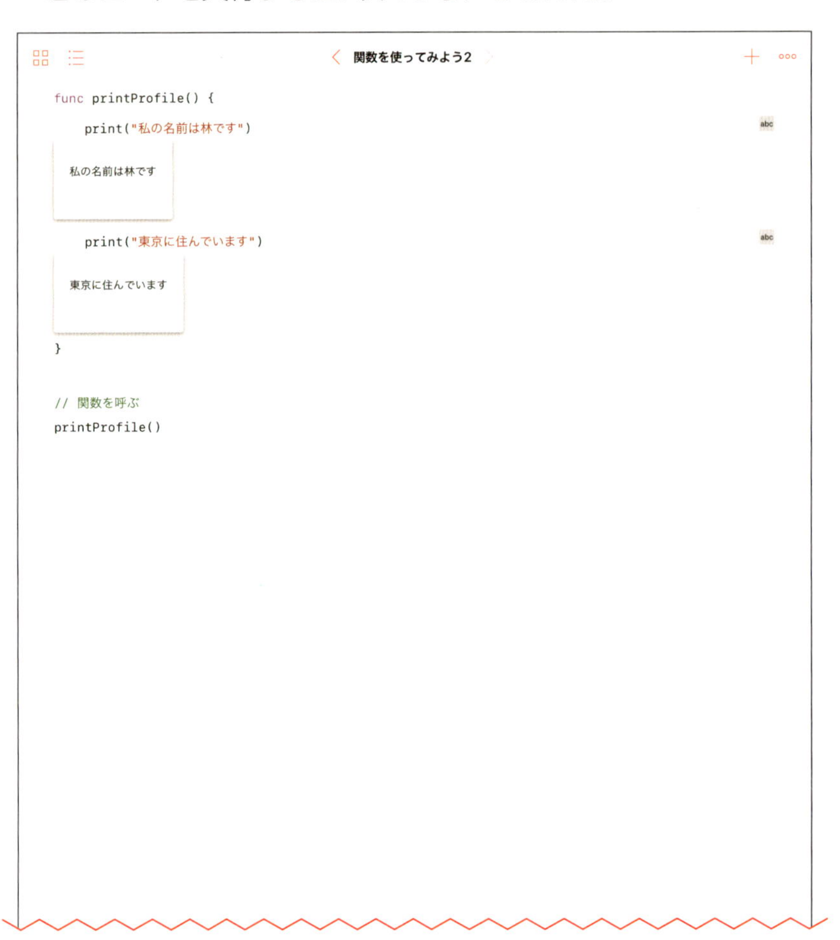

関数は次のように書いて定義することができるんだ。関数を作ることを「関数を定義する」と呼ぶんだ。

```
func 関数名 ( 引数 ) {
    // 関数の中で実行するコード
}
```

関数の中では各行の先頭にタブ、または、半角スペースをいくつか入れて空白を作るんだ。このことを「インデントさせる」と呼ぶよ。「{」「}」で囲まれた範囲がわかるように、同じ範囲をインデントしてわかりやすくしているんだ。「Playgrounds」アプリでは、アプリが自動的にインデントしてくれるよ。

それと「{」「}」で囲んだ範囲のことを「スコープ」と呼ぶんだ。関数を呼び出すと、関数の中のコードが実行されるんだ。

関数の引数を作ってみよう

次は引数を持った関数を作ってみよう。前に作った「printProfile」関数の中で出力している、名前と都道府県を引数で変えられるようにしてみよう。次のコードを入力してみよう。

```
func printProfile(name: String, prefecture: String) {
    print("私の名前は\(name)です")
    print("\(prefecture)に住んでいます")
}

// 関数を呼ぶ
printProfile(name: "林", prefecture: "東京")
```

このコードを実行すると、次のようになるんだ。

関数を使ってみよう3

```
func printProfile(name: String, prefecture: String) {
    print("私の名前は\(name)です")
    私の名前は林です
    print("\(prefecture)に住んでいます")
    東京に住んでいます
}

// 関数を呼ぶ
printProfile(name: "林", prefecture: "東京")
```

引数は関数の中では変数と同じように使うことができるんだ。引数を作るには、次のような構文で書くんだ。引数は必要な数だけ「,」(カンマ)で区切って書くことができるよ。

```
func 関数名(引数名: 引数の型) {
}
```

関数を呼ぶときは、引数を順番に書くんだ。そのときに、引数のラベルを書くんだけど、上のように書いた関数のときは引数名が、そのままラベルとして使われるんだ。

引数の型って何?

引数の型というのは、引数が「文字列だよ」とか、「整数だよ」など、引数がどんなデータなのかということを指定するためのものなんだ。たとえば、サンプルコードで書いた「printProfile」関数の引数「name」には「String」というものを指定しているんだけど、「String」というのは文字列のことなんだ。型はとてもたくさんの種類があるんだ。本書の中でも色々な型がこれからたくさん登場するよ。

●代表的な型

型	説明
String	文字列
Int	整数
UInt	正の数(0以上の数)だけの整数
Double	小数点数

引数のラベルを変えてみよう

関数を呼ぶときに使うラベルはコードをわかりやすいものにしてくれるものなんだ。ラベルがあるから、Swiftのコードは英文のようになって、コードが何をしているのかが、読んでいてもわかるようになっているんだ。このラベルは、特に何も指定しないと引数名が使われるけど、もっとわかりやすいものを指定したり、「print」関数のようになくすこともできるんだ。ない方がわかりやすいこともあるからね。

引数のラベルを指定したり、なくしたりするには、次のような構文でコードを書くんだ。

```
// ラベルを指定するには、引数の前に書く
func 関数名 ( ラベル 引数名 : 引数の型 ) {
}

// ラベルをなくすには、引数の前に「_」を書く
func 関数名 (_ 引数名 : 引数の型 ) {
}
```

「printProfile」関数のラベルを指定した「printProfile2」関数、ラベルをなくした「printProfile3」関数を作ってみよう。次のコードを入力してみよう。

```
func printProfile(name: String, prefecture: String) {
    print("私の名前は\(name)です")
    print("\(prefecture)に住んでいます")
}

func printProfile2(lastName name: String, address prefecture:
String) {
    print("私の名前は\(name)です")
    print("\(prefecture)に住んでいます")
}

func printProfile3(_ name: String, _ prefecture: String) {
    print("私の名前は\(name)です")
    print("\(prefecture)に住んでいます")
}

// 関数を呼ぶ
printProfile(name: "林", prefecture: "東京")
printProfile2(lastName: "林", address: "東京")
printProfile3("林", "東京")
```

このコードを実行(じっこう)すると、次(つぎ)のようになるんだ。

関数の戻り値を返してみよう

算数の公式のように、関数に何かを計算させて、その結果をもらうこともできるんだ。関数は「戻り値」というものを、呼び出したところに返すことができるんだよ。戻り値を戻せるようにするには、次のような構文で関数を定義して、戻したい値を「return」文で返すようにするんだ。

```
func 関数名 () -> 戻り値の型 {
    return 戻り値
}
```

引数も組み合わせれば、便利な関数を作ることができるんだ。たとえば、長方形の面積を計算する関数を作ってみよう。引数には、縦と横の辺の長さを渡すようにして、戻り値で面積を返すようにするよ。次のコードを入力してみよう。

```
// 面積を計算する関数を作る
func squareArea(width: Int, height: Int) -> Int {
    let area = width * height
    return area
}

// 関数を使って面積を計算する
let result = squareArea(width: 10, height: 5)
print(result)
```

このコードを実行すると、次のようになるんだ。

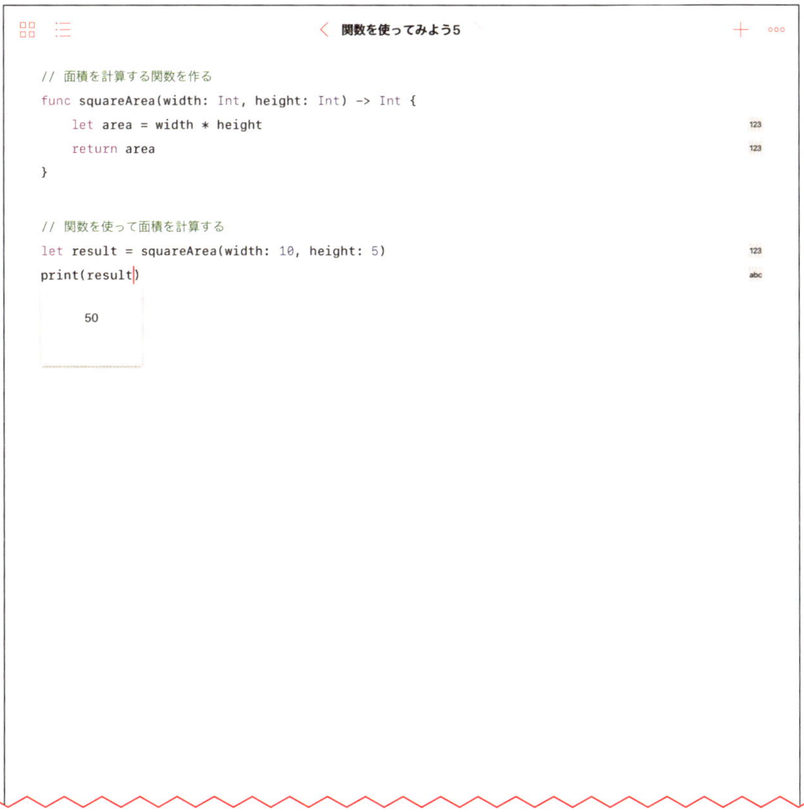

関数を使ってみよう5

```
// 面積を計算する関数を作る
func squareArea(width: Int, height: Int) -> Int {
    let area = width * height
    return area
}

// 関数を使って面積を計算する
let result = squareArea(width: 10, height: 5)
print(result)
```

50

戻り値は引数と同じように色々な型を使えるよ。

COLUMN

システムの関数ってどこで調べるの？

SwiftやiOSには、最初からたくさんの関数が用意されているんだ。最初から用意されている関数を調べるには、APIリファレンスというドキュメントを使うんだ。APIリファレンスはアップル社のWebサイトから見ることができるよ。

- **Apple Developer Documentation**

  URL https://developer.apple.com/documentation/

COLUMN

新しいコードを増やす方法

これから、この本で色々なコードを入力していくから、入力したコードを消さないで、新しいコードを追加していく方法を練習しておこう。「Playgrounds」アプリだと、2つの方法があるんだ。

- **プレイグラウンドファイルを追加する方法**
- **ページを追加する方法**

プレイグラウンドファイルを追加する方法は26ページの「Hello World!」を表示するプログラムでやった方法だよ。ここでは、ページを追加する方法をやってみよう。ページを追加する方法はプレイグラウンドファイルを追加する方法で作ったプレイグラウンドファイルの中に、コードを入力できるところを追加するという方法なんだ。次のように操作してみよう。

❶ページを追加する、プレイグラウンドファイルを開こう。
❷画面の左上から2番目に表示されているボタンをタップし、「編集」ボタンをタップしよう。

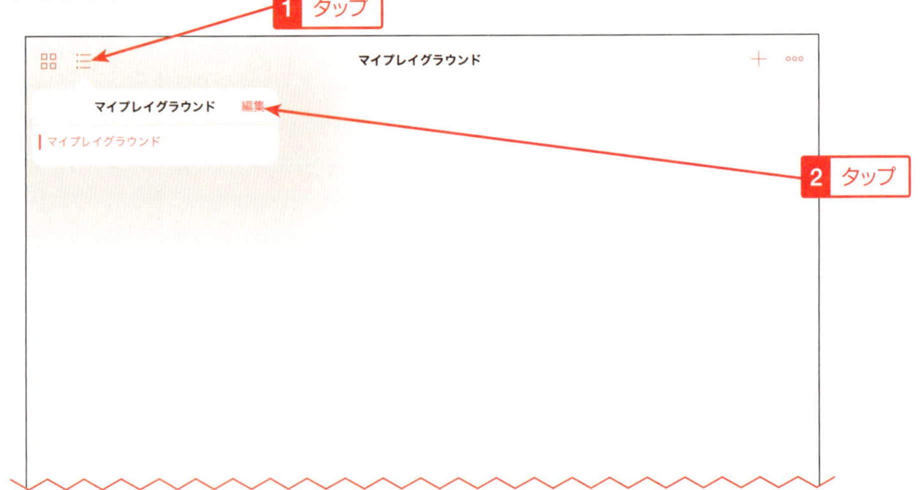

❸「+」ボタンをタップしよう。

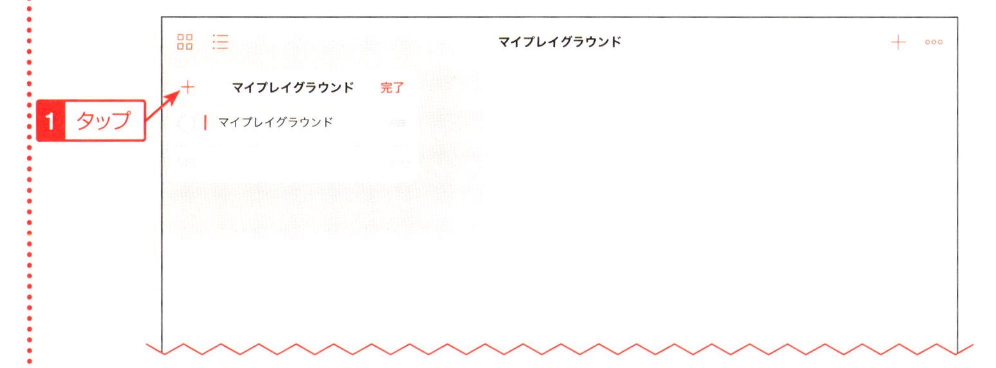

❹「名称未設定ページ」というのが新しいページなんだ。わかりやすい名前に変えてみよう。名前を変えたら、「完了」ボタンをタップしよう。

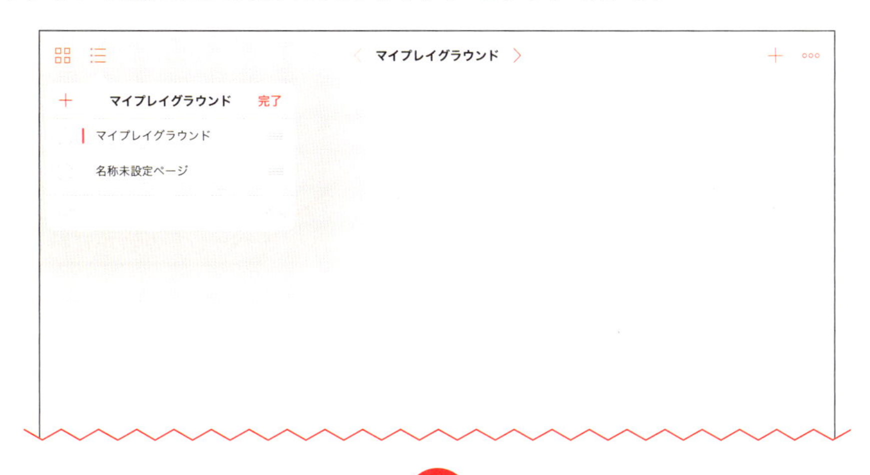

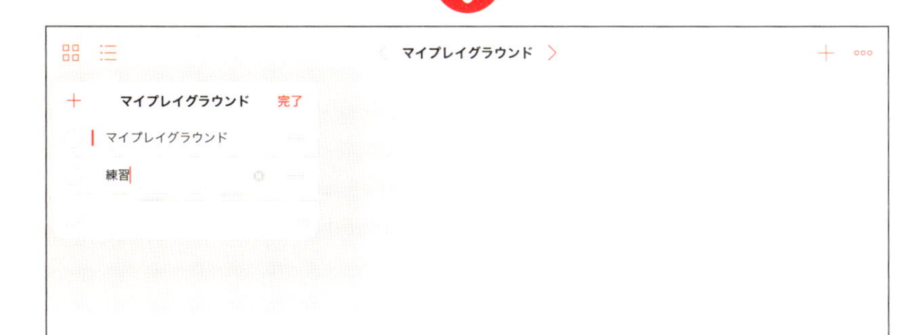

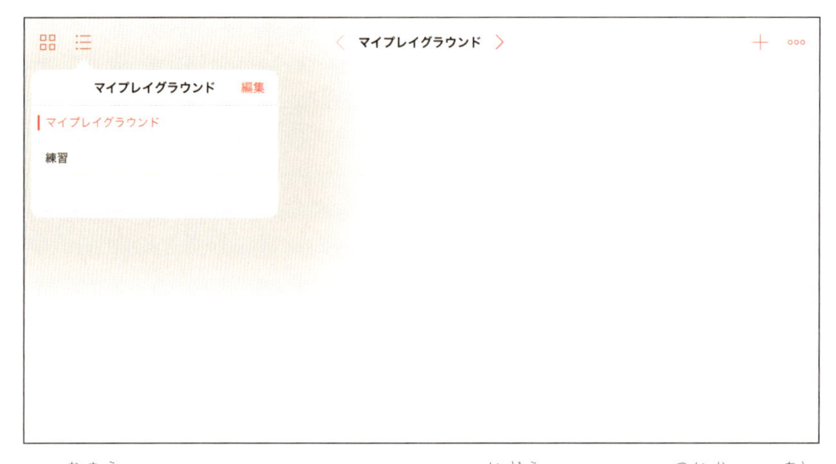

ページの名前をタップすると、そのページに移動できるよ。追加した後は、画面の上にページ名が表示されるんだ。ページ名の左右にあるボタンを使って、前のページや次のページに移動することもできるよ。

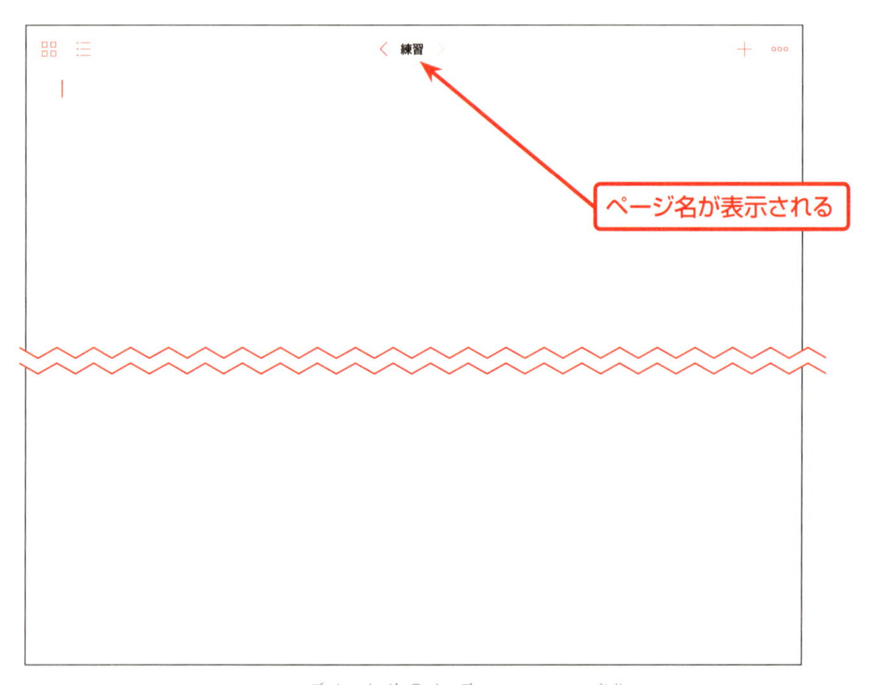

プレイグラウンドファイルは、「Playgrounds」アプリの中のアプリみたいなものなんだ。ページは、アプリの中の区切りみたいに考えて、区切りごとに分けてもいいよ。この本のサンプルコードの場合だと、章ごとにプレイグラウンドファイルを作って、章の中のコードは、ページで分けているんだ。ただし、ページを追加すると後の章で使う画像の取り込みが正しく動かないんだ。だから、画像の取り込みを行う章だけはプレイグラウンドファイルを増やすようにして、ページは追加していないんだ。

やってみながら、使いやすいと思う分け方を考えていくといいよ。

第3章

色を塗ってみよう

SECTION 10 ビューを使って色を塗ってみよう

いよいよ、文字だけではなくてグラフィックに挑戦してみよう。まずは、色を塗るという単純なことをやってみよう。でも、単純なことだけど、少し難しい話になるから、1回ではわからないかもしれないね。わからないときはやってみて、少し変えてみてたり、何度か読み返してみたりして、ちょっとずつ、進めていこう。

実際に表示してみよう

まずは、実際に表示してみよう。次のコードは、白紙が表示されて、左上の方に茶色い四角が表示されるコードだよ。入力してみよう。各キーワードは、最初の数文字を入力すると、キーボードの上に残りの部分を入力してくれるボタンが表示されるんだ。そのボタンを使うと楽に入力できるよ。

```
import UIKit
import PlaygroundSupport

// 白紙のビューを追加する。大きさは自動で変わるので、何でもいい
let view = UIView(frame: CGRect(x: 0, y: 0, width: 500, height: 500))

// 色を白にする
view.backgroundColor = UIColor.white

// プレイグラウンドのページに表示する
PlaygroundPage.current.liveView = view

// 左上に表示するビューを作る
let colorView =
  UIView(frame: CGRect(x: 10, y: 10, width: 50, height: 50))
```

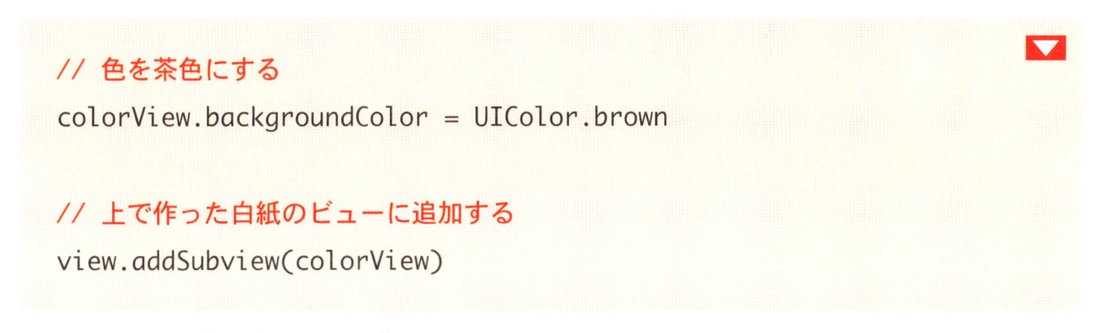

```
// 色を茶色にする
colorView.backgroundColor = UIColor.brown

// 上で作った白紙のビューに追加する
view.addSubview(colorView)
```

このコードを実行すると、次のようになるんだ。

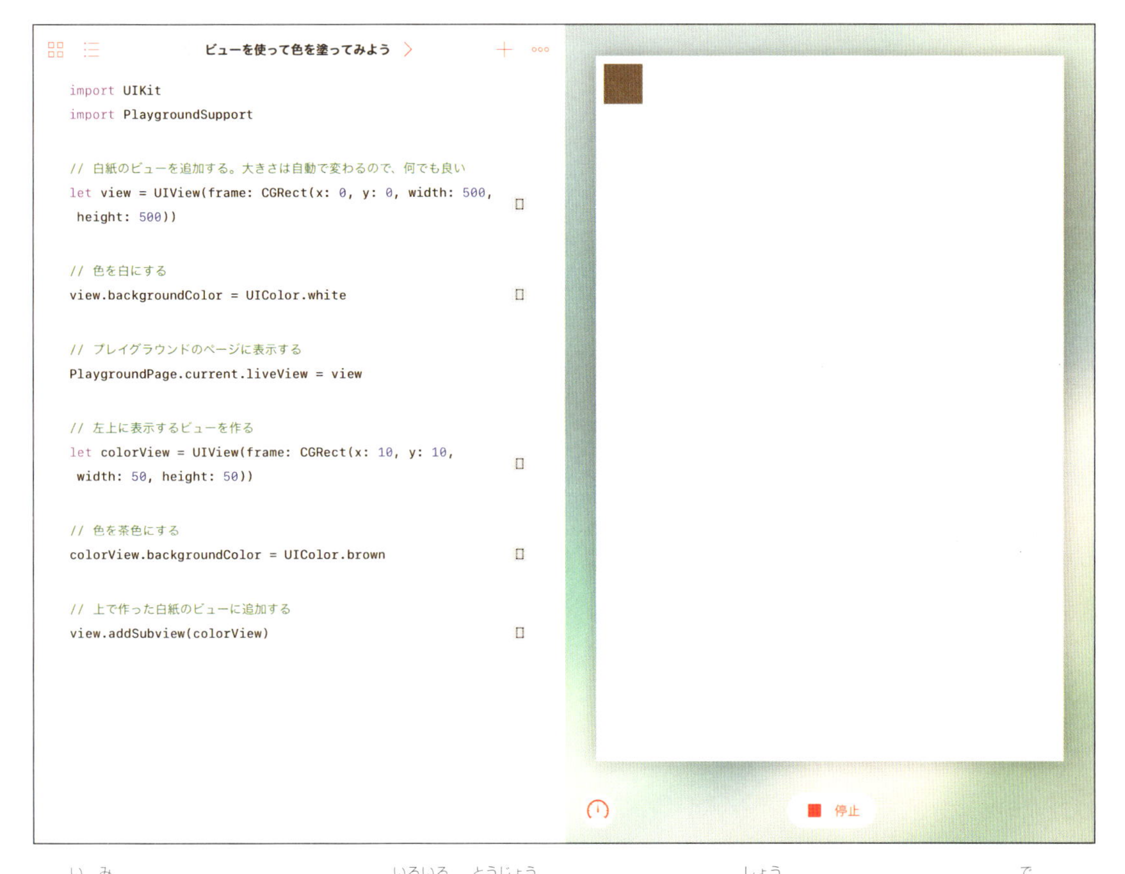

意味がわからないコードが色々と登場してきたね。この章では、このコードで出てきたことを1つずつ学んでいくよ。プログラミングでは、何をしようしているコードなのかを自分でわかるということがとても大切なんだ。コードで動きや映像を作っていくときには、何をしているのかを頭で想像して、イメージできないといけないんだ。だからここでは、実行するとどんなことが起きるのかを、最初に知ってもらいたかったんだ。

SECTION 11 ビューって何？

98ページで見たように、「ビュー」というものを使うと、画面に何かを表示することができるんだ。「でも、ビューって何?」という疑問が浮かんでいるかな?

ビューは紙みたいなもの

iOSでは画面に表示できるものは、みんなビューに描かれるんだ。ビューは表示するものを書き込むことができる紙みたいなものなんだ。ビューの大きさは、ピクセルという単位で指定するんだ。1ピクセルは、画面に表示できる一番小さい点の大きさだよ。今のiPadはRetina Displayという、とっても高精細なディスプレイが使われているんだけど、この「高精細」というのは、1ピクセルの点が非常に細かいということなんだよ。

ビューはどうやって作るの?

98ページで入力した次のコードは、白紙のビューを作っていたんだ。

```
// 白紙のビューを追加する。大きさは自動で変わるので、何でもいい
let view = UIView(frame: CGRect(x: 0, y: 0, width: 500, height: 500))
```

「UIView」というのはビューを表すクラスというものなんだ。クラスは、今まで使ってきた「Int」や「String」と同じように、別の型だよ。ビューを作りたいときは、この「UIView」というクラスのインスタンスというものを作らなければいけないんだ。インスタンスを作っているのが、上のコードだよ。「UIView」クラスのインスタンスを作りたいときは、次のようなコードを書くんだ。

```
変数 = UIView(frame: ビューの大きさと位置 )
```

このように書くと、変数に「UIView」クラスのインスタンスが入るよ。

▶インスタンスって何？

「インスタンス」というのは、難しい言葉では「実体」というものなんだ。わかりにくいから「Int」の場合で考えてみよう。「Int」というのは整数というものを表す型で、構造体というものなんだ。構造体とクラスは似たようなもので、少し違うものなんだけど、「どういうもの」ということを表すものだと覚えてくれればいいよ。「Int」のインスタンスは何かというと、「1」とか「10」みたいな実際の数値のことだよ。「1」と「10」はどちらも「整数」だよね。「1」と「10」はどういうものかっていうと「Int」という型で、実体は「1」や「10」という値になるということなんだ。イメージできたかな？

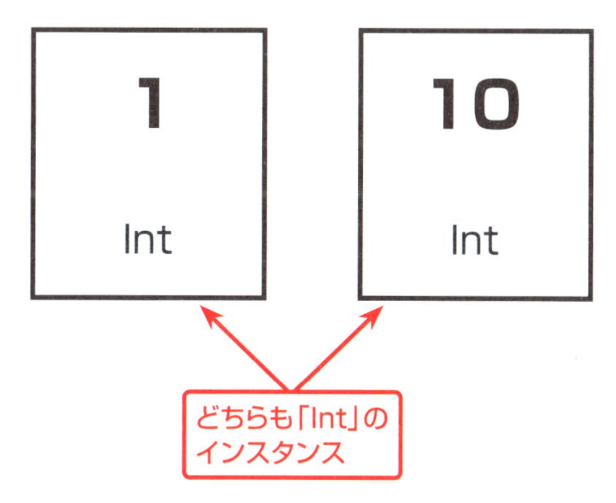

「UIView」クラスも同じだよ。画面に表示される、ビューは1つずつ、みんな別々の「インスタンス」になっているけど、型はみんな「UIView」クラスなんだ。99ページの画面でいえば、「UIView」クラスのインスタンスは2つで、1つは背景に表示された白紙のビュー、もう1つはその上に重なって表示された茶色のビューのことだよ。

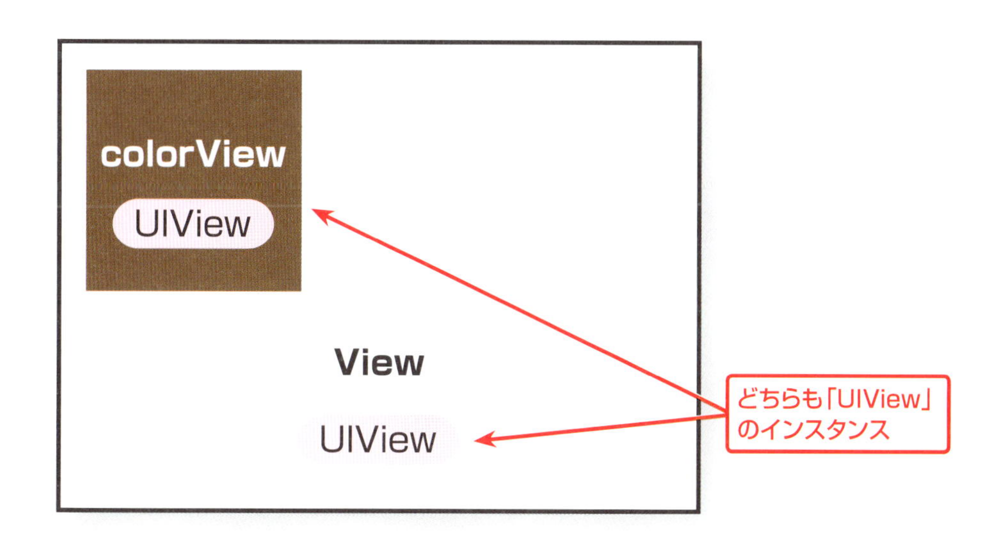

▶ビューの大きさと位置はどのように書くの？

ビューの大きさと位置は「CGRect」という構造体で渡すんだ。「CGRect」も使うときはインスタンスを作らないといけないんだ。インスタンスを作るには、次のようなコードを書くんだ。

```
CGRect(x: X座標 , y: Y座標 , width: 幅 , height: 高さ )
```

座標や幅、高さは、ピクセルで指定するんだよ。

座標はビューの中での場所を表すものなんだ。X座標は右へ行くほど大きくなって、Y座標は下へ行くほど大きくなるんだよ。左上が「X座標=0、Y座標=0」になるんだ。座標は「(X座標, Y座標)」というように書くよ。

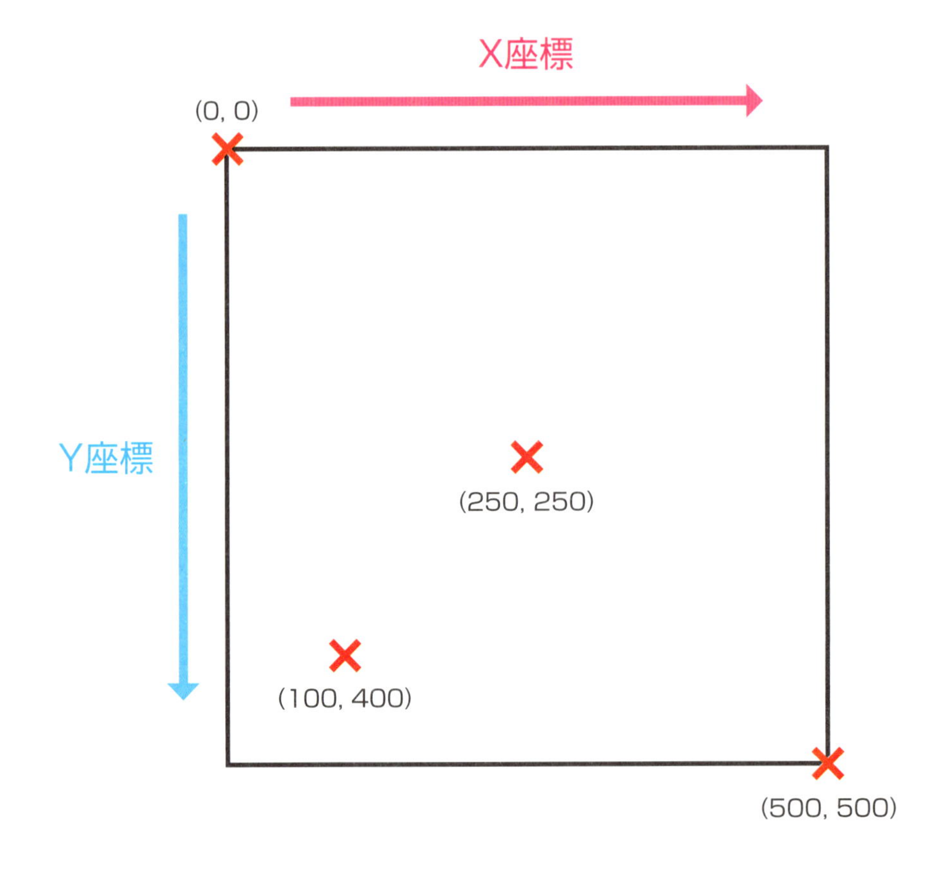

▶ビューに色を塗るにはどうしたらいいの？

ビューに色を塗るには、ビューの色を指定すればいいんだ。ビューの色は「UIView」クラスの「background」というプロパティに設定するんだ。

「プロパティ」というのは、構造体やクラスが持つことができる変数だよ。ビューが紙だとすると、「どんな紙」というのを決めるのがプロパティなんだ。たとえば、白い紙や赤い紙、大きな紙や長細い紙みたいに、プロパティが変わると、同じ紙でも、「どんな」という部分が変わるんだ。

クラスや構造体は、色々な設定をプロパティにして、変えられるようにしているんだ。たとえば、インスタンスを作るときに指定した大きさと位置は、「frame」というプロパティに入っているよ。「frame」プロパティを変えてしまえば、ビューを移動したり、大きさを変えたりすることもできるんだ。

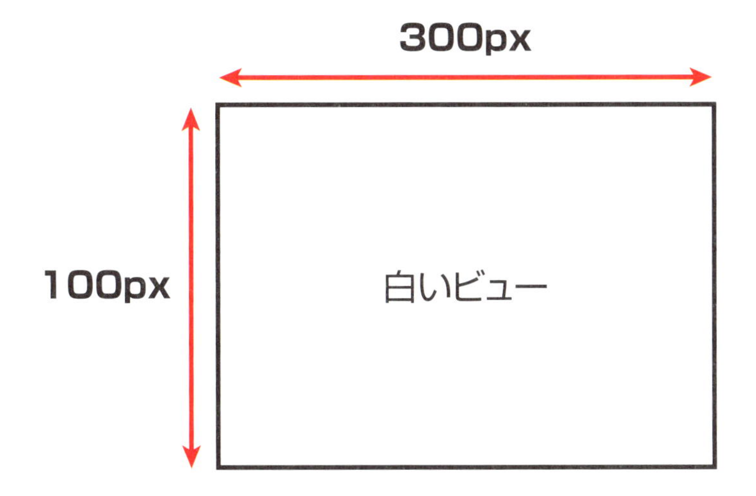

frameプロパティ：CGRect(x: 0, y: 0, width:300, height:100)
backgroundColorプロパティ：UIColor.white

ビューを画面に表示するにはどうやるの？

「Playgrounds」アプリで、ビューを画面に表示するには、次のようなコードを書くんだ。

```
PlaygroundPage.current.liveView = view
```

また、新しいことが出てきたね。「PlaygroundPage」クラスは「Playgrounds」アプリとやり取りをするためのクラスなんだ。「current」というプロパティは、表示中のページが入っているプロパティだよ。その中の「liveView」というプロパティに表示したいビューをセットすると画面に表示することができるんだ。98ページでは白紙のビューを、この方法で表示しているんだ。

もう少し練習してみよう。白紙じゃなくて、シアンのビューを表示してみよう。コードは次のようになるよ。

```
import UIKit
import PlaygroundSupport

// ビューを作る
let view = UIView(frame: CGRect(x: 0, y: 0, width: 500, height: 500))

// 色をシアンにする
view.backgroundColor = UIColor.cyan

// プレイグラウンドのページに表示する
PlaygroundPage.current.liveView = view
```

このコードを実行してみると、次のように表示されるんだ。

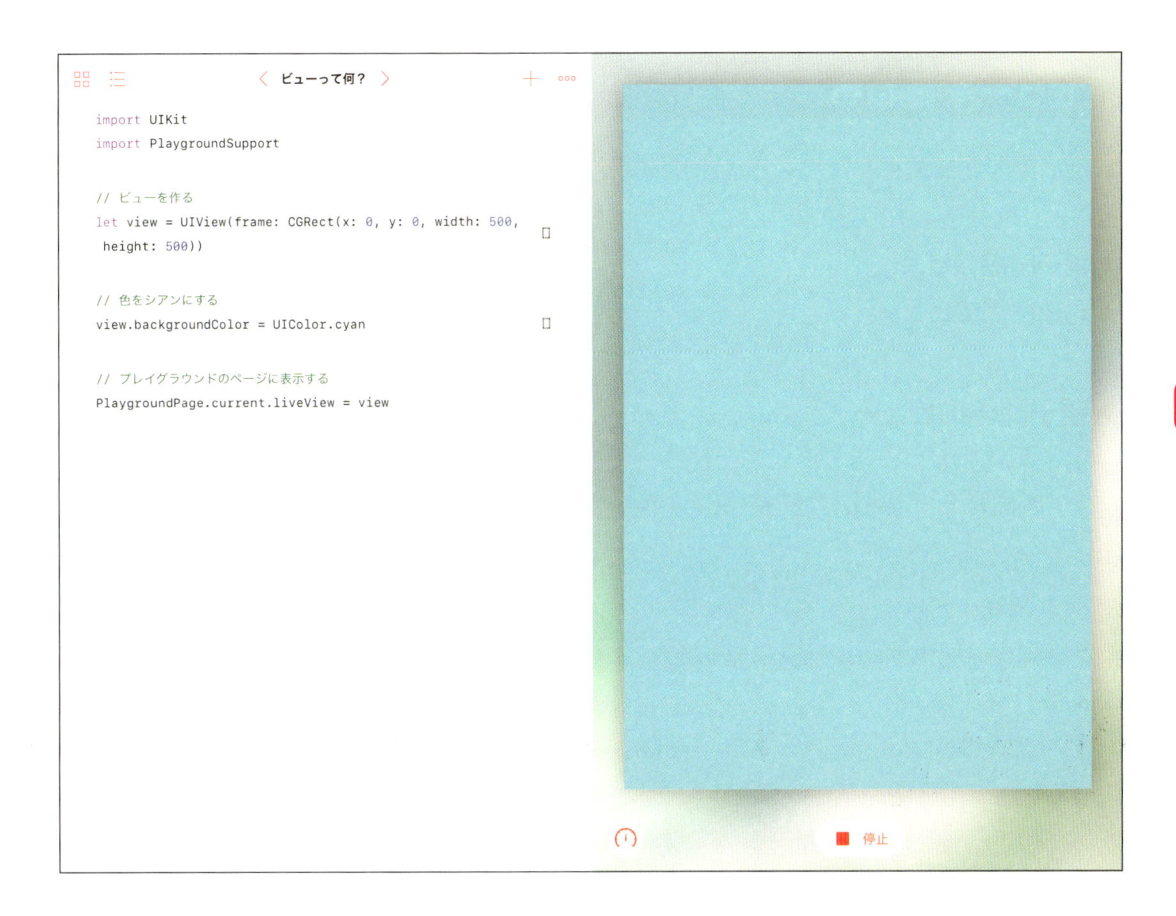

▶タイププロパティ

ところで、ビューを画面に表示するコードだけど、ビューの色を設定しているコードと、ビューを表示するためのコードで、プロパティの使い方が大きく違うんだけど、気が付いたかな？　コードをよく見てみよう。

答えはプロパティを持っているのが誰かということが大きく違うんだ。「PlaygroundPage.current」というコードだけど、インスタンスがいないよね。「view.backgroundColor」の「view」はインスタンスだけど、「PlaygroundPage」はクラスだよ。「PlaygroundPage.current」みたいにクラスが値を持つプロパティのことを「タイププロパティ」って呼ぶんだ。インスタンスごとに変わらない共通で使いたいプロパティを作るときに使うんだ。

ちなみに「UIColor.white」や「UIColor.cyan」もタイププロパティだよ。

ビューを重ねる

紙に紙を重ねて貼ったりできるみたいに、ビューも重ねて表示することができるんだ。だけど、紙とちょっとだけ違うところがあって、重ね合わせでも次の2種類あるんだ。

- **親子関係のビュー**
- **兄弟関係のビュー**

▶親子関係のビュー

親子関係のビューは、親になるビューの中に子になるビューが入っている状態のことだよ。親になるビューのことを「スーパービュー」と呼んで、子になるビューのことを「サブビュー」と呼ぶんだ。

親子関係のビューは学級新聞を作ったときに、写真を貼り付けたときと同じようなイメージだよ。写真を貼り付けた学級新聞を移動すれば、貼り付けた写真も一緒に移動するよね。

それと同じようにスーパービューを動かせば、サブビューも一緒に移動するんだ。逆にサブビューを動かしても、スーパービューは移動しないんだ。学級新聞に貼った写真をはがして、別の場所に貼り直しても学級新聞は動かないよね。

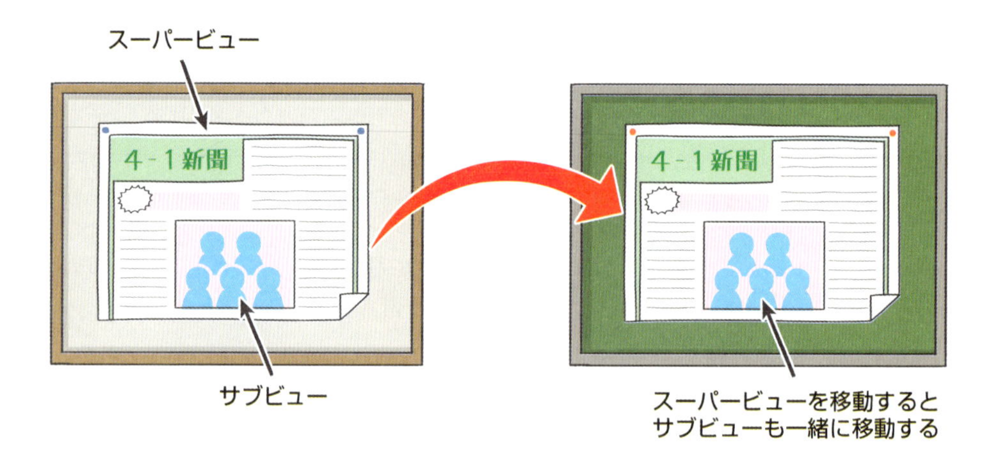

▶兄弟関係のビュー

兄弟関係のビューは、同じスーパービューに配置されている、別のサブビューのことだよ。学級新聞にたとえると、同じ学級新聞に貼り付けたれた別の写真と同じイメージだよ。サブビューを移動しても、別の兄弟関係になっているサブビューは移動しないんだ。学級新聞の写真を1つはがして、別の場所に貼っても、他の写真は移動しないよね。スーパービューを移動したときは、サブビューはみんな一緒に移動するんだ。

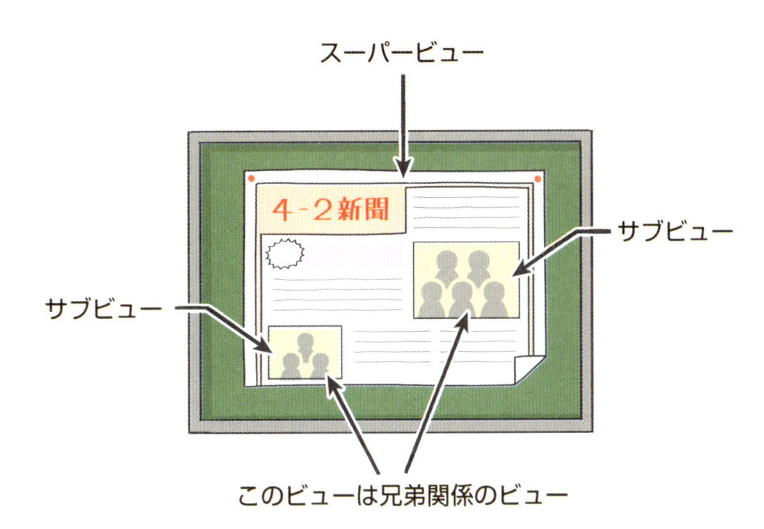

▶98ページのコードのスーパービューとサブビューはどれ？

98ページのコードだと、プレイグラウンドに表示した白紙のビュー、「view」変数がスーパービューだよ。サブビューは「view」の上に表示される茶色いビューである「colorView」変数のことだよ。

SECTION 12 ビューの大きさに使っている「CGRect」ってどんなもの？

ビューの大きさと場所を設定するために使っている「CGRect」という構造体は、2つのプロパティを持っているんだ。1つは「origin」というプロパティで場所を指定するためのプロパティだよ。「origin」という英単語には「原点」という意味があるんだ。原点というのは「どこから」という始まりの場所のことなんだ。ビューの場合には左上の座標だよ。

もう1つのプロパティは「size」というプロパティで大きさを入れるためのプロパティだよ。「origin」と「size」でビューの大きさと位置を表しているんだ。

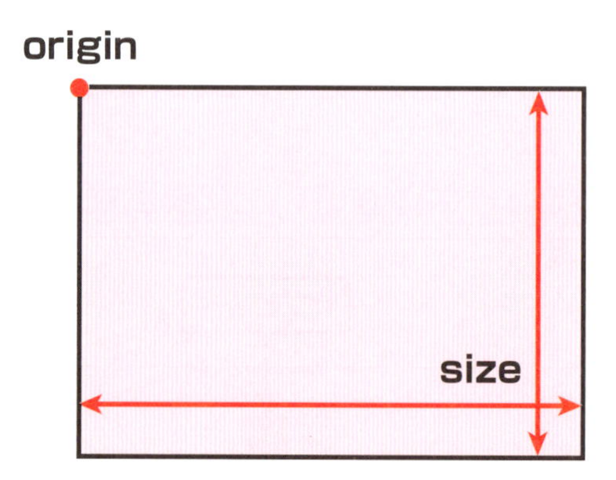

「CGPoint」ってどんなもの？

「origin」というプロパティは「CGPoint」という構造体になっているんだ。「origin」が場所を入れるためのプロパティになるためには「CGPoint」はどんな構造体か予想できるかな？　答えは、X座標とY座標を持つ、構造体だよ。「x」と「y」という2つのプロパティを持っているんだ。

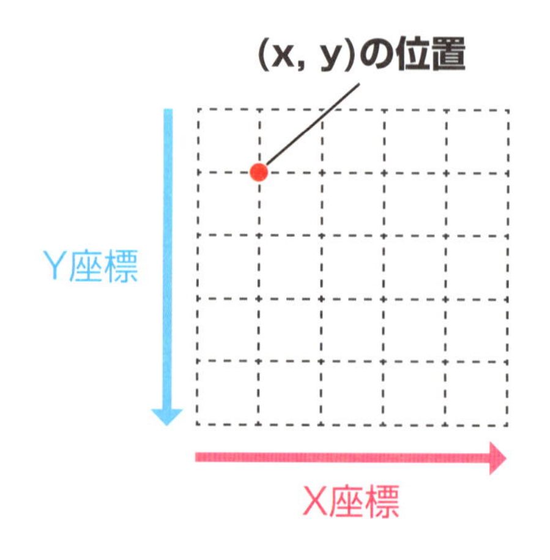

「CGSize」ってどんなもの?

「size」というプロパティは「CGSize」という構造体になっているんだ。「size」が大きさを入れるためのプロパティだから、どんな構造体か予想できたかな? 答えは幅と高さを持つ構造体だよ。「width」というプロパティに幅、「height」というプロパティに高さを入れる構造体になっているんだ。

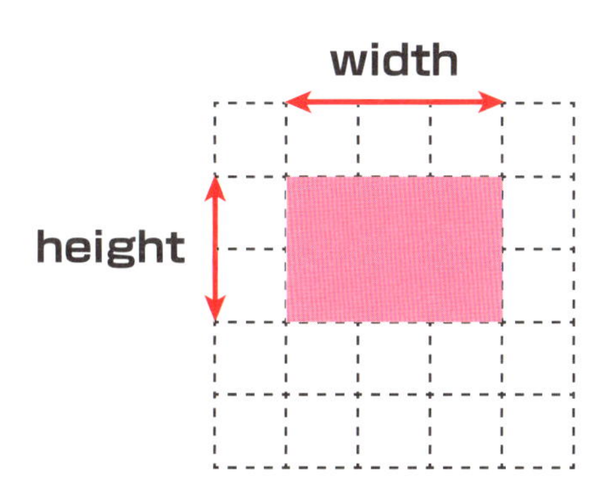

色々な大きさのビューを作ってみよう

「CGRect」構造体がどんな構造体かわかったら、色々な大きさのビューを作ってみよう。98ページのコードに、あと3つ、違う大きさと場所のビューを追加するコードを付け足してみよう。他のビューと少し重なるような位置も試してみよう。たとえば、次のようなコードになるよ。

```
import UIKit
import PlaygroundSupport

// 白紙のビューを追加する。大きさは自動で変わるので、何でもいい
let view = UIView(frame: CGRect(x: 0, y: 0, width: 500, height: 500))

// 色を白にする
view.backgroundColor = UIColor.white

// プレイグラウンドのページに表示する
PlaygroundPage.current.liveView = view
```

```
// 左上に表示するビューを作る
let colorView =
    UIView(frame: CGRect(x: 10, y: 10, width: 50, height: 50))

// 色を茶色にする
colorView.backgroundColor = UIColor.brown

// 上で作った白紙のビューに追加する
view.addSubview(colorView)

// ビューをいくつか追加する
let view1 =
    UIView(frame: CGRect(x: 30, y: 100, width: 200, height: 50))
view1.backgroundColor = UIColor.brown
view.addSubview(view1)

let view2 =
    UIView(frame: CGRect(x: 50, y: 200, width: 20, height: 100))
view2.backgroundColor = UIColor.brown
view.addSubview(view2)

let view3 =
    UIView(frame: CGRect(x:10, y: 240, width: 100, height: 20))
view3.backgroundColor = UIColor.brown
view.addSubview(view3)
```

このコードを実行(じっこう)すると、次(つぎ)のように表示(ひょうじ)されるんだ。

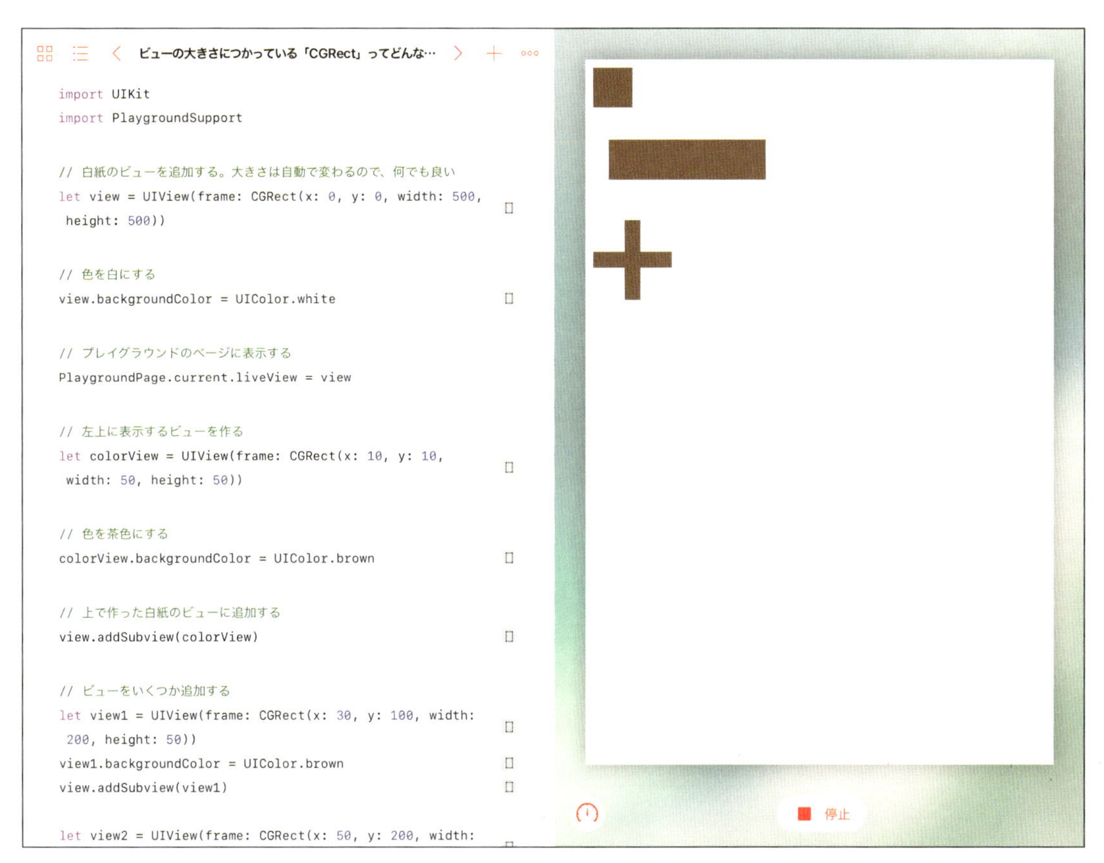

自分で好きな大きさや位置に変えてみて、どうなるかも試してみてね。たとえば、白紙のビューから、はみ出てしまうような場所や大きさにすると、どうなるか試してみてね。

SECTION 13 何色でも使えるの？

次は色について説明するよ。もう何回も使ってきたように「UIColor」というクラスを使って色を作るんだ。よく使われる色はタイププロパティを使って簡単に作ることができることも見てきたね。

◉よく使われる色とタイププロパティ

タイププロパティ	色
UIColor.black	黒
UIColor.blue	青
UIColor.brown	茶
UIColor.clear	透明
UIColor.cyan	シアン
UIColor.darkGray	ダークグレー
UIColor.gray	グレー
UIColor.green	緑
UIColor.lightGray	ライトグレー
UIColor.magenta	マゼンタ
UIColor.orange	オレンジ
UIColor.purple	紫
UIColor.red	赤
UIColor.white	白
UIColor.yellow	黄

表にある色を実際に表示してみよう。色ごとに小さいビューを作って、それを並べて色のパレットを描いてみよう。今回はいきなりコードにいかないで、どんなプログラムにすればできるか、考えてみよう。

パレットを表示するプログラムはどんな風にする？

プログラムを組み立てるときは、何をどんな順番でやればいいかを考えてみるんだ。小さいビューをいくつも作って色のパレットを作るから、まずは、1色だけを作るときのことを考えてみよう。次のようなことをすればできるね。

❶ビューを作る。
❷作ったビューが表示されるように、サブビューとして追加する。
❸作ったビューに色を設定する。

これをいくつも作るには❶から❸を繰り替えして、❸の色を変えればいいんだ。あと、もう1つ考えないといけないことがあるよ。それはどこにビューを置くかだよ。たとえば、3つずつ横に並べて、それをその下で繰り返すという方法があるね。これをするにはどうしたらいいだろう？

答えは簡単。ビューのフレームの原点を少しずつ変えればいいんだ。原点はX座標とY座標で指定するんだ。右に並べるということは、X座標をビューの幅だけずらしていくということだね。下に並べるというのは、Y座標をビューの高さだけずらすということだね。これを数式にしてみると、次のようになるんだ。

```
X = (インデックス % 3) * ビューの幅
Y = (インデックス / 3) * ビューの高さ
```

インデックスというのは、何番目かという番号だよ。0から始めるんだ。「インデックス % 3」はインデックスを3で割った余りを計算するという式だよ。並んでいる様子を図にすると次のようになるんだ。

インデックス 0	インデックス 1	インデックス 2
インデックス 3	インデックス 4	インデックス 5
インデックス 6	インデックス 7	インデックス 8
インデックス 9	インデックス 10	インデックス 11
インデックス 12	インデックス 13	インデックス 14

X座標とY座標がどうなるかも計算してみよう。ビューの幅と高さを50にして、前ページの計算をしてみると次のようになるんだ。

インデックス	X座標	Y座標
0	0	0
1	100	0
2	200	0
3	0	100
4	100	100
5	200	100
6	0	200
7	100	200
8	200	200
9	0	300
10	100	300
11	200	300
12	0	400
13	100	400
14	200	400

プログラムを作るときには、こんな感じに、紙の上でどのようにしたら実現できるかを考えてみて、言葉や図にしてみるといいんだ。そして、それをもとにしてコードを作るとわかりやすいよ。では、早速コードにしてみよう。たとえば、次のようなコードだよ。見る前に自分で作ってみて比べると練習になるから自分でも挑戦してみてね。

```
import UIKit
import PlaygroundSupport

// 白紙のビューを追加する。大きさは自動で変わるので、何でもいい
let liveView =
  UIView(frame: CGRect(x: 0, y: 0, width: 500, height: 500))

// 色を白にする
liveView.backgroundColor = UIColor.white

// プレイグラウンドのページに表示する
PlaygroundPage.current.liveView = liveView
```

```
// 背景色を配列にする
// 「UIColor」の配列だよって指定すれば、色自体を書くところでは
// 「UIColor.black」を「.black」のように省略できる
let colors: [UIColor] = [.black, .blue, .brown, .clear, .cyan,
 .darkGray, .gray, .green, .lightGray, .magenta,
 .orange, .purple, .red, .white, .yellow]
var index = 0

// 色を変えながらループする
for color in colors {
    // ビューの座標を計算
    let x = (index % 3) * 100
    let y = (index / 3) * 100

    // ビューを作る
    let view =
      UIView(frame: CGRect(x: x, y: y, width: 100, height: 100))
    view.backgroundColor = color

    // ビューを追加する
    liveView.addSubview(view)

    // インデックスを増やす
    index += 1
}
```

このコードのポイントは、ビューごとに変(か)わるのが何(なに)かを考(かんが)えて、その部分(ぶぶん)だけを変(か)えながら、同(おな)じコードを動(うご)かすようにすることだよ。このコードを実行(じっこう)すると、次(つぎ)のようになるんだ。

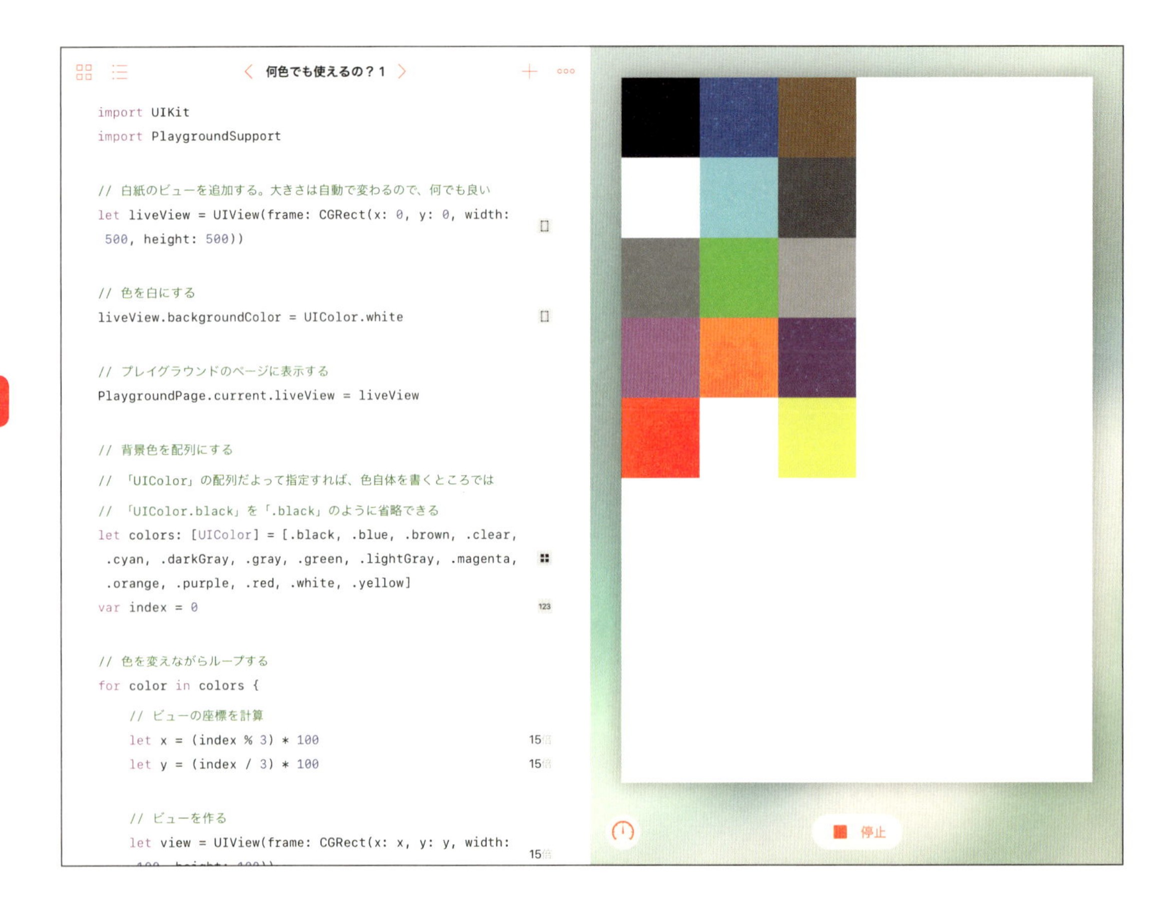

コンピュータ上での色ってどんなものだろう？

コンピュータの中で色ってどんな風に作られているか知っているかな？　iPadも含めて、コンピュータの色は「赤」と「緑」と「青」の色の組み合わせで作られているんだ。この3つの色のことを「光の三原色」っていうんだ。この3つの色の光を強くしたり弱くしたりして、色を混ぜ合わせると、色々な色を作り出すことができるんだ。

この3つの色を英語でいうと「Red」「Green」「Blue」だから頭文字を取って「RGB」と呼んでいるんだ。「UIColor」もRGBで好きな色を作ることができるんだ。「UIColor.red」のように書いていたところを次のように変えるんだ。

```
UIColor(red: 1.0, green: 0.0, blue: 0.0, alpha: 1.0)
```

引数の「red」「green」「blue」にそれぞれRGBの割合を書くんだ。割合は0.0から1.0の小数で指定するよ。最後の「alpha」は不透明度といって、0.0が完全な透明、1.0が完全な不透明になる数値を指定するんだ。これも割合だから0.5って書けば、半透明になるよ。ビューが重なったときに、下のビューが透けて見える状態になるんだ。

これを使って、98ページのコードを書き換えてみよう。たとえば、次のようになるよ。

```
import UIKit
import PlaygroundSupport

// 白紙のビューを追加する。大きさは自動で変わるので、何でもいい
let view = UIView(frame: CGRect(x: 0, y: 0, width: 500, height: 500))

// 色を白にする
view.backgroundColor =
    UIColor(red: 1.0, green: 1.0, blue: 1.0, alpha: 1.0)

// プレイグラウンドのページに表示する
PlaygroundPage.current.liveView = view

// 左上に表示するビューを作る
let colorView =
   UIView(frame: CGRect(x: 10, y: 10, width: 50, height: 50))

// 色を茶色にする
colorView.backgroundColor =
    UIColor(red: 0.6, green: 0.4, blue: 0.2, alpha: 1.0)

// 上で作った白紙のビューに追加する
view.addSubview(colorView)
```

このコードを実行すると、次のようになるんだ。

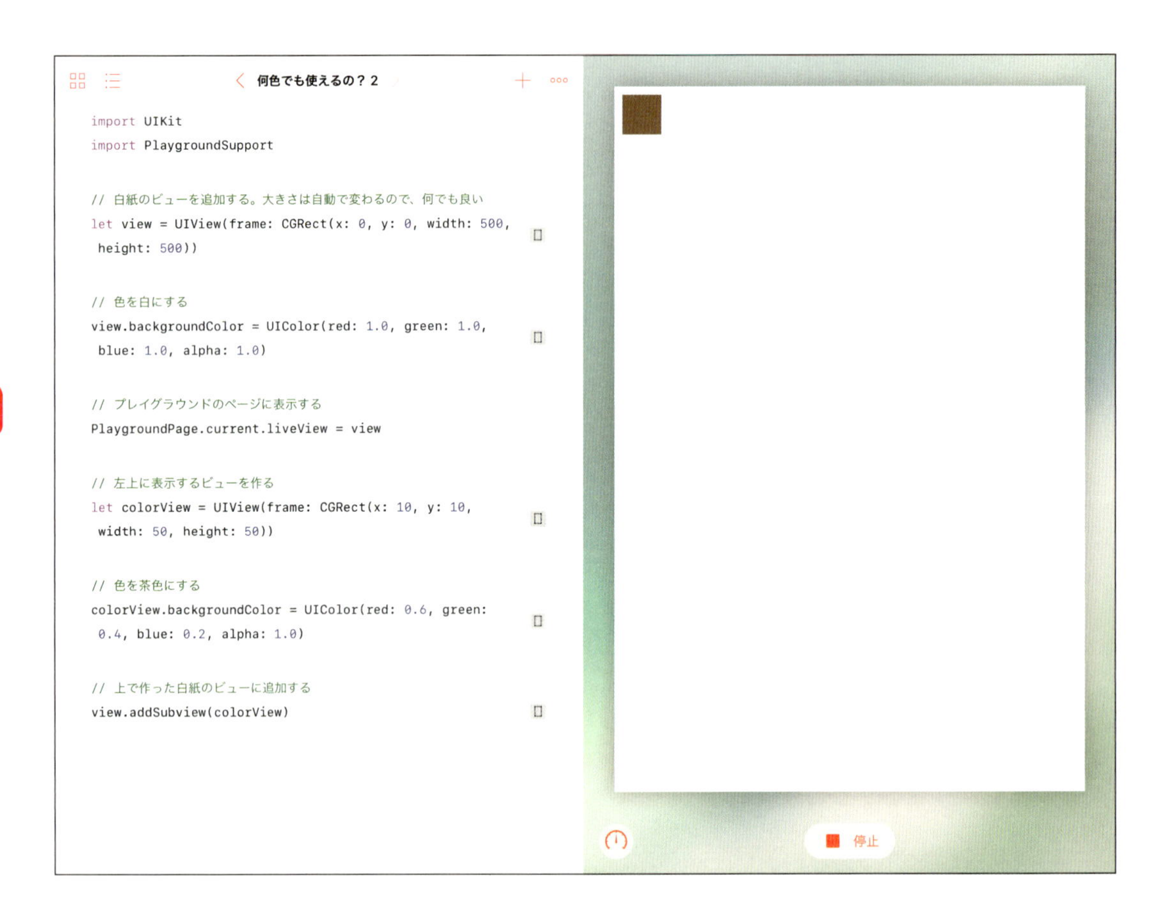
何色でも使えるの？2
import UIKit
import PlaygroundSupport
// 白紙のビューを追加する。大きさは自動で変わるので、何でも良い
let view = UIView(frame: CGRect(x: 0, y: 0, width: 500,
height: 500))
// 色を白にする
view.backgroundColor = UIColor(red: 1.0, green: 1.0,
blue: 1.0, alpha: 1.0)
// プレイグラウンドのページに表示する
PlaygroundPage.current.liveView = view
// 左上に表示するビューを作る
let colorView = UIView(frame: CGRect(x: 10, y: 10,
width: 50, height: 50))
// 色を茶色にする
colorView.backgroundColor = UIColor(red: 0.6, green:
0.4, blue: 0.2, alpha: 1.0)
// 上で作った白紙のビューに追加する
view.addSubview(colorView)
停止

SECTION 14 「import」って何のために書いているの？

おまじないのように書いている「import」の意味をここでは勉強しよう。みんなが使っているiPadにはiOSというシステムが入っているんだ。このiOSが色々なことをやってくれるおかげで、簡単なプログラムでも色々なことができるようになっているんだ。

このシステムが持っている機能を使うための命令が「import」なんだ。今まで、次の2つの「import」文をよく使ってきたね。

```
import UIKit
import PlaygroundSupport
```

これは「UIKit」と「PlaygroundSupport」という2つのフレームワークを使うために書いているんだよ。フレームワークというのはiOSの持っている機能を集めた部品なんだ。この2つのフレームワークは次のようなことができるんだ。

フレームワーク	説明
UIKit	iOS用のボタンやビューなどを持っているフレームワーク。iOSの基本的な機能を使えるようにしてくれる
PlaygroundSupport	プレイグラウンドの機能を使えるようにしてくれるフレームワーク。プレイグラウンドにビューを表示する機能も、「PlaygroundSupport」の機能の1つ

他にも色々なフレームワークがあって、この本でもフレームワークの機能を使って、色々なことをできるようにしていくよ。

COLUMN

プレイグラウンドファイルの名前を変える方法

空白のプレイグラウンドファイルを作ると、「マイプレイグラウンド」という名前になるね。この名前は変えることができるんだ。たとえば、この本のサンプルコードも「Chapter03」みたいに名前を変えているんだ。名前を変えるには次のように操作するんだ。

❶変更したいプレイグラウンドファイルの名前をタップしよう。編集画面が表示されるよ。

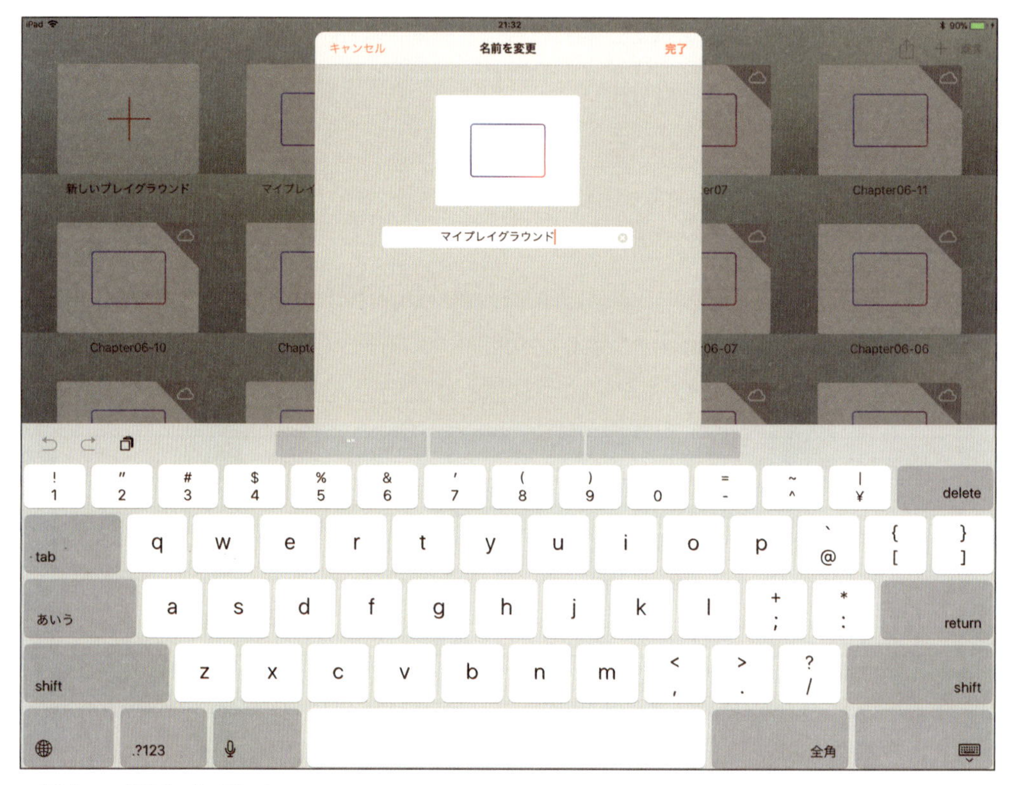

❷新しい名前を入力しよう。

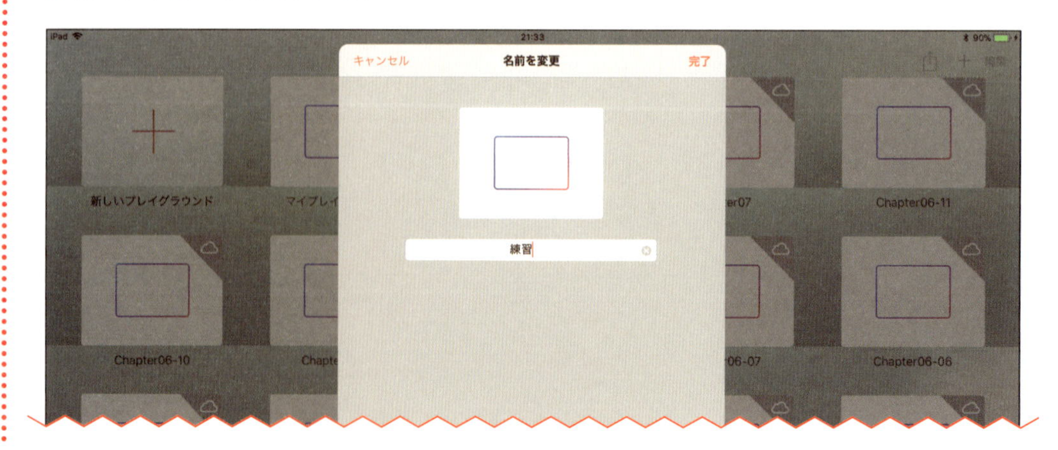

❸「完了（かんりょう）」ボタンをタップしよう。プレイグラウンドファイルの名前（なまえ）が変（か）わるよ。

第4章

カウンターを作(つく)ってみよう

SECTION 15 ビューコントローラクラスを作ってみよう

この章からはもう少しアプリっぽいプログラムを作ってみよう。この章では「カウンター」を作ってみるよ。「カウンター」はボタンを押した回数を覚えておいてくれるものなんだ。

道路とかで通る人の数とかを数える仕事をしている人を見たことがあるかな？　その人たちは口で「1、2、3、……」みたいに数えないで、手に持った機械のボタンを押しているよね。ボタンを押すたびに機械に表示された数字が増えていくんだ。

あの機械と同じように、ボタンを押したら数が増えていくというプログラムを作ってみよう。

プログラムは部品に分ける

この本で作るような小さなプログラムも、Webブラウザのような大きなアプリでも、部品の組み合わせで作っていくんだ。組み合わせで作るのはプログラムだけではなくて、みんながいつも使っている道具だって、色々な部品の組み合わせでできているんだ。

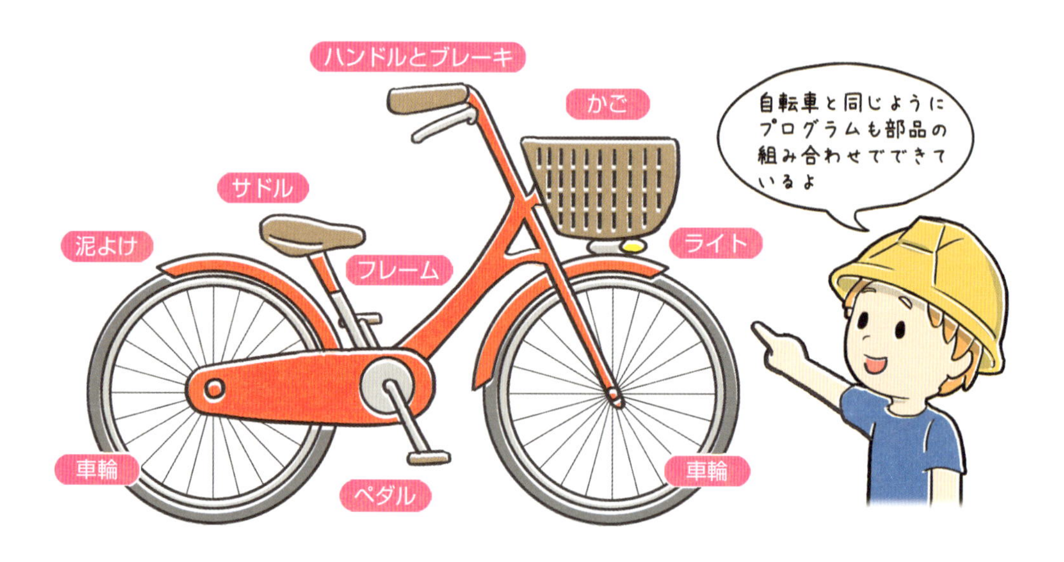

ここからは、この本でも色々な部品を作ったり、iOSや「Playgrounds」アプリの中にある部品を組み合わせて、プログラムを作っていくよ。

でも、プログラムの部品ってどんなものがあるんだろう？　実は今までも使ってきているよ。たとえば、「UIView」クラス。画面にビューというものを表示するための部品なんだ。「UIColor」クラスも何色ということを書くための部品だね。「UIColor」クラスは「UIView」クラスに比べたら小さなものだけど、これも1つの部品だし、「UIView」クラスも「UIColor」クラスを部品として利用しているんだ。

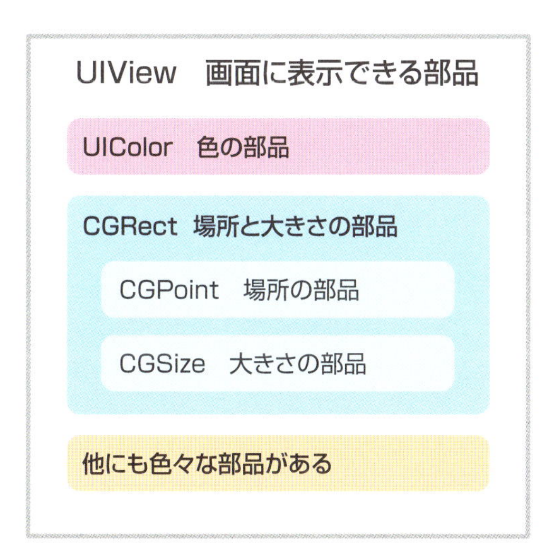

画面を部品にするためのビューコントローラクラス

1つの画面を部品として使えるようにできれば、1つのプログラムの中に色々な画面を作ることができるね。画面を部品にするために使うものが「ビューコントローラ」だよ。「ビューコントローラ」は「UIViewController」というクラスを使って作るんだ。このクラスのサブクラスを自分で作って、自分のオリジナルの画面を作るんだよ。

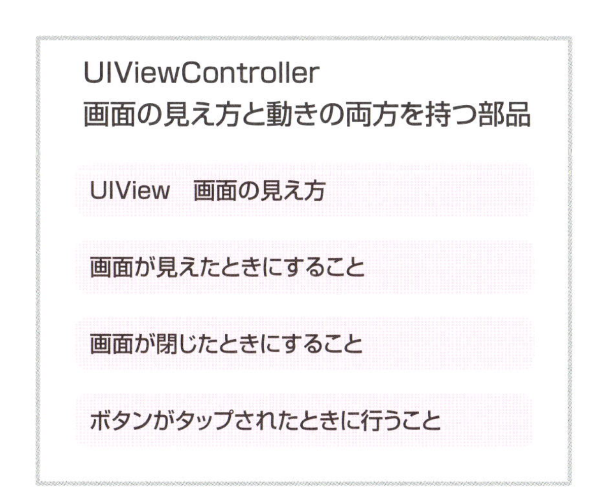

クラスは、別のクラスの子供のクラスを作ることができて、この子供のクラスは親のクラスと同じ機能を持っているんだ。さらに、子供のクラスは親のクラスの機能を置き換えたり、新しい機能を追加したりすることができるんだ。このとき、子供のクラスのことを「サブクラス」と呼んで、親のクラスのことを「スーパークラス」って呼ぶんだよ。言葉で書くと難しいことのように思うかもしれないけど、使いながら考えてみよう。

はじめてのビューコントローラを作ってみよう

はじめてのビューコントローラを作ってみよう。一番簡単なのは白紙のビューだけど、できたかどうかがわかるように、色で塗りつぶしたビューを持ったビューコントローラを作ってみよう。

次のコードがはじめてのビューコントローラのコードだよ。入力してみよう。

```
import UIKit
import PlaygroundSupport

class CounterViewController : UIViewController {
    // 表示するビューを作るメソッド
    override func loadView() {
        // ビューを作る
        self.view =
          UIView(frame: CGRect(x: 0, y: 0, width: 500, height: 500))
        // シアンで塗る
        self.view.backgroundColor = UIColor.cyan
    }
}
```

まだ、このコードを実行しても何も表示されないけど、「CounterViewController」クラスというビューコントローラができたんだ。ビューコントローラで表示したいビューは「loadView」メソッドというメソッドを作って、その中で作るんだ。作ったビューは「view」というプロパティに設定するんだ。色々なビューを表示したいときは、「view」に設定するビューのサブビューを作ればいいよ。

▶ サブクラスの作り方

何かのクラスのサブクラスを作るには、「CounterViewController」クラスのように、次のようなルールでコードを書くんだ。

```
class サブクラス : スーパークラス {
}
```

「CounterViewController」クラスは「UIViewController」クラスのサブクラスを作っていて、「UIViewController」クラスが持っているメソッドやプロパティを全部引き継いでいるんだ。だから、自分で書いていないのに「view」というプロパティを持っているんだよ。

▶ クラスの中の関数「メソッド」

「UIView」クラスの「addSubview」メソッドを使ってきたね。これと同じように、自分のクラスでもメソッドを作ることができるんだ。メソッドを作るには、クラスの定義の中（「class {」から「}」までの間）で関数を書けばいいんだよ。つまり、次のようなルールでコードを書くんだ。

```
class クラス : スーパークラス {
    func 関数() {
    }
}
```

▶「override」って何？

「loadView」メソッドは作るときに「override」って書いているよね。これは「オーバーライド」といって、スーパークラスのメソッドをサブクラスで置き換える機能のことなんだよ。オーバライドすると、スーパークラスのメソッドが呼ばれるときに、代わりに、サブクラスのオーバーライドしたメソッドが呼ばれるようになるんだ。

「loadView」メソッドも、ただ書いただけだと誰も知らないから呼んでくれないはずなんだけど、「UIViewController」クラスの「loadView」メソッドは自動で実行されるから、「UIViewController」クラスの「loadView」メソッドをオーバーライドしている、サブクラスの「loadView」も実行されるんだ。

ただし、オーバーライドするときは、スーパークラスのメソッドと同じ名前で同じ引数を持ったメソッドにする必要があるよ。

ビューコントローラを表示してみよう

ビューコントローラを画面に表示するのはとても簡単なんだ。今までは表示したいビューを次のようなコードで表示してきたね。

```
// プレイグラウンドのページに表示する
PlaygroundPage.current.liveView = view
```

ビューコントローラを表示したいときは、上のコードで「view」の代わりにビューコントローラを渡してあげるだけなんだ。作った「CounterViewController」を表示するには、次のようにするんだ。

```
import UIKit
import PlaygroundSupport

class CounterViewController : UIViewController {
    // 表示するビューを作るメソッド
    override func loadView() {
        // ビューを作る
        self.view =
          UIView(frame: CGRect(x: 0, y: 0, width: 500, height: 500))
        // シアンで塗る
        self.view.backgroundColor = UIColor.cyan
    }
}

// ビューコントローラを作る
let viewController = CounterViewController(nibName: nil, bundle: nil)
// 表示する
PlaygroundPage.current.liveView = viewController
```

このコードを実行すると、次のように表示されるよ。

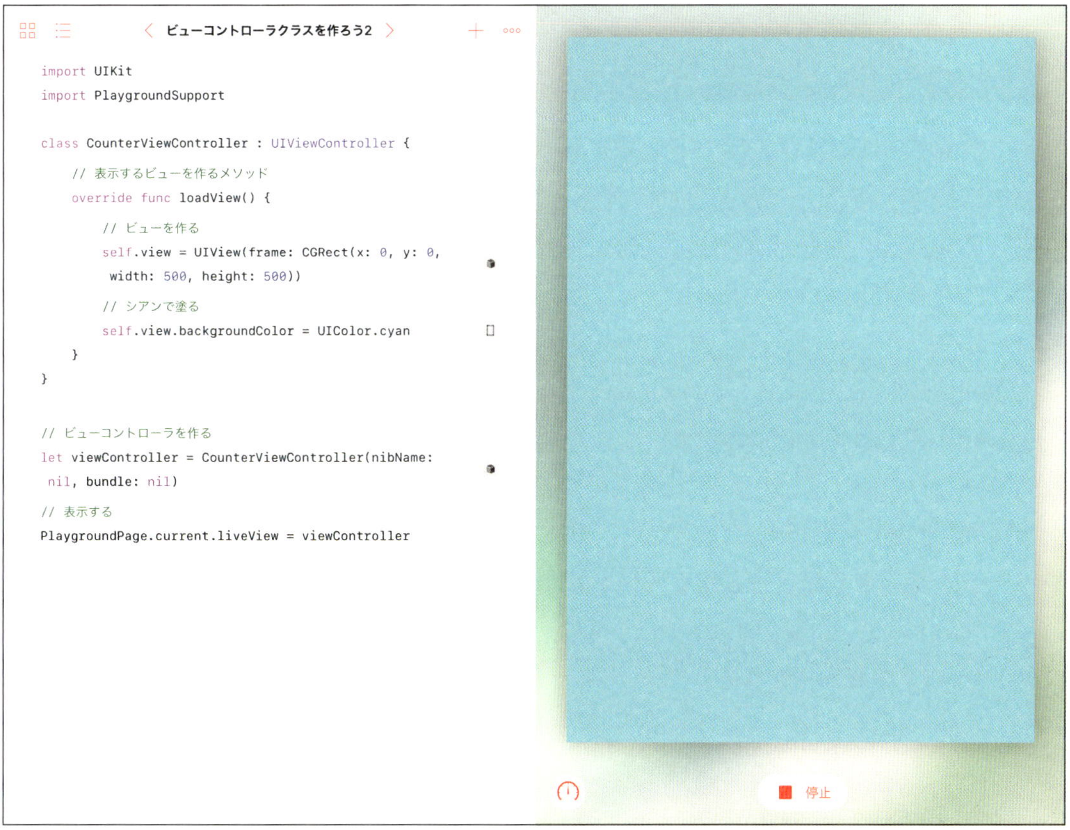

ビューコントローラクラスを作ろう2

```
import UIKit
import PlaygroundSupport

class CounterViewController : UIViewController {
    // 表示するビューを作るメソッド
    override func loadView() {
        // ビューを作る
        self.view = UIView(frame: CGRect(x: 0, y: 0,
         width: 500, height: 500))
        // シアンで塗る
        self.view.backgroundColor = UIColor.cyan
    }
}

// ビューコントローラを作る
let viewController = CounterViewController(nibName:
 nil, bundle: nil)
// 表示する
PlaygroundPage.current.liveView = viewController
```

停止

カウントしている数を表示するときに便利なのがラベルだよ。ラベルを使うと、画面に簡単に文字列を表示することができるんだ。ここではラベルについて学ぼう。ラベルは文字の見た目とかも簡単に変えられて便利なんだ。

ラベルを作るには「UILabel」というクラスを使うんだ。次のコードを入力してみよう。


```
import UIKit
import PlaygroundSupport

class CounterViewController : UIViewController {
    // 表示するビューを作るメソッド
    override func loadView() {
        // ビューを作る
        self.view = UIView(
          frame: CGRect(x: 0, y: 0, width: 500, height: 500))
        self.view.backgroundColor = .white
        // ラベルを作る
        let label = UILabel(
          frame: CGRect(x: 10, y: 10, width: 200, height: 20))
        // テキストを設定する
        label.text = "Hello World!"
        // ビューに追加する
        self.view.addSubview(label)
    }
}
// ビューコントローラを作る
let viewController = CounterViewController(nibName: nil, bundle: nil)
// 表示する
PlaygroundPage.current.liveView = viewController
```

このコードを実行すると、次のように「Hello World!」という文章がラベルを使って表示されるよ。

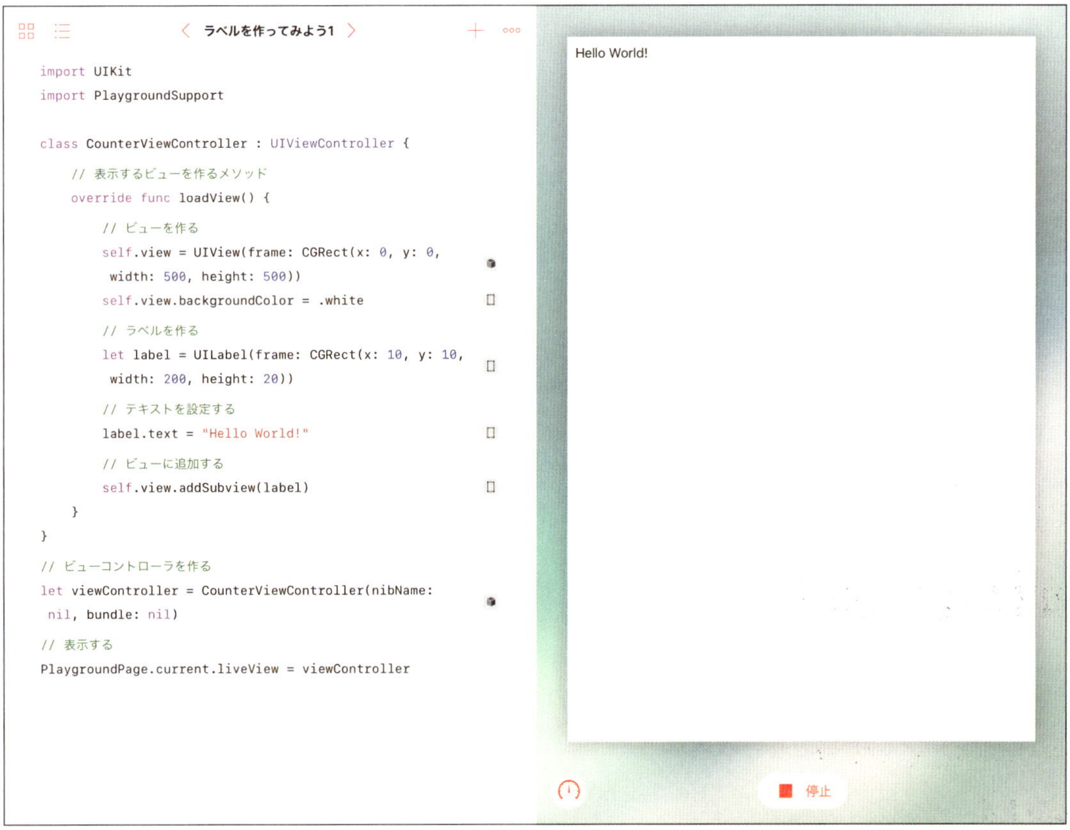

ラベルを作ってみよう1

```
import UIKit
import PlaygroundSupport

class CounterViewController : UIViewController {

    // 表示するビューを作るメソッド
    override func loadView() {
        // ビューを作る
        self.view = UIView(frame: CGRect(x: 0, y: 0,
         width: 500, height: 500))
        self.view.backgroundColor = .white
        // ラベルを作る
        let label = UILabel(frame: CGRect(x: 10, y: 10,
         width: 200, height: 20))
        // テキストを設定する
        label.text = "Hello World!"
        // ビューに追加する
        self.view.addSubview(label)
    }
}
// ビューコントローラを作る
let viewController = CounterViewController(nibName:
 nil, bundle: nil)
// 表示する
PlaygroundPage.current.liveView = viewController
```

Hello World!

停止

表示されるテキストはどうやって設定するの?

ラベルに表示される文章は「text」というプロパティに設定するんだ。サンプルコードでも次のようにして「Hello World!」という文章を設定しているんだ。

```
label.text = "Hello World!"
```

一度、設定した後でも、このプロパティを変更すれば、表示される文章を変えることができるよ。

文字の見た目を変えてみよう

「UILabel」クラスは表示する文章のフォントや色もプロパティを使って簡単に変えることができるんだ。次のコードを入力してみよう。

```
import UIKit
import PlaygroundSupport

class CounterViewController : UIViewController {
    // 表示するビューを作るメソッド
    override func loadView() {
        // ビューを作る
        self.view = UIView(
          frame: CGRect(x: 0, y: 0, width: 500, height: 500))
        self.view.backgroundColor = .white
        // ラベルを作る
        let label = UILabel(
          frame: CGRect(x: 10, y: 10, width: 480, height: 40))
        // テキストを設定する
        label.text = "Hello World!"
        // ビューに追加する
        self.view.addSubview(label)
        // 太字で大きな文字にする
        label.font = UIFont.boldSystemFont(ofSize: 48)
        // 青字にする
        label.textColor = .blue
    }
}
// ビューコントローラを作る
let viewController = CounterViewController(nibName: nil, bundle: nil)
// 表示する
PlaygroundPage.current.liveView = viewController
```

このコードを実行すると、次のように表示されるんだ。

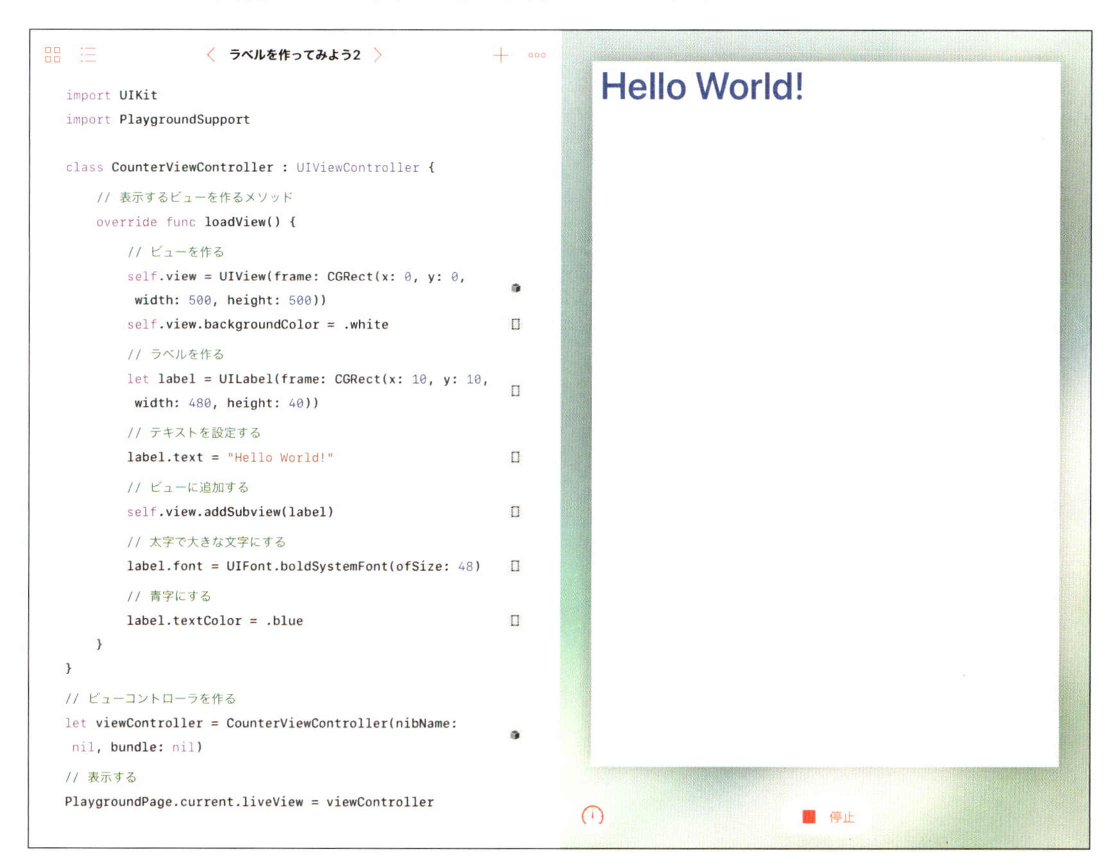

「UILabel」クラスには次のようなプロパティがあって、文字の見た目を変えることができるんだ。

プロパティ	説明
font	フォント
textColor	文字の色

フォントって何?

フォントというのは、文字の形を決めているデータのことなんだ。フォントは「UIFont」というクラスで設定するんだ。サンプルコードで使った「boldSystemFont」メソッドは、システムフォントの太字を使うためのものだよ。システムフォントは、特別なフォントがいらないときに使われるフォントなんだ。

システムフォントでも、文字の大きさや太さ、斜体、等幅など、いくつか見た目が違うものがあるんだ。「boldSystemFont」メソッドを使っているところを、置き換えれば見た目が違うシステムフォントを使うことができるよ。どんな感じに違うのか見てみよう。次のコードを入力してみよう。

```
import UIKit
import PlaygroundSupport

class CounterViewController : UIViewController {
    // 表示するビューを作るメソッド
    override func loadView() {
        // ビューを作る
        self.view = UIView(
          frame: CGRect(x: 0, y: 0, width: 500, height: 500))
        self.view.backgroundColor = .white

        // 標準のフォント
        self.createHelloLabel(
          y: 0, font: UIFont.systemFont(ofSize: 48))
        // 太字のフォント
        self.createHelloLabel(
          y: 40, font: UIFont.boldSystemFont(ofSize: 48))
        // 斜体のフォント
        self.createHelloLabel(
          y: 80, font: UIFont.italicSystemFont(ofSize: 48))
    }
```

```
    func createHelloLabel(y: CGFloat, font: UIFont) {
        // ラベルを作る
        let label = UILabel(
          frame: CGRect(x: 0, y: y, width: 480, height: 40))
        // テキストを設定する
        label.text = "Hello World!"
        // フォントを設定する
        label.font = font
        // ビューに追加する
        self.view.addSubview(label)
    }
}
// ビューコントローラを作る
let viewController = CounterViewController(nibName: nil, bundle: nil)
// 表示する
PlaygroundPage.current.liveView = viewController
```


このコードを実行すると、次のように表示されるんだ。

```
ラベルを作ってみよう3

import UIKit
import PlaygroundSupport

class CounterViewController : UIViewController {
    // 表示するビューを作るメソッド
    override func loadView() {
        // ビューを作る
        self.view = UIView(frame: CGRect(x: 0, y: 0,
         width: 500, height: 500))
        self.view.backgroundColor = .white

        // 標準のフォント
        self.createHelloLabel(y: 0, font:
         UIFont.systemFont(ofSize: 48))
        // 太字のフォント
        self.createHelloLabel(y: 40, font:
         UIFont.boldSystemFont(ofSize: 48))
        // 斜体のフォント
        self.createHelloLabel(y: 80, font:
         UIFont.italicSystemFont(ofSize: 48))
    }

    func createHelloLabel(y: CGFloat, font: UIFont) {
        // ラベルを作る
        let label = UILabel(frame: CGRect(x: 0, y: y,
```

Hello World!
Hello World!
Hello World!

システムフォント以外のフォントを使うこともできるけど、まずは、この3つを使い分けていこう。それぞれの機能は次のようになっているんだ。

メソッド	説明
systemFont	普通の太さのシステムフォント
boldSystemFont	太字のシステムフォント
italicSystemFont	斜めになっているシステムフォント

「UILabel」クラスって「UIView」みたいだね

ここまで見てきて、「UILabel」クラスは「UIView」クラスと同じ使い方ができることに気が付いたかな？ 「UILabel」クラスは「UIView」クラスのサブクラスだから、「UIView」クラスと同じ使い方ができるんだ。

「UILabel」クラスを使ったサンプルコードの中で「UIView」クラスのときに使ったコードがいくつも出てきているね。たとえば、次のようなものを使っているんだ。

- **背景色を設定する「backgroundColor」プロパティ**
- **サブビューを追加する「addSubview」メソッド**

「addSubview」メソッドは「UIView」メソッドが持っているメソッドだけど、「UILabel」クラスは「UIView」クラスのサブクラスだから「addSubview」メソッドを持っているんだ。持っているだけではなく、「addSubview」メソッドで追加するサブビューに「UILabel」クラスを使うこともできるんだ。

「UILabel」クラスのインスタンスを作るときも「UIView」クラスのインスタンスを作るときと同じように「frame」を指定するようになっているね。これも、「UIView」クラスから「UILabel」クラスが引き継いだ機能だよ。

こんな風に「UIView」クラスのサブクラスは「UIView」クラスとして使うこともできるんだ。

SECTION 17 ボタンを作ってみよう

「カウンター」には、カウントするためのボタンやリセットするためのボタンが必要になるんだ。ここでは、ボタンの使い方を学ぼう。ボタンも簡単に作ることができるよ。

ボタンには専用のクラスがあるんだ。ボタンを作るには「UIButton」というクラスを使うんだ。次のコードを入力してみよう。


```
import UIKit
import PlaygroundSupport

class CounterViewController : UIViewController {
    // 表示するビューを作るメソッド
    override func loadView() {
        // ビューを作る
        self.view = UIView(
          frame: CGRect(x: 0, y: 0, width: 500, height: 500))
        self.view.backgroundColor = .white
        // ボタンを作る
        let button = UIButton(type: .system)
        // タイトルを設定する
        button.setTitle("Hello World!", for: .normal)
        // 大きさと位置を設定する
        button.frame = CGRect(x: 10, y: 10, width: 100, height: 20)
        // ビューに追加する
        self.view.addSubview(button)
    }
}
// ビューコントローラを作る
let viewController = CounterViewController(nibName: nil, bundle: nil)
// 表示する
PlaygroundPage.current.liveView = viewController
```

このコードを実行すると、次のように「Hello World!」というボタンが表示されるよ。

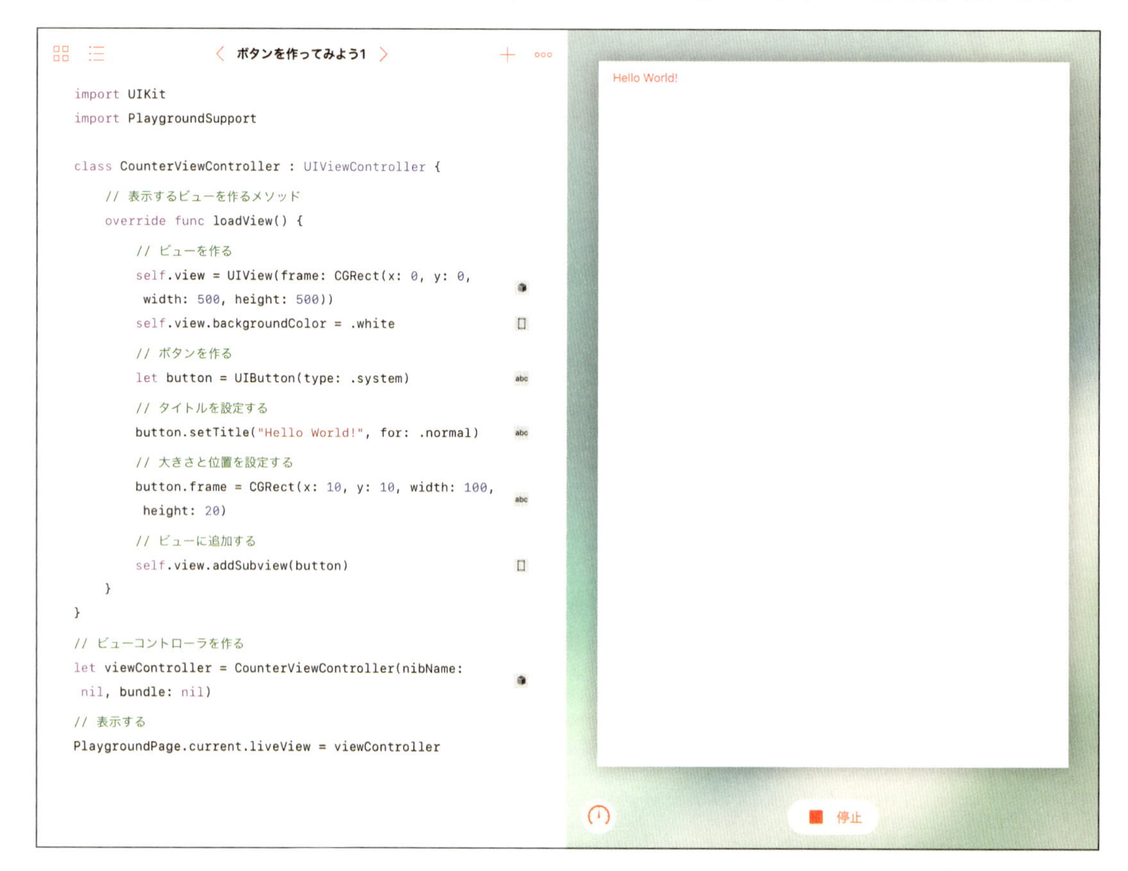

「UIButton」クラスも「UIView」クラスのサブクラスだから、ビューを表示したときと同じ方法で表示することができるよ。作ったボタンはタップすることもできるようになっているけど、タップしても、まだ、何も起きないんだ。ボタンがタップされたときに何をするかが、まだ、プログラミングされていないからなんだ。ボタンがタップされたときに行うことをプログラミングするためには、次のようにするんだ。

❶コントローラクラスに、ボタンをタップしたときに動かすメソッドを作る。
❷ボタンに❶で作ったメソッドをセットする。

ボタンをタップしたときに動かすメソッドを作る

ボタンをタップしたときに動かすメソッドを作ろう。ボタンをタップされたときに動かすメソッドは、好きな名前を付けていいけど、次のような形のメソッドにしなければいけないんだ。

```
@objc func methodName(sender: Any?) {
}
```

次のコードは、タップされたらボタンのタイトルを変えるというコードだよ。早速、入力してみよう。

```
import UIKit
import PlaygroundSupport

class CounterViewController : UIViewController {
    var button: UIButton?

    // 表示するビューを作るメソッド
    override func loadView() {
        // ビューを作る
        self.view = UIView(
          frame: CGRect(x: 0, y: 0, width: 500, height: 500))
        self.view.backgroundColor = .white
        // ボタンを作る
        self.button = UIButton(type: .system)

        // 普通の「UIButton」にする
        if let button = self.button {
            // タイトルを設定する
            button.setTitle("Hello World!", for: .normal)
```

```
            // 大きさと位置を設定する
            button.frame =
              CGRect(x: 10, y: 10, width: 100, height: 20)
            // ビューに追加する
            self.view.addSubview(button)
        }
    }

    @objc func thanks(sender: Any?) {
        // 普通の「UIButton」にする
        if let button = self.button {
            // ボタンのタイトルを変える
            button.setTitle("Thank You", for: .normal)
        }
    }
}
// ビューコントローラを作る
let viewController = CounterViewController(nibName: nil, bundle: nil)
// 表示する
PlaygroundPage.current.liveView = viewController
```

「thanks」と名前を付けたメソッドが、ボタンがタップされたときに動かしたいメソッドなんだ。ボタンのタイトルを変えるコードになっているよ。それと、「loadView」メソッドと「thanks」メソッドのどちらからもボタンを使いたいから、「button」をプロパティに変えているんだ。プロパティにしておけば、両方のメソッドから使うことができるよ。だけど、プロパティにするために「?」を付けて、ちょっと特別な形にしているんだ。後で説明するから、今は気にしないで進めよう。

ボタンにコントローラとメソッドを教える

メソッドを作っただけだと、まだ、誰も呼んでくれないから、ボタンをタップしても何も起きないよ。ボタンがタップされたときに、作ったメソッドが動くようにするには、次のコードみたいに「addTarget」というメソッドでボタンに教えてあげるんだ。このコードを入力してみよう。前のコードと変わったのは、ボタンをビューに追加する「addSubview」メソッドを呼んだ後に、2行コードを追加しているだけだよ。

```
import UIKit
import PlaygroundSupport

class CounterViewController : UIViewController {
    var button: UIButton?

    // 表示するビューを作るメソッド
    override func loadView() {
        // ビューを作る
        self.view = UIView(
          frame: CGRect(x: 0, y: 0, width: 500, height: 500))
        self.view.backgroundColor = .white
        // ボタンを作る
        self.button = UIButton(type: .system)

        // 普通の「UIButton」にする
        if let button = self.button {
            // タイトルを設定する
            button.setTitle("Hello World!", for: .normal)
            // 大きさと位置を設定する
            button.frame =
              CGRect(x: 10, y: 10, width: 100, height: 20)
            // ビューに追加する
            self.view.addSubview(button)
```

```
            // ボタンにメソッドを設定する
            button.addTarget(self,
                             action: #selector(thanks(sender:)),
                             for: .touchUpInside)
        }
    }

    @objc func thanks(sender: Any?) {
        // 普通の「UIButton」にする
        if let button = self.button {
            // ボタンのタイトルを変える
            button.setTitle("Thank You", for: .normal)
        }
    }
}
// ビューコントローラを作る
let viewController = CounterViewController(nibName: nil, bundle: nil)
// 表示する
PlaygroundPage.current.liveView = viewController
```

このコードを実行して、ボタンをタップすると、次のようになるんだ。

ボタンを作ってみよう3

```
import UIKit
import PlaygroundSupport

class CounterViewController : UIViewController {
    var button: UIButton?

    // 表示するビューを作るメソッド
    override func loadView() {
        // ビューを作る
        self.view = UIView(frame: CGRect(x: 0, y: 0,
         width: 500, height: 500))
        self.view.backgroundColor = .white
        // ボタンを作る
        self.button = UIButton(type: .system)

        // 普通の「UIButton」にする
```

Hello World!

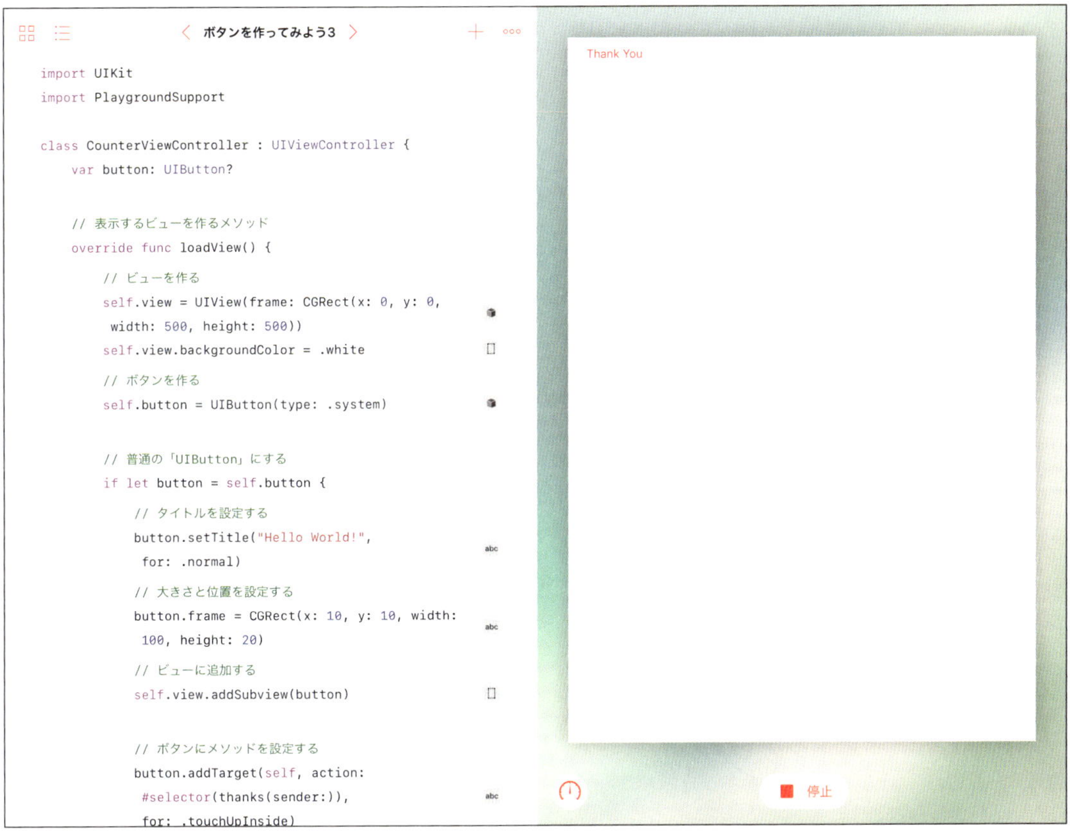

ボタンを作ってみよう3

```
import UIKit
import PlaygroundSupport

class CounterViewController : UIViewController {
    var button: UIButton?

    // 表示するビューを作るメソッド
    override func loadView() {
        // ビューを作る
        self.view = UIView(frame: CGRect(x: 0, y: 0,
         width: 500, height: 500))
        self.view.backgroundColor = .white
        // ボタンを作る
        self.button = UIButton(type: .system)

        // 普通の「UIButton」にする
        if let button = self.button {
            // タイトルを設定する
            button.setTitle("Hello World!",
             for: .normal)
            // 大きさと位置を設定する
            button.frame = CGRect(x: 10, y: 10, width:
             100, height: 20)
            // ビューに追加する
            self.view.addSubview(button)

            // ボタンにメソッドを設定する
            button.addTarget(self, action:
             #selector(thanks(sender:)),
             for: .touchUpInside)
```

Thank You

停止

「?」が付いているプロパティって何?

プロパティの「button」を書くところで使っている「UIButton?」というのだけど、オプショナル変数というものなんだ。ちょっと難しいものなんだけど、Swiftを使うためには覚えなければいけない大切なものなんだ。

まず、普通のプロパティは次のコードみたいに書くんだ。

```
var value1 = 10
var value2: Int = 10
```

この2つの書き方はどちらも同じことなんだ。上の行には「: Int」という部分がないね。これは「10」を「value1」に入れるから自動的に「10」だと「Int」を使うんだなと、Playgroundが自分で考えてくれるコードなんだ。下の行は「Int」を使うんだよって、Playgroundに教えてあげているコードなんだ。ここでオプショナル変数で同じようなことをすると、次みたいになるよ。

```
var value3: Int?
```

「value2」と同じようにPlaygroundに「Int」を使うんだよって教えているけど、「?」が付いているね。これは「Intかもよ」ということではなくて、オプショナル変数の「Int」を使うよって教えているコードなんだ。

「オプショナル変数」というのは何だろう？　最初の普通の変数と何が違うのかをよく見てみよう。「value3」の数字はいくつだろう？　実は「value3」にはまだ数字が入っていないんだ。代わりに「nil」というものが入っているんだよ。

「nil」というのは「何ものでもない」もの。つまり、ここでは何の数字も入っていないものなんだ。オプショナル変数と普通の変数の違いは「nil」が入るかどうかなんだ。普通の変数は「nil」を入れることができないんだよ。たとえば「value1」や「value2」には、数字しか入れられないんだ。でも、入れる数字が決まらないときにはちょっと困るよね。そんなときに使うのがオプショナル変数なんだよ。後から決まったら入れるという使い方ができるんだ。

「UIButton?」を使った理由も、「loadView」でボタンが出来上がるまでプロパティ「button」には何も入れられないから、オプショナル変数を使ったんだよ。

オプショナル変数はどうやって使うの？

オプショナル変数は使うときに普通の変数に変えてから使うんだよ。普通の変数に戻すには、次のようなコードを書くんだ。オプショナル変数を普通の変数に戻すことを「アンラップ」というよ。

```
if let 普通の変数 = オプショナル変数 {
    普通の変数はここでだけ使えるよ
}
```

オプショナル変数の意味をちゃんとわかるのはとても難しいから、使いながら覚えていこう。

この「let」を使ってアンラップする方法を「オプショナルバインディング」と呼ぶんだ。Swiftの勉強をすると出てくる言葉だから覚えておこう。

SECTION 18 「カウンター」の動きを考えてみよう

「カウンター」のプログラミングを始める前に、「カウンター」がどんなプログラムになればいいかを考えてみよう。

「カウンター」の一番大きな機能は何だろう？　それは「ボタンが押された回数を数えること」だね。それをするために必要な機能を考えてみると、次のようになるんだ。

- **カウントボタンが押されたら回数が1増える**
- **リセットボタンが押されたら回数が0になる**
- **押された回数が常に表示される**

次に、この3つの機能は、どのようなプログラムにすればできるかを考えてみよう。

プログラムの初期化

プログラムを実行したときに最初に行うことを「初期化」と呼ぶんだ。プログラムの中で使う色々なパラメータをリセットしたりするのは初期化の中で行うよ。初期化を図にしてみよう。「こう動いて、次に、こう動く」みたいな、順番にやることを図にするときは「フローチャート」というものを書くんだ。フローチャートは矢印の順に上から下に向かって、やることを結んだ図だよ。1つのやることを、1つの箱に書くんだ。

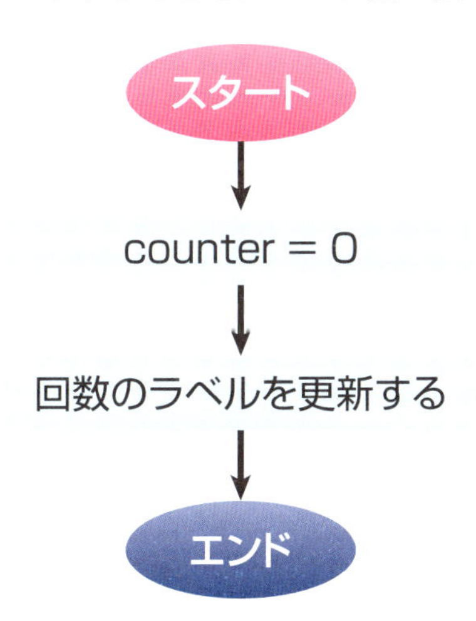

このフローチャートは、プログラムを実行したときの初期化を図にしているんだ。「counter」というのは、押された回数を記憶するための変数だよ。最初は0回だから、0にしているんだ。そしてラベルを更新して「0」を表示しているんだ。

カウントボタンの機能

カウントボタンの機能をフローチャートにしてみよう。カウントボタンが押されるたびに1増えるから、次のようになるんだ。

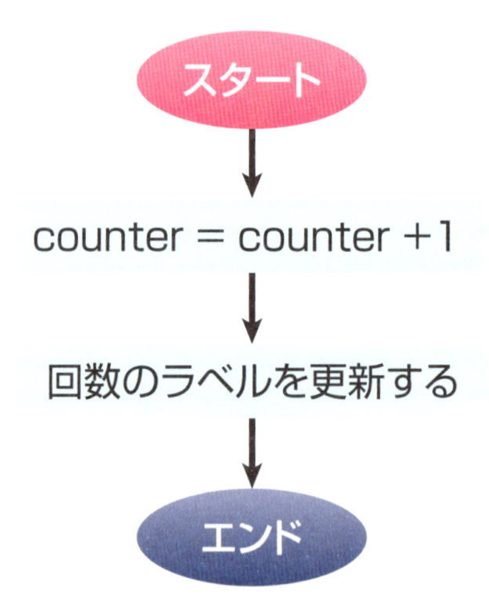

リセットボタンの機能

リセットボタンの機能をフローチャートにしてみよう。リセットボタンは、押されたら回数が0になるボタンだから、次のようになるんだ。

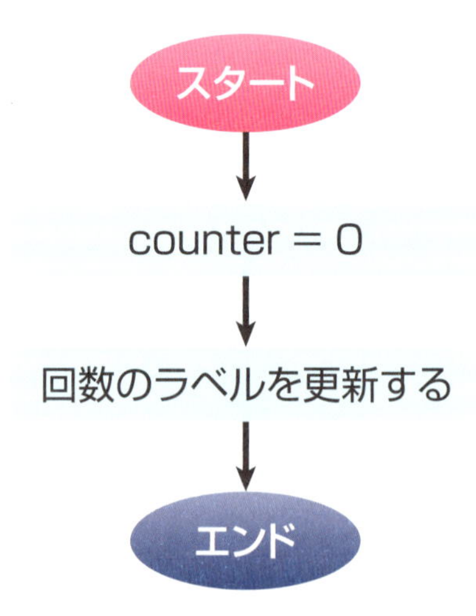

リセットボタンの動きはプログラムの初期化と同じだね。つまり、プログラムの初期化のときにリセットを実行すれば、いいともいえるね。初期化の図は次のように変えることができるね。

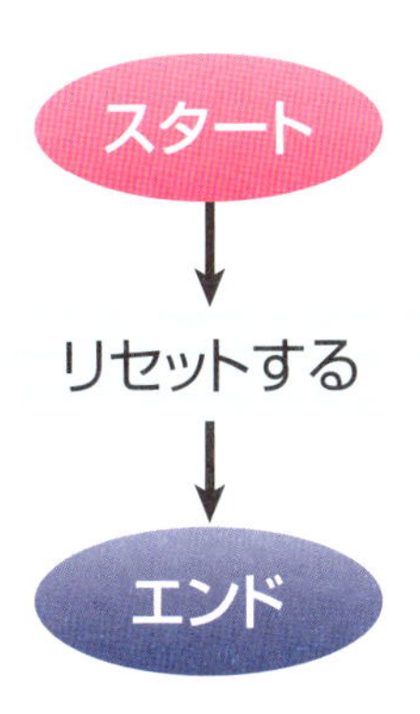

これでカウンターのプログラムの設計(せっけい)ができたね。後(あと)は、このフローチャートを見(み)ながら、フローチャートに沿(そ)ったプログラムを作(つく)っていこう。

カウンターの見た目を作ろう

カウンターは回数を表示するためのラベルと、カウントボタン、リセットボタンを使って作るよ。ここでは、2つのボタンと1つのラベルを使って、カウンターの見た目を作ろう。

どんな見た目にするか考えよう

まずは、どんな見た目にするかを考えてみよう。紙に書いてみたり、絵を描くためのアプリを使ってもいいから、どんな画面にするかを考えてみよう。たとえば、次のような画面はどうかな?

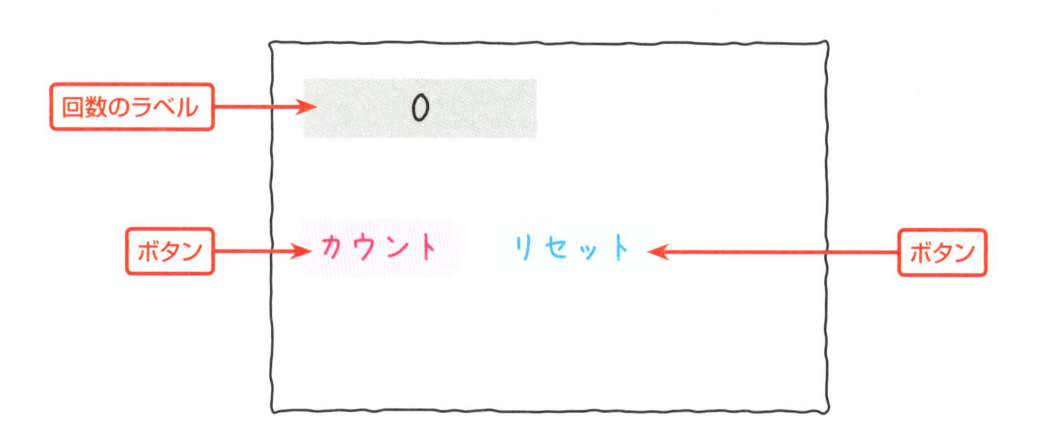

ちなみに、画面など、ユーザーに表示される内容のことを「グラフィカルユーザーインターフェイス」や「ユーザーインターフェイス」、「GUI」と呼ぶんだ。

ラベルを作ろう

回数を表示するラベルを作ろう。ラベルの作り方は130ページで学習した通りだよ。次のコードを入力してみよう。

```
import UIKit
import PlaygroundSupport

class CounterViewController : UIViewController {
    var label: UILabel! // 回数のラベル

    // 表示するビューを作るメソッド
    override func loadView() {
        // ビューを作る
        self.view = UIView(
          frame: CGRect(x: 0, y: 0, width: 500, height: 500))
        self.view.backgroundColor = .white

        // ラベルを作る
        self.label = UILabel(
          frame: CGRect(x: 20, y: 20, width: 300, height: 40))
        self.label.font = UIFont.boldSystemFont(ofSize: 48)
        self.view.addSubview(self.label)
        self.label.text = "100"
    }
}
// ビューコントローラを作る
let viewController = CounterViewController(nibName: nil, bundle: nil)
// 表示する
PlaygroundPage.current.liveView = viewController
```

このコードを実行すると、次のように表示されるんだ。「100」と表示しているのは、ラベルの文字の大きさを見るためなので、「150」でも「0」でも何でもいいよ。

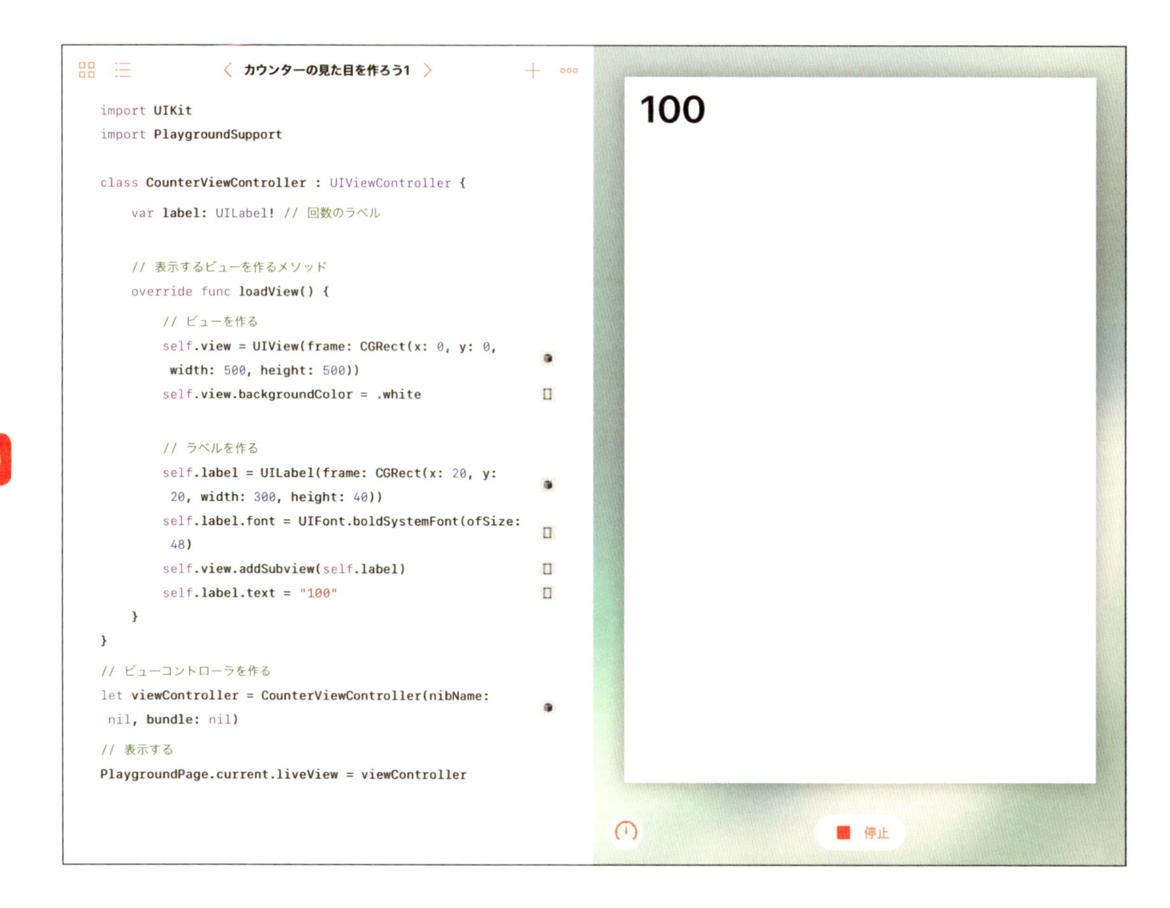

▶「!」が付いているプロパティって何?

137ページでは、「?」を付けてオプショナル変数のプロパティを使っていたけど、ここでは「!」を付けたプロパティを使っているんだ。このプロパティは「暗黙的アンラップ型」というものを使ったプロパティなんだ。ちょっと難しい言葉だけど、1つずつ意味を考えてみよう。

「暗黙的」というのは「何も言わなくても」という意味だよ。そして「アンラップ」というのは、オプショナル変数を通常の変数にすることだったね。これをつなげてみると、「何も言わなくてもアンラップしてくれる型」という意味になるね。

この言葉の通り、自動的にアンラップしてくれるオプショナル変数なんだよ。オプショナル変数なのに、普通の変数みたいに使えるんだ。137ページのコードと見比べてみよう。

ボタンを作ろう

カウントボタンとリセットボタンを追加してみよう。ボタンの作り方は137ページで学習した通りだよ。次のコードを入力しよう。

```
import UIKit
import PlaygroundSupport

class CounterViewController : UIViewController {
    var label: UILabel! // 回数のラベル
    var countButton: UIButton! // カウントボタン
    var resetButton: UIButton! // リセットボタン

    // 表示するビューを作るメソッド
    override func loadView() {
        // ビューを作る
        self.view = UIView(
          frame: CGRect(x: 0, y: 0, width: 500, height: 500))
        self.view.backgroundColor = .white

        // ラベルを作る
        self.label = UILabel(
          frame: CGRect(x: 20, y: 20, width: 300, height: 40))
        self.label.font = UIFont.boldSystemFont(ofSize: 48)
        self.view.addSubview(self.label)
        self.label.text = "100"

        // カウントボタンを作る
        self.countButton = UIButton(type: .system)
        self.countButton.frame =
          CGRect(x: 20, y: 80, width: 100, height: 30)
        self.countButton.setTitle("カウント", for: .normal)
        self.countButton.backgroundColor = .cyan
```

```
        self.view.addSubview(self.countButton)

        // リセットボタンを作る
        self.resetButton = UIButton(type: .system)
        self.resetButton.frame =
          CGRect(x: 140, y: 80, width: 100, height: 30)
        self.resetButton.setTitle(" リセット ", for: .normal)
        self.resetButton.backgroundColor = .cyan
        self.view.addSubview(self.resetButton)
    }
}
// ビューコントローラを作る
let viewController = CounterViewController(nibName: nil, bundle: nil)
// 表示する
PlaygroundPage.current.liveView = viewController
```

130ページで書いたコードに2つのボタンを作るコードを追加しているよ。このコードは148ページの図のような場所にボタンを置くコードだよ。実行すると、次のように表示されるんだ。

```
カウンターの見た目を作ろう2

import UIKit
import PlaygroundSupport

class CounterViewController : UIViewController {
    var label: UILabel! // 回数のラベル
    var countButton: UIButton! // カウントボタン
    var resetButton: UIButton! // リセットボタン

    // 表示するビューを作るメソッド
    override func loadView() {
        // ビューを作る
        self.view = UIView(frame: CGRect(x: 0, y: 0,
         width: 500, height: 500))
        self.view.backgroundColor = .white

        // ラベルを作る
        self.label = UILabel(frame: CGRect(x: 20, y:
         20, width: 300, height: 40))
        self.label.font = UIFont.boldSystemFont(ofSize:
         48)
        self.view.addSubview(self.label)
        self.label.text = "100"
```

100

カウント　リセット

SECTION 20 カウントボタンとリセットボタンを作ろう

見た目を作ったら、次は動きを作ろう。145ページで考えた、「カウンター」の機能をプログラミングするよ。

プログラムの初期化とラベル更新機能を作ろう

プログラムの初期化は回数を0にリセットすることだね。回数はプロパティで覚えるようにしよう。次のようにコードを変更しよう。追加しているのは「count」プロパティ、「updateLabel」メソッド、「updateLabel」メソッドの呼び出しの3つだよ。

```
import UIKit
import PlaygroundSupport

class CounterViewController : UIViewController {
    var label: UILabel! // 回数のラベル
    var countButton: UIButton! // カウントボタン
    var resetButton: UIButton! // リセットボタン

    var count = 0 // 回数

    // 表示するビューを作るメソッド
    override func loadView() {
        // ビューを作る
        self.view = UIView(
          frame: CGRect(x: 0, y: 0, width: 500, height: 500))
        self.view.backgroundColor = .white

        // ラベルを作る
        self.label = UILabel(
          frame: CGRect(x: 20, y: 20, width: 300, height: 40))
```

```
        self.label.font = UIFont.boldSystemFont(ofSize: 48)
        self.view.addSubview(self.label)
        self.label.text = "100"

        // カウントボタンを作る
        self.countButton = UIButton(type: .system)
        self.countButton.frame =
          CGRect(x: 20, y: 80, width: 100, height: 30)
        self.countButton.setTitle(" カウント ", for: .normal)
        self.countButton.backgroundColor = .cyan
        self.view.addSubview(self.countButton)

        // リセットボタンを作る
        self.resetButton = UIButton(type: .system)
        self.resetButton.frame =
          CGRect(x: 140, y: 80, width: 100, height: 30)
        self.resetButton.setTitle(" リセット ", for: .normal)
        self.resetButton.backgroundColor = .cyan
        self.view.addSubview(self.resetButton)

        // 表示更新
        self.updateLabel()
    }

    func updateLabel() {
        self.label.text = "\(self.count)"
    }
}
// ビューコントローラを作る
let viewController = CounterViewController(nibName: nil, bundle: nil)
// 表示する
PlaygroundPage.current.liveView = viewController
```

回数は「counter」というプロパティで覚えるようにしているんだ。ラベルの表示更新は「updateLabel」というメソッドを追加して、このメソッドの中で行っているんだ。やっていることはプロパティ「count」をラベルに表示するだけだよ。

このコードを実行すると次のように表示されるんだ。

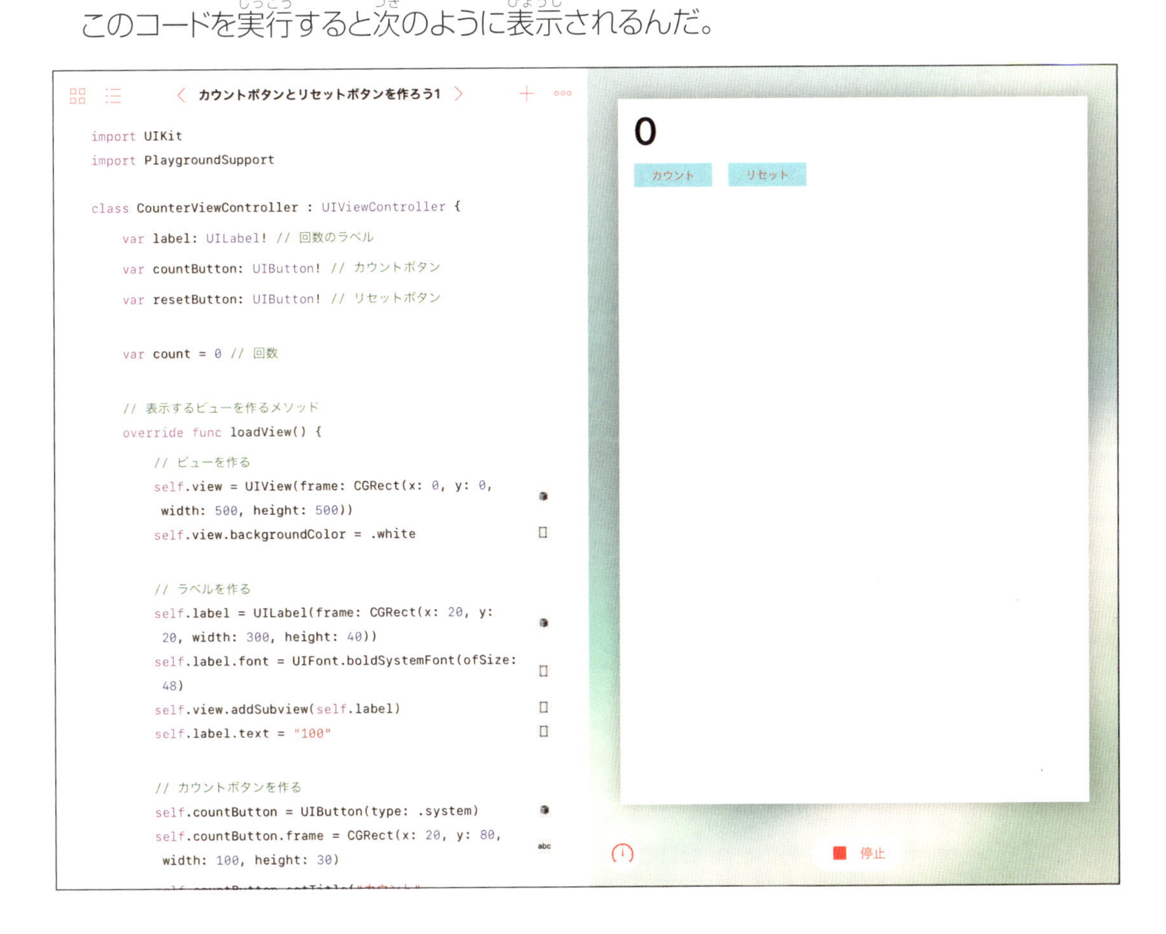

カウントボタンの機能を作ろう

次はカウントボタンを作ろう。カウントボタンは回数を増やして表示を更新するという機能だよ。プロパティ「count」を1足して、「updateLabel」メソッドを呼ぶだけでできるね。「incrementCount」というメソッドを追加して、この機能を作っているよ。次のようにコードを追加してみよう。

```
import UIKit
import PlaygroundSupport

class CounterViewController : UIViewController {
    var label: UILabel! // 回数のラベル
    var countButton: UIButton! // カウントボタン
    var resetButton: UIButton! // リセットボタン

    var count = 0 // 回数

    // 表示するビューを作るメソッド
    override func loadView() {
        // ビューを作る
        self.view = UIView(
          frame: CGRect(x: 0, y: 0, width: 500, height: 500))
        self.view.backgroundColor = .white

        // ラベルを作る
        self.label = UILabel(
          frame: CGRect(x: 20, y: 20, width: 300, height: 40))
        self.label.font = UIFont.boldSystemFont(ofSize: 48)
        self.view.addSubview(self.label)
        self.label.text = "100"

        // カウントボタンを作る
        self.countButton = UIButton(type: .system)
        self.countButton.frame =
          CGRect(x: 20, y: 80, width: 100, height: 30)
        self.countButton.setTitle("カウント", for: .normal)
        self.countButton.backgroundColor = .cyan
        self.view.addSubview(self.countButton)
```

```
        // リセットボタンを作る
        self.resetButton = UIButton(type: .system)
        self.resetButton.frame =
          CGRect(x: 140, y: 80, width: 100, height: 30)
        self.resetButton.setTitle("リセット", for: .normal)
        self.resetButton.backgroundColor = .cyan
        self.view.addSubview(self.resetButton)

        // 表示更新
        self.updateLabel()

        // カウントボタンをタップしたときにすることを設定する
        self.countButton.addTarget(self,
          action: #selector(incrementCount(sender:)),
         for: .touchUpInside)
    }

    func updateLabel() {
        self.label.text = "\(self.count)"
    }

    @objc func incrementCount(sender: Any?) {
        // 回数を増やす
        self.count += 1
        // 表示を更新する
        self.updateLabel()
    }
}
// ビューコントローラを作る
let viewController = CounterViewController(nibName: nil, bundle: nil)
// 表示する
PlaygroundPage.current.liveView = viewController
```

このコードを実行すると、次のように表示されるんだ。「カウント」ボタンをタップすると、そのたびにカウントが増えていくよ（下図は数回、ボタンをタップした後）。

リセットボタンの機能を作ろう

最後にリセットボタンを作るよ。リセットボタンは回数を「0」に戻して、表示を更新するという機能だよ。プロパティ「count」を「0」にして、「updateLabel」メソッドを呼ぶようにすればできるね。「reset」というメソッドを追加して、この機能を作っているよ。次のようにコードを変更しよう。

```
import UIKit
import PlaygroundSupport

class CounterViewController : UIViewController {
    var label: UILabel! // 回数のラベル
```

```
var countButton: UIButton! // カウントボタン
var resetButton: UIButton! // リセットボタン

var count = 0 // 回数

// 表示するビューを作るメソッド
override func loadView() {
    // ビューを作る
    self.view = UIView(
      frame: CGRect(x: 0, y: 0, width: 500, height: 500))
    self.view.backgroundColor = .white

    // ラベルを作る
    self.label = UILabel(
      frame: CGRect(x: 20, y: 20, width: 300, height: 40))
    self.label.font = UIFont.boldSystemFont(ofSize: 48)
    self.view.addSubview(self.label)
    self.label.text = "100"

    // カウントボタンを作る
    self.countButton = UIButton(type: .system)
    self.countButton.frame =
      CGRect(x: 20, y: 80, width: 100, height: 30)
    self.countButton.setTitle("カウント", for: .normal)
    self.countButton.backgroundColor = .cyan
    self.view.addSubview(self.countButton)

    // リセットボタンを作る
    self.resetButton = UIButton(type: .system)
    self.resetButton.frame =
      CGRect(x: 140, y: 80, width: 100, height: 30)
    self.resetButton.setTitle("リセット", for: .normal)
    self.resetButton.backgroundColor = .cyan
```

```
        self.view.addSubview(self.resetButton)

        // 表示更新
        self.updateLabel()

        // カウントボタンをタップしたときにすることを設定する
        self.countButton.addTarget(self,
          action: #selector(incrementCount(sender:)),
          for: .touchUpInside)
        // リセットボタンをタップしたときにすることを設定する
        self.resetButton.addTarget(self,
          action: #selector(reset(sender:)), for: .touchUpInside)
    }

    func updateLabel() {
        self.label.text = "\(self.count)"
    }

    @objc func incrementCount(sender: Any?) {
        // 回数を増やす
        self.count += 1
        // 表示を更新する
        self.updateLabel()
    }

    @objc func reset(sender: Any?) {
        // 回数をリセット
        self.count = 0
        //表示を更新する
        self.updateLabel()
    }
}
```

```
// ビューコントローラを作る
let viewController = CounterViewController(nibName: nil, bundle: nil)
// 表示する
PlaygroundPage.current.liveView = viewController
```

このコードを実行すると、次のように表示されるんだ。「カウント」ボタンを何回かタップして回数を増やした後に「リセット」ボタンをタップしてみよう。「0」に戻るよ。

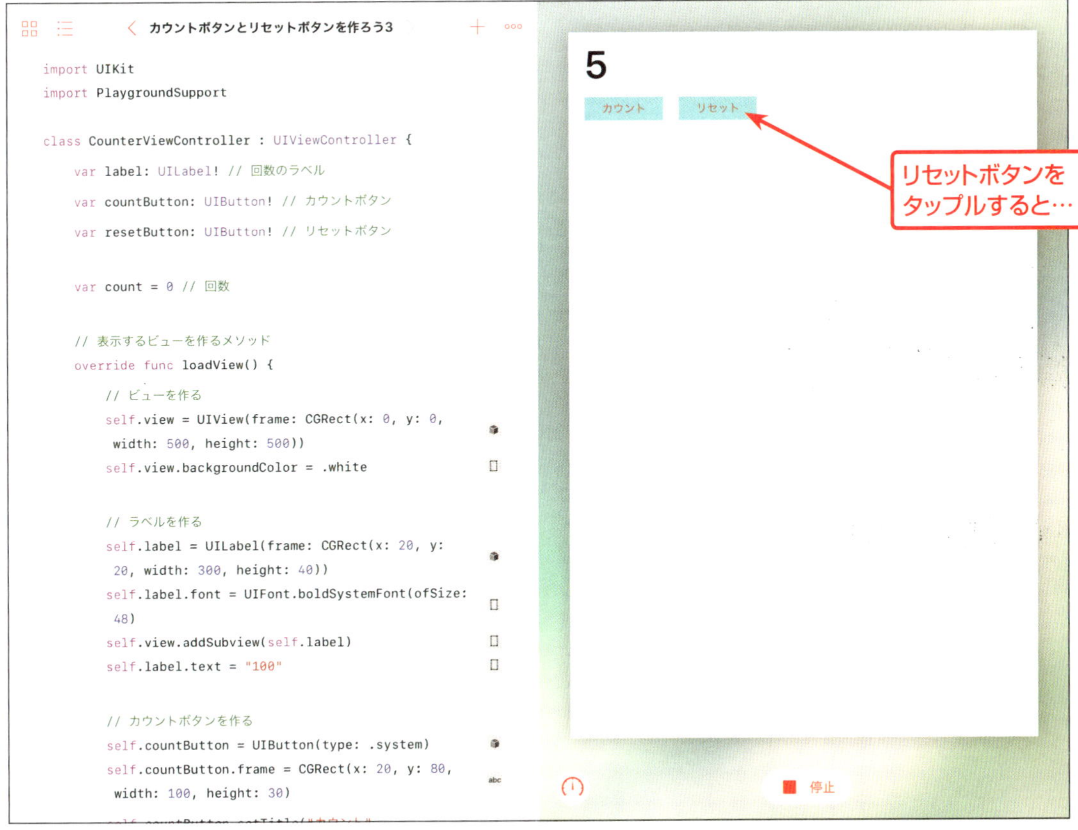

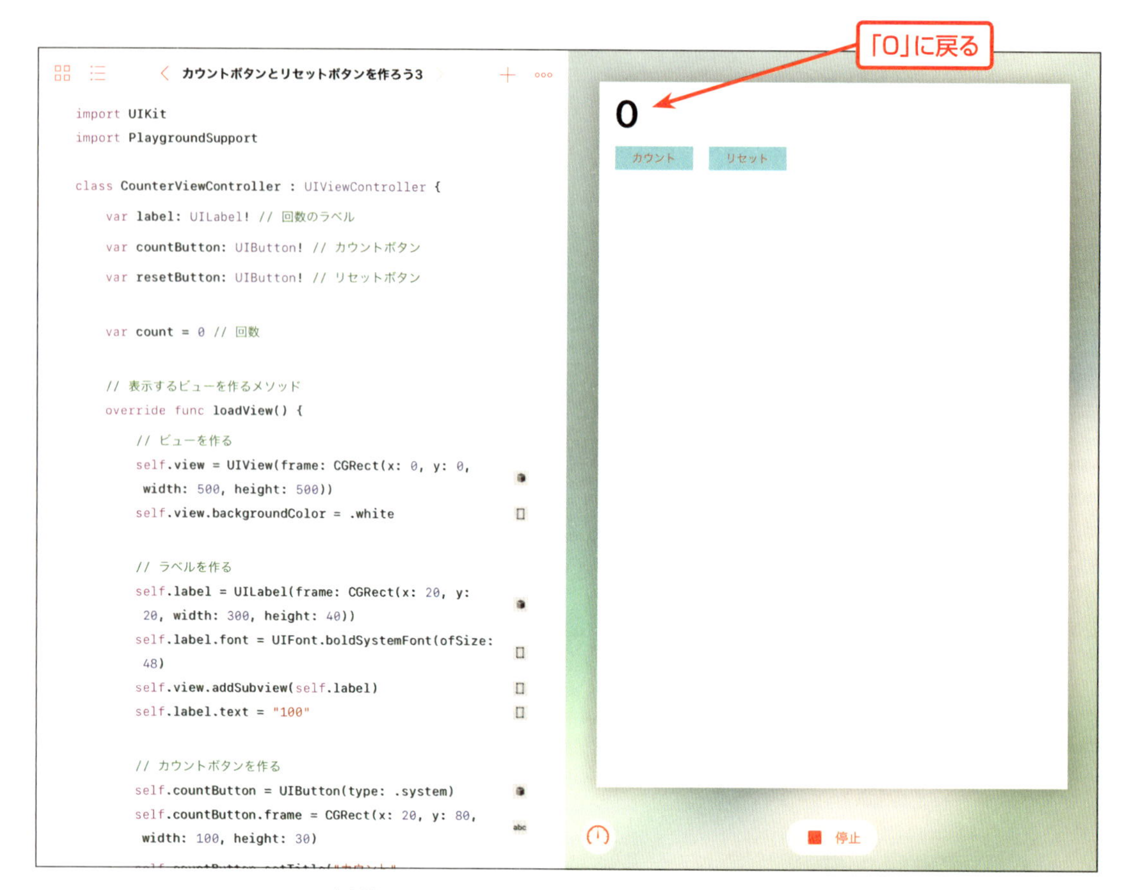

これで「カウンター」が完成(かんせい)したね!

第5章

じゃんけんアプリを作(つく)ってみよう

SECTION 21 アプリで使う絵を作る

この章では「じゃんけんアプリ」を作ってみよう。「じゃんけんアプリ」はiPadとじゃんけんができるアプリだよ。「グー」「チョキ」「パー」のどれかを選ぶと、アプリもどれかを選んでじゃんけんをして勝ち負けが出るよ。

「グー」「チョキ」「パー」は文字で表示してもいいけど、このアプリでは絵を表示するようにしてみよう。

絵はどうやって作るの?

アプリの中で使う「グー」「チョキ」「パー」の絵を作る方法だけど、次のような方法があるんだ。

- **お絵かきアプリで描く**
- **パソコンで描いた絵をコピーする**
- **手をiPadのカメラで写す**
- **紙に書いた絵をiPadのカメラで写す**

ここではお絵かきアプリで描く方法でやってみよう。お絵かきアプリは、描いた絵を「iCloud Drive」に保存できるアプリなら何を使ってもいいよ。この本ではiPadに最初から入っている「メモ」アプリを使った方法でやってみるよ。「メモ」アプリはお絵かきアプリではないけど、絵を描くこともできるんだ。

「メモ」アプリで絵を描く

「メモ」アプリで絵を描くには次のように操作するんだ。

1 「メモ」アプリを開こう。

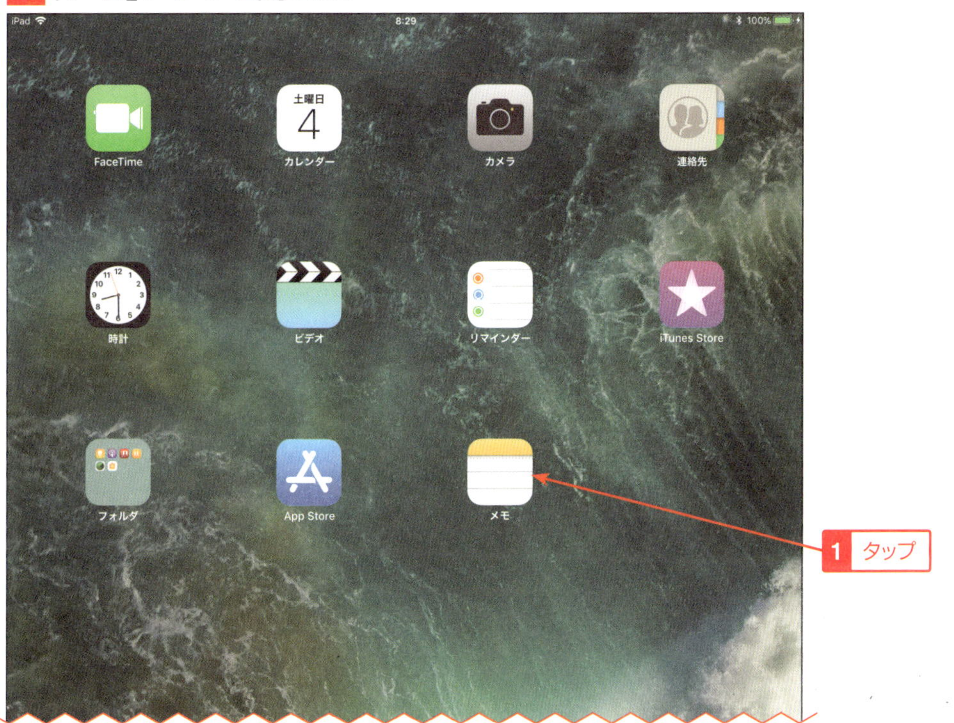

2 「新規追加」ボタンをタップしよう。

3 右下(みぎした)の「ペン」ボタンをタップしよう。

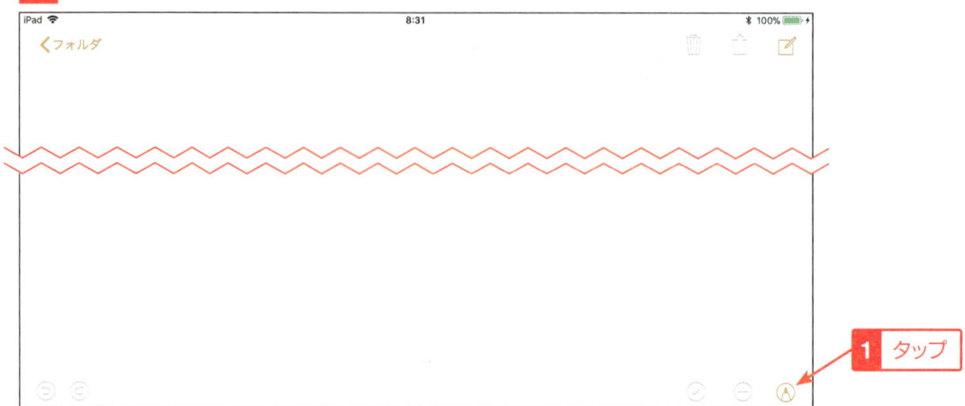

4 絵(え)を描(か)こう。描(か)き終(お)わったら右下(みぎした)の「閉(と)じる」ボタンをタップしよう。

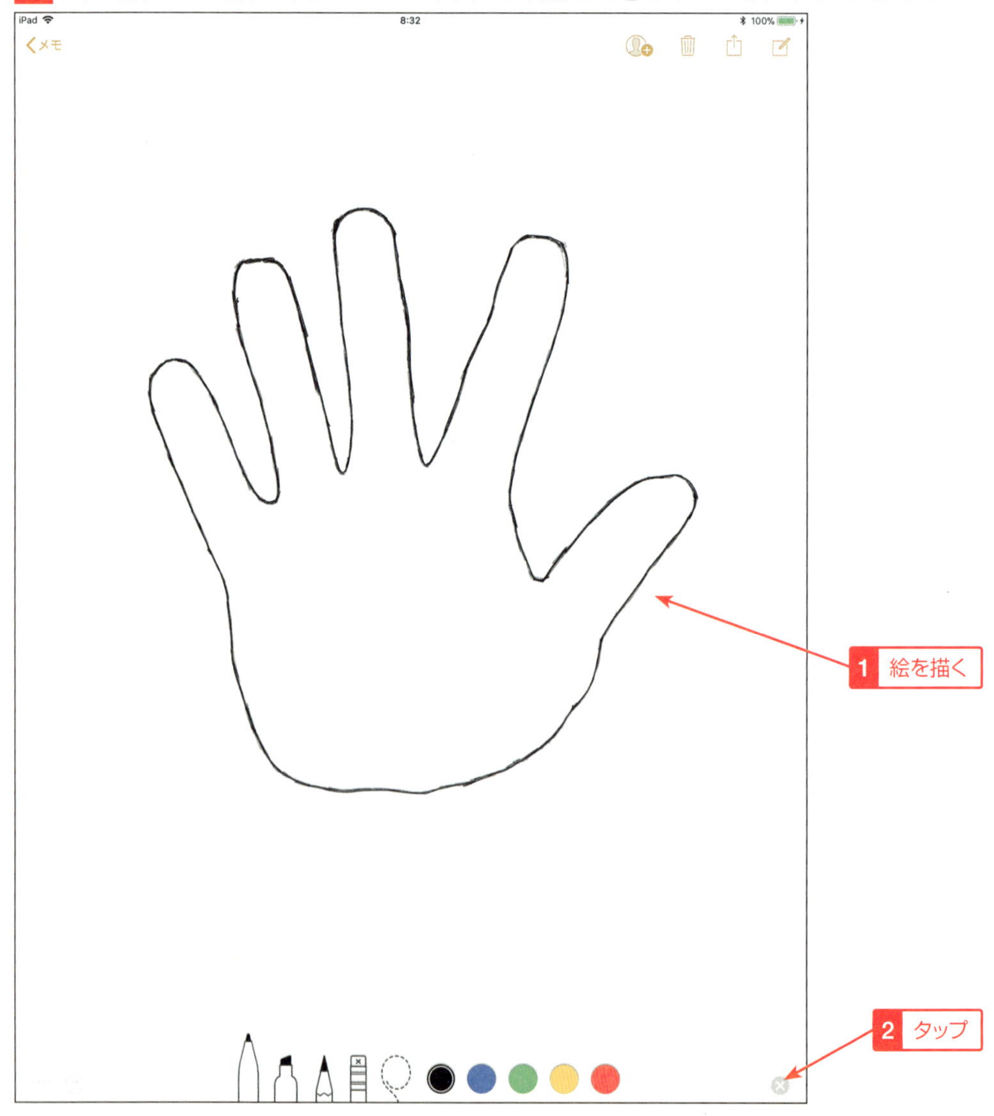

iPad
8:32
100%
メモ

「iCloud Drive」に保存する

「Playgrounds」アプリから使うときに「iCloud Drive」に保存されていると使いやすいから、「iCloud Drive」に保存しよう。次のように操作するんだ。

1 「ファイル」アプリを開こう。

2 「ブラウズ」タブをタップし、フォルダ追加ボタンをタップしよう。

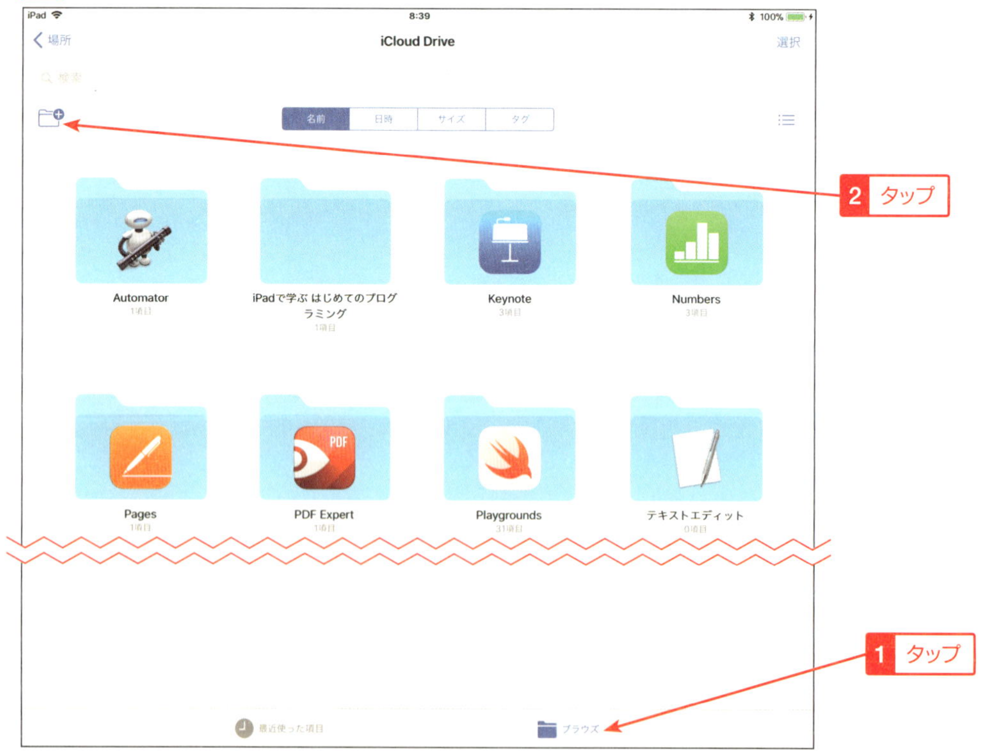

3 名前を付けて「完了」ボタンをタップしよう。このフォルダには作った絵などの画像を入れたいから、たとえば「画像」という名前にしてみよう。

4 「メモ」アプリに戻って、描いた絵をタップして選択状態にし、「共有...」をタップしよう。

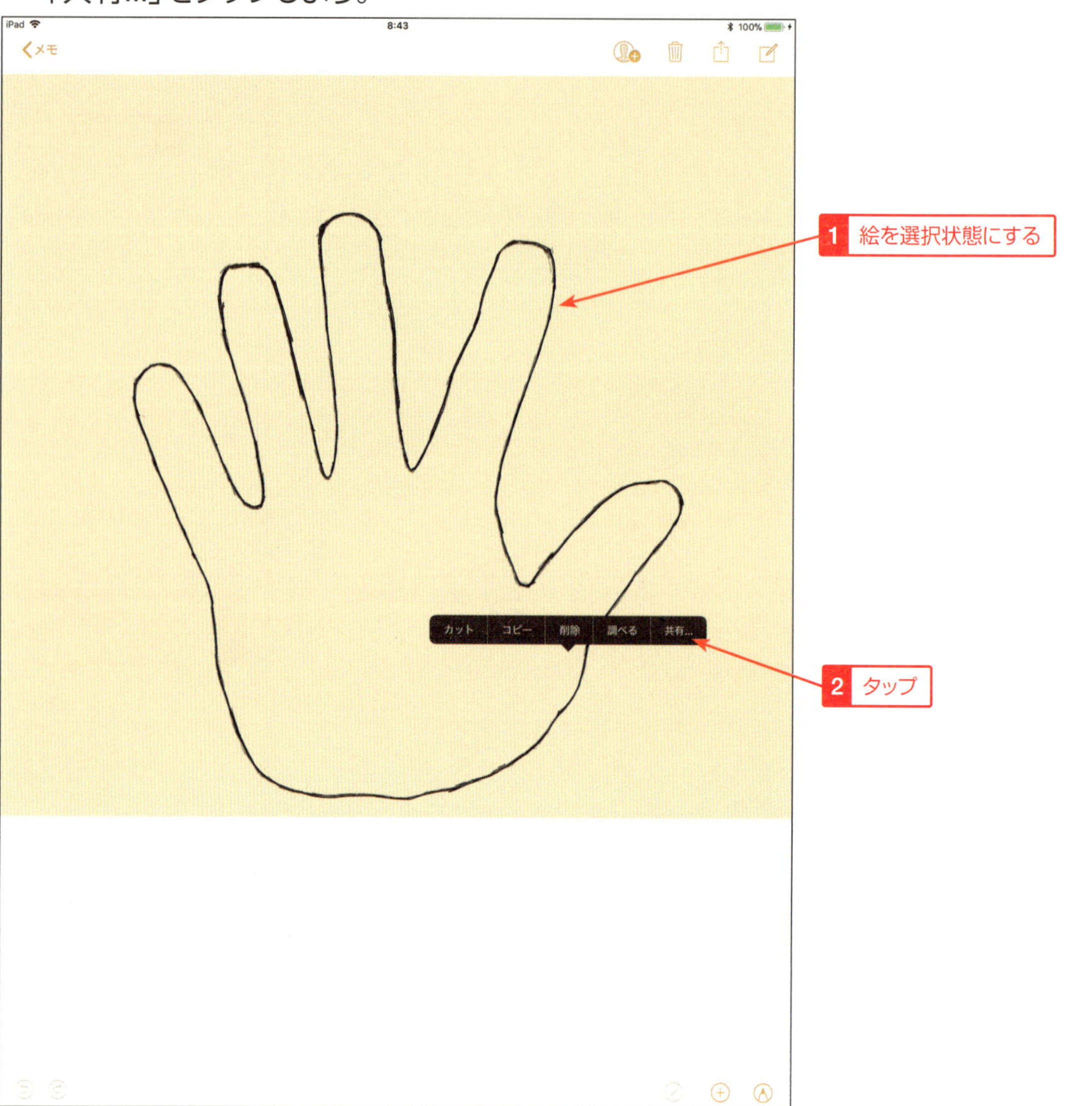

5 「ファイルに保存」をタップしよう。

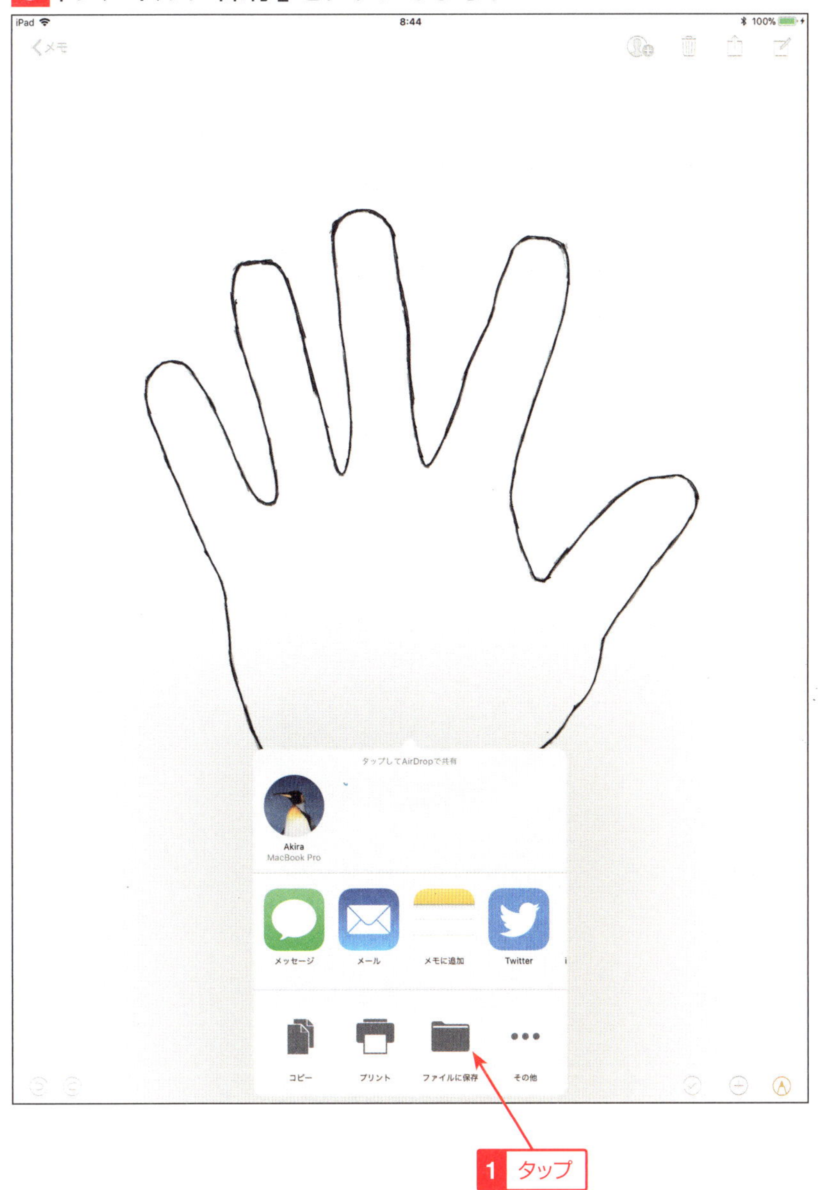

6 「iCloud Drive(アイクラウド ドライブ)」をタップしよう。

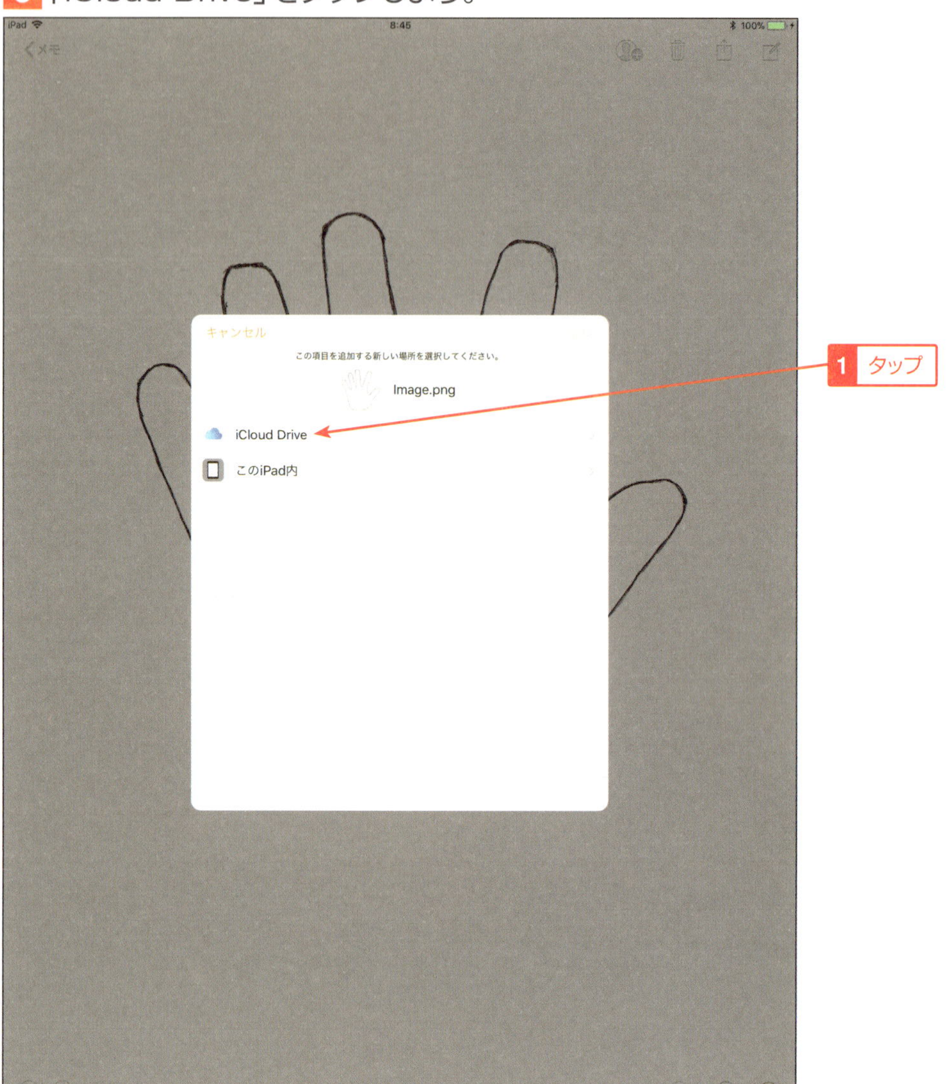

7 さっき作った「画像」フォルダを選択し、「追加」ボタンをタップしよう。

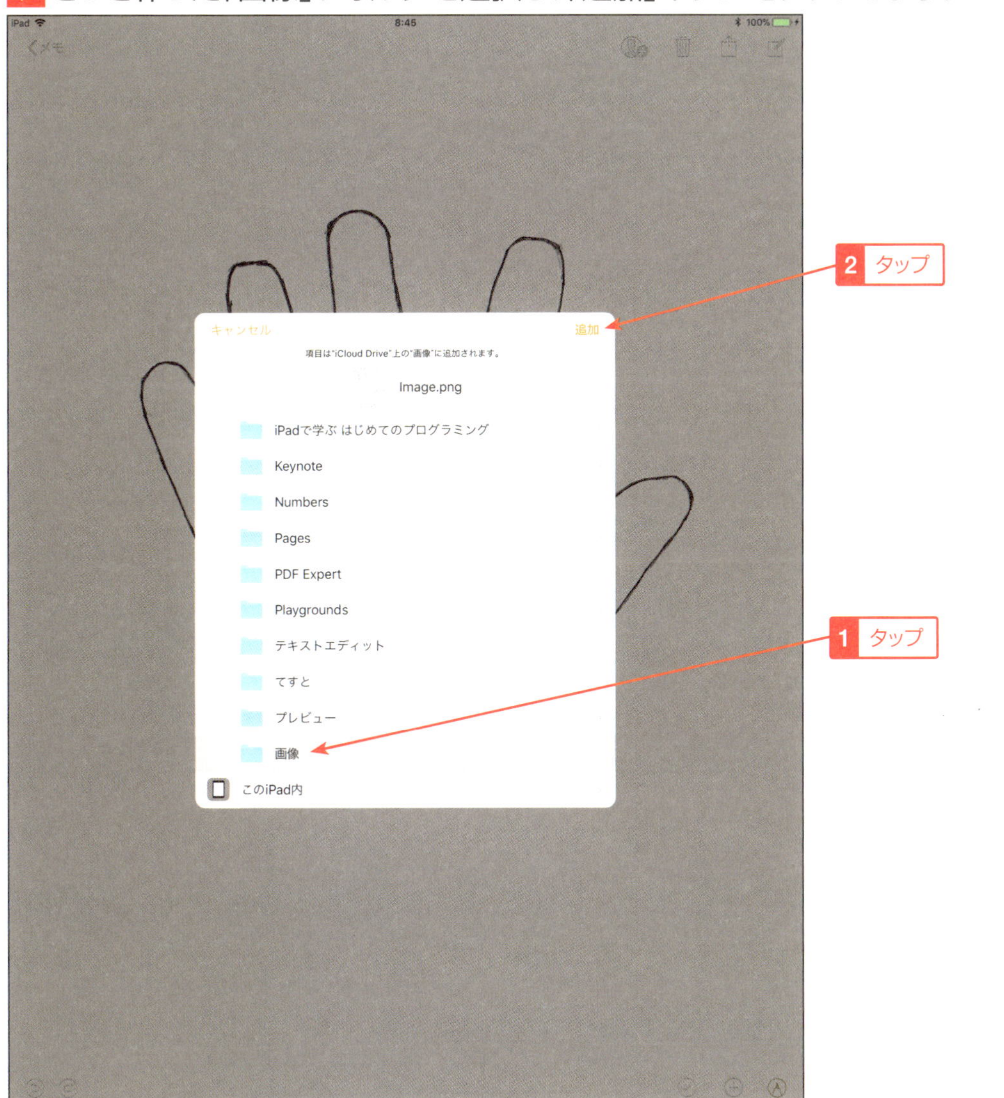

同じように操作して、「グー」「チョキ」「パー」の全部を作ろう。他のアプリやMacで絵を描いたときも、「iCloud Drive」に保存すれば使えるよ。

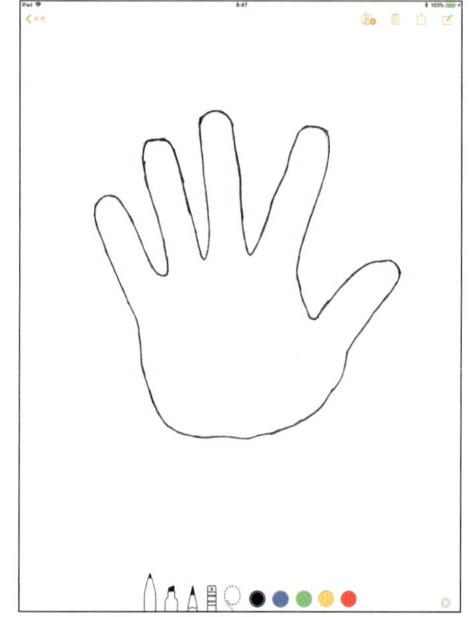

COLUMN

ファイルの保存形式

アプリの中から使う絵は、「PNG」や「JPEG」形式で保存しないと使えないんだ。アプリ独自の形式だと読み込むことができないんだ。「メモ」アプリが「iCloud Drive」に保存する絵は「PNG」形式になっているから、「Playgrounds」アプリから使うことができるんだよ。

絵を表示してみよう

描いた絵を「Playgrounds」アプリの中で表示してみよう。第4章で「Hello World!」を画面に表示するために「UILabel」というクラスを使ったね。「UILabel」は文字だけど、絵を表示してくれるクラスもあって、「UIImageView」というクラスなんだ。「UIImageView」クラスもビューだから、今までと同じようなやり方で表示できるんだ。

次のコードを入力して、「UIImageView」を置いてみよう。

```
import UIKit
import PlaygroundSupport

class ViewController : UIViewController {
    var imageView: UIImageView! // 絵を表示するビュー

    // 表示するビューを作るメソッド
    override func loadView() {
        // ビューを作る
        self.view = UIView(
          frame: CGRect(x: 0, y: 0, width: 500, height: 500))
        self.view.backgroundColor = .white

        // イメージビューを作る
        self.imageView = UIImageView(
          frame: CGRect(x: 10, y: 10, width: 300, height: 300))
        // イメージビューを表示する
        self.view.addSubview(self.imageView)
    }
}
// ビューコントローラを作る
let viewController = ViewController(nibName: nil, bundle: nil)
```

```
// 表示する
PlaygroundPage.current.liveView = viewController
```

今までのコードと同じだね。違うのは「UIImageView」クラスを使っていることと、ビューの大きさくらいだよ。

絵を読み込んでみよう

「UIImageView」クラスに表示させたい絵を読み込むには、「UIImage」というクラスを使うんだ。164ページで作った絵を表示してみよう。次のように操作しよう。

1 次のようにイメージビューを表示しているコードの後ろにコードを追加しよう。カーソルはそのまま「= 」の後ろに置いておいてね。

```
import UIKit
import PlaygroundSupport

class ViewController : UIViewController {
    var imageView: UIImageView! // 絵を表示するビュー

    // 表示するビューを作るメソッド
    override func loadView() {
        // ビューを作る
        self.view = UIView(
          frame: CGRect(x: 0, y: 0, width: 500, height: 500))
        self.view.backgroundColor = .white

        // イメージビューを作る
        self.imageView = UIImageView(
          frame: CGRect(x: 10, y: 10, width: 300, height: 300))
        // イメージビューを表示する
        self.view.addSubview(self.imageView)
```

```
        // イメージビューに表示する絵を設定する
        self.imageView.image =
    }
}
// ビューコントローラを作る
let viewController = ViewController(nibName: nil, bundle: nil)
// 表示する
PlaygroundPage.current.liveView = viewController
```

この2行を追加する

カーソルはこの位置にしておく

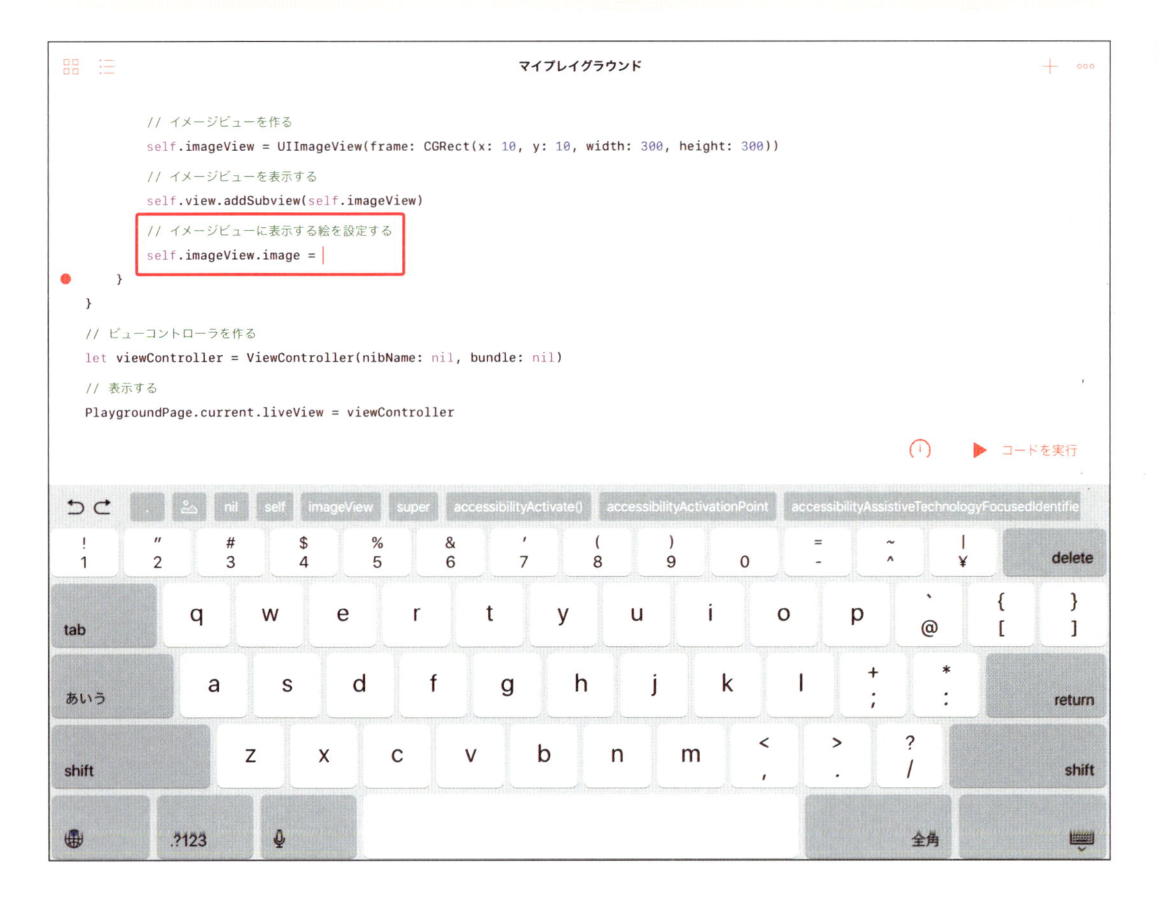

2 キーボードの上に表示されている画像挿入ボタンをタップしよう。

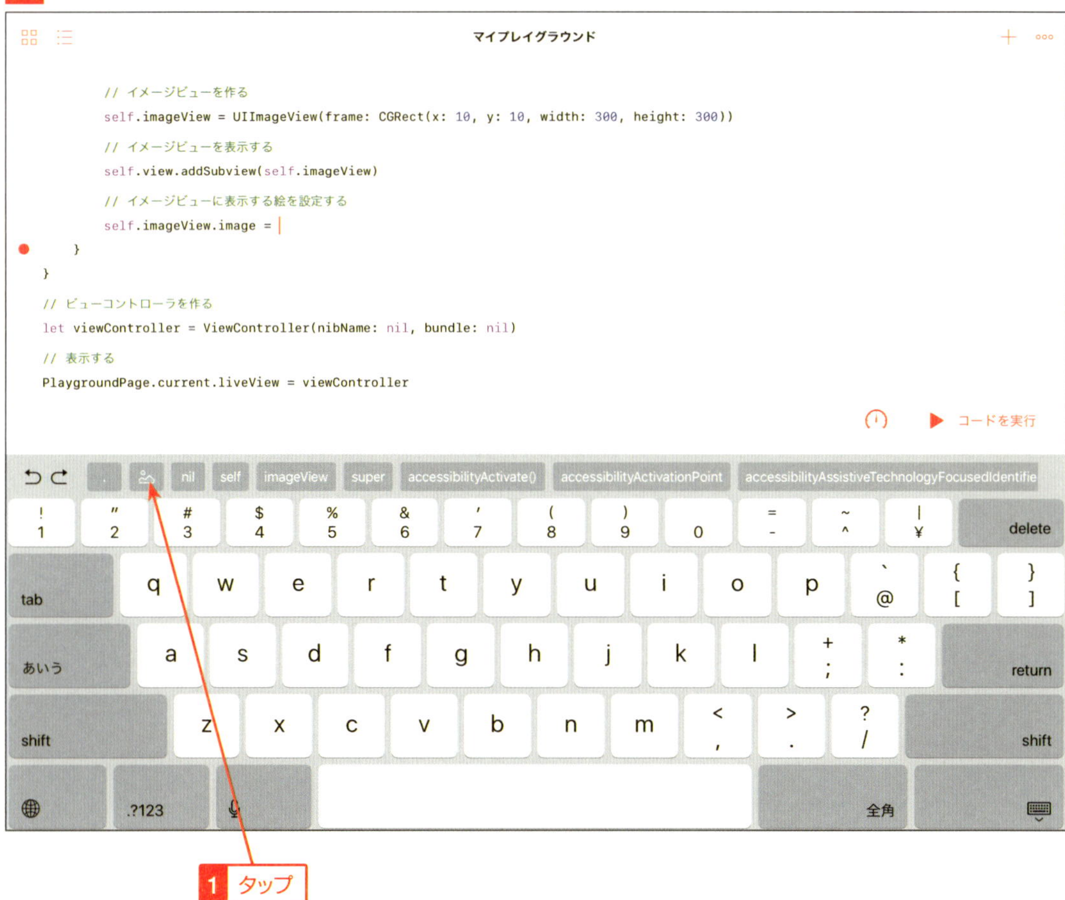

3 「挿入元...」をタップしよう。

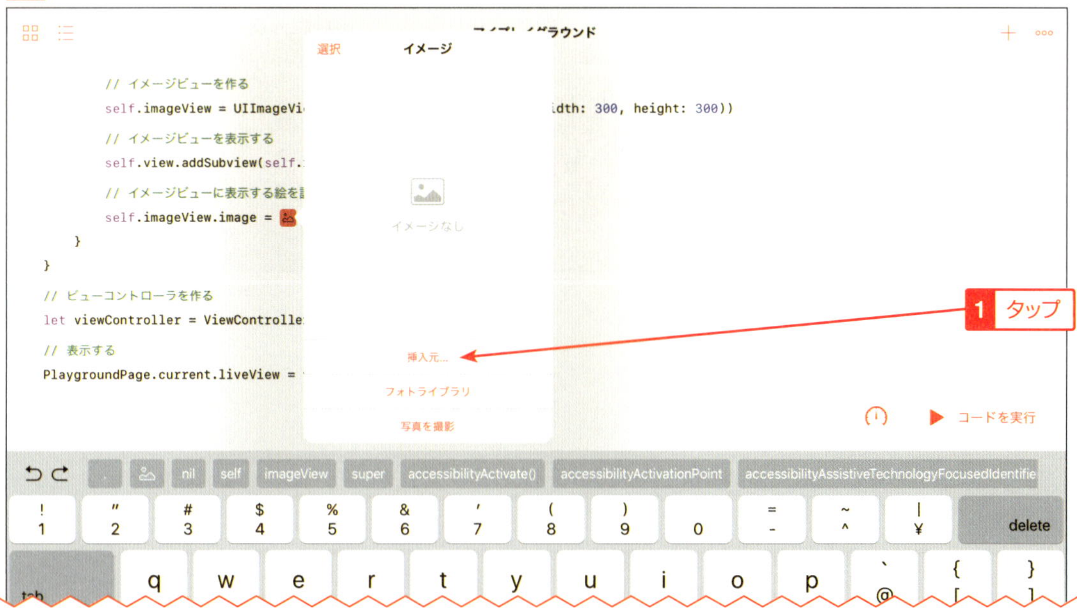

4 「iCloud Drive（アイクラウド ドライブ）」をタップしよう。

5 「画像（がぞう）」をタップしよう。

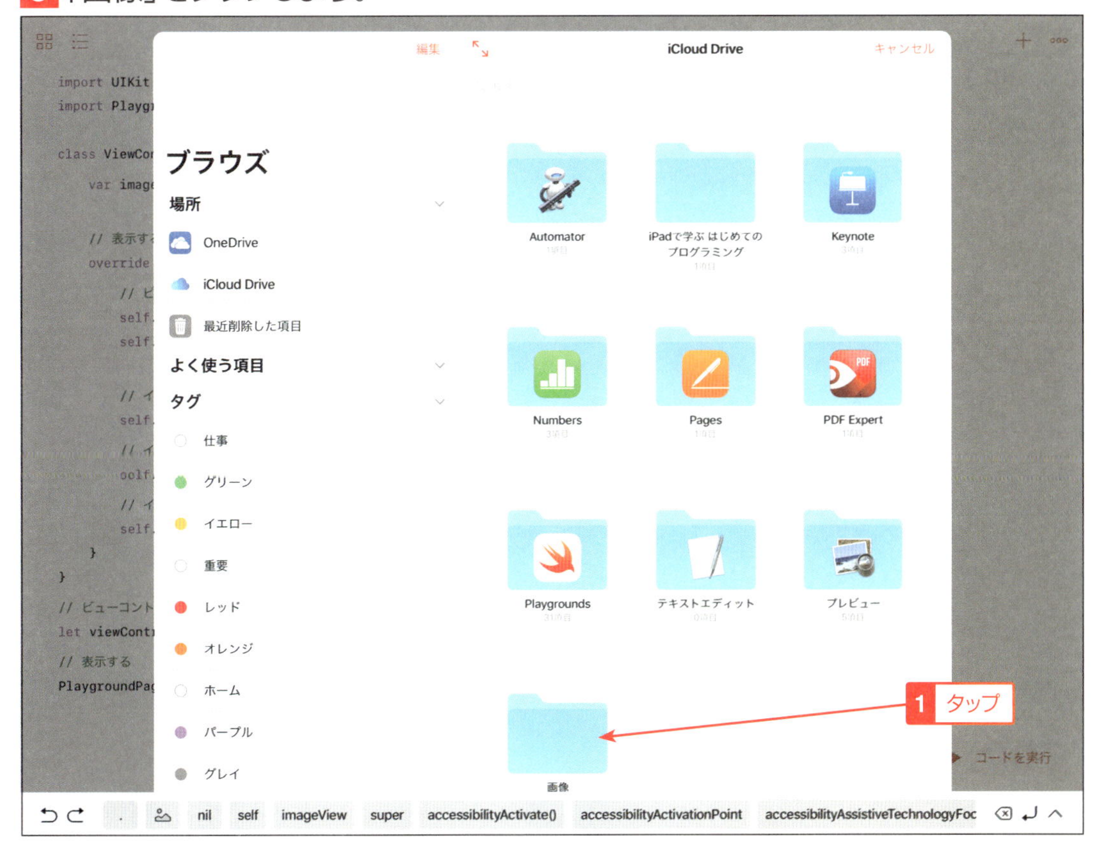

6 表示(ひょうじ)する絵(え)をタップしよう。

7 選(えら)んだ絵(え)が読(よ)み込(こ)まれるから、さらにタップして選択(せんたく)しよう。

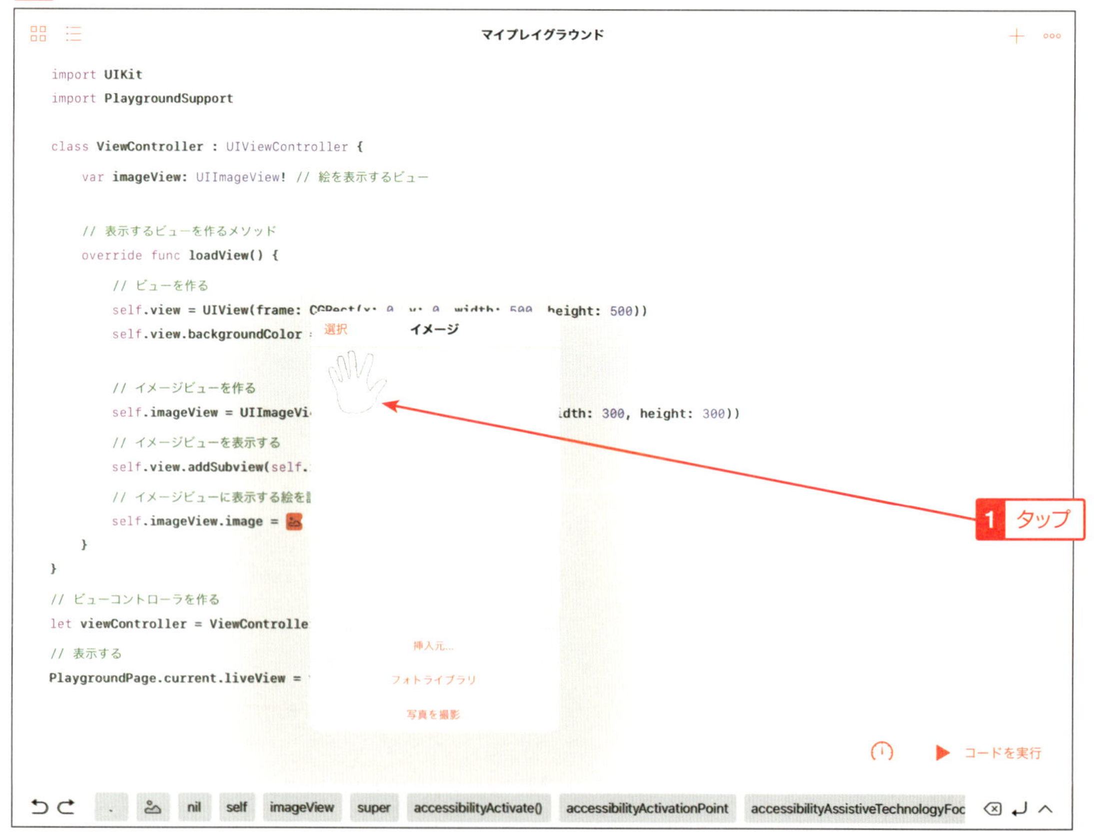

8 「使用」をタップしよう。

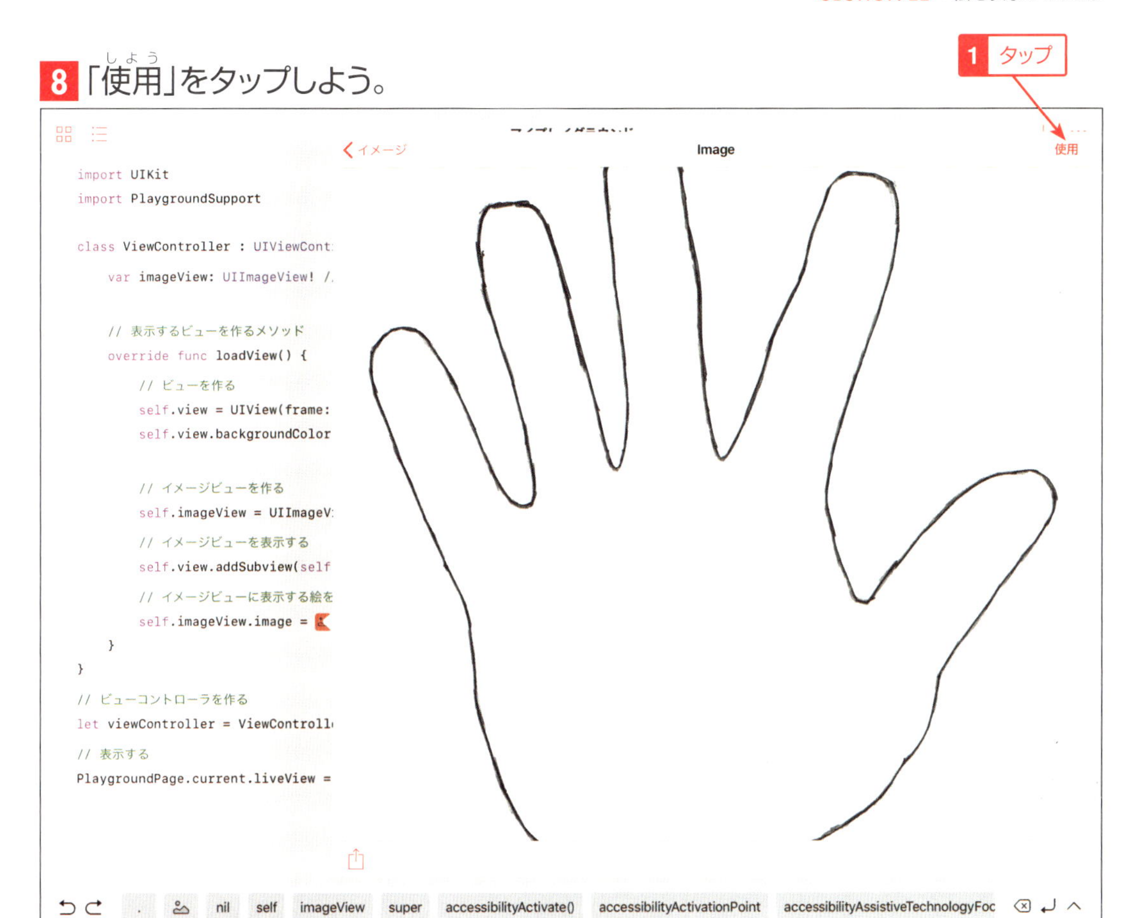

このコードを実行すると、次のように表示されるんだ。選んだ絵が表示されるよ。

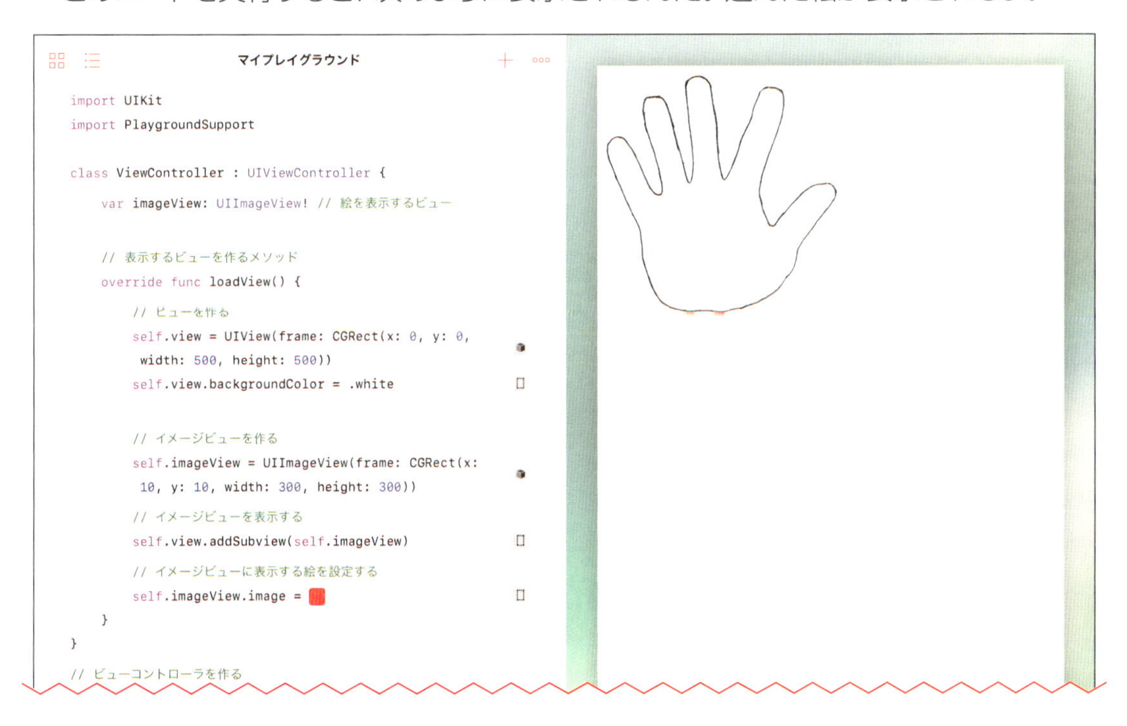

COLUMN プレイグラウンドページを追加すると画像を追加できない?

前ページまでのように操作したときに、プレイグラウンドページを増やしていると絵が読み込まれないことがあるんだ。そのようなときは、ちょっと残念なんだけど、プレイグラウンドページは追加しないで操作してみよう。この本のサンプルコードも、第5章と第6章のサンプルコードは1つのファイルになっていないんだ。

COLUMN 画像を挿入した部分のコード

画像を挿入した部分のコードは、「Swift Playgrounds」では行の中に小さな絵が表示されているけど、本当のコードは次のようになっているんだ。

```
self.imageView.image = #imageLiteral(resourceName: "Image.png")
```

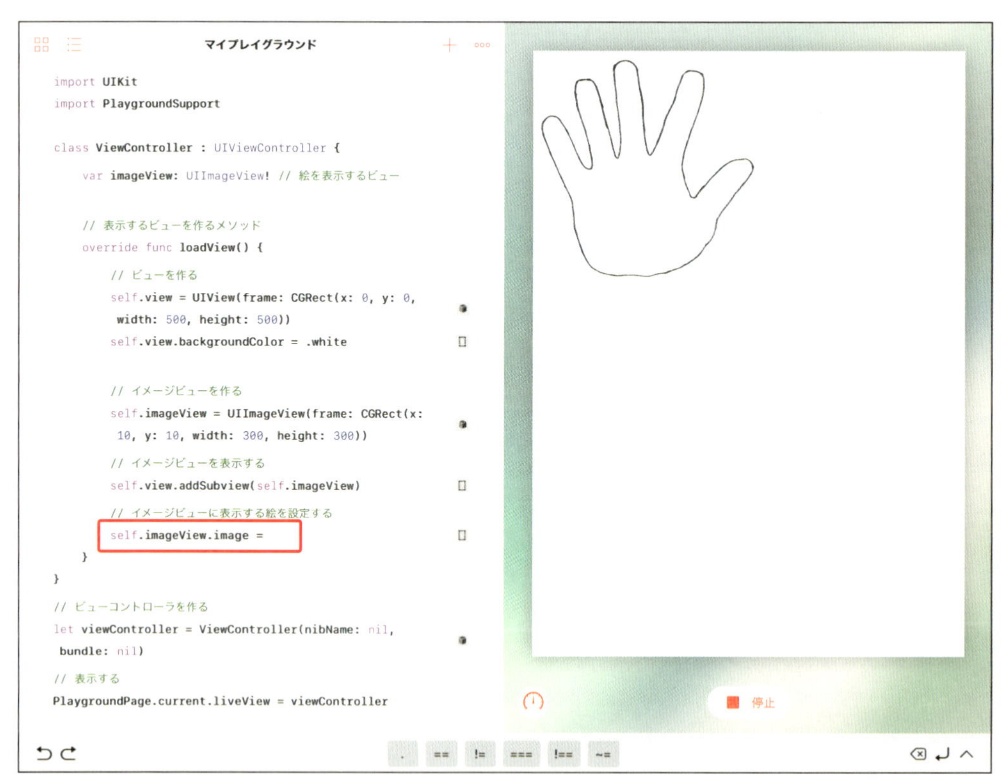

「Swift Playgrounds」は上のようなコードを見つけると、コードの代わりに絵を表示してくれているんだ。だから、この本の中では画像を挿入した部分は上のように「#imageLiteral(resourceName:)」を使ったコードになっているよ。

SECTION 23 じゃんけんを考えてみよう

「じゃんけんアプリ」を作ってみる前に、じゃんけんそのものについて考えてみよう。じゃんけんのルールをまとめてみると、次のようになるんだ。

自分の手	相手の手	自分の勝敗
グー	グー	引き分け
グー	チョキ	勝った
グー	パー	負けた
チョキ	グー	負けた
チョキ	チョキ	引き分け
チョキ	パー	勝った
パー	グー	勝った
パー	チョキ	負けた
パー	パー	引き分け

このルールからじゃんけんアプリを作るために、必要な機能は何だろう？　この本の答えを見る前に、少し自分でも考えてみよう。

「じゃんけんアプリ」に必要な機能

「じゃんけんアプリ」に必要な機能には次のようなものがあるんだ。

- **自分の手を選ぶ機能**
- **コンピュータ（相手）の手を考える機能**
- **自分とコンピュータの手を見て、どっちが勝っているかを考える機能**
- **相手の手を表示する機能**
- **勝ち負けの結果を表示する機能**

5つも機能が見つかったね。1つずつ、どんな機能になるのかを考えてみよう。

自分の手を選ぶ機能

自分の手を選ぶ機能は、「グー」「チョキ」「パー」の3つの中から選ぶ機能だよ。この本では、3つボタンを作って、出したい手のボタンをタップできるようにしよう。

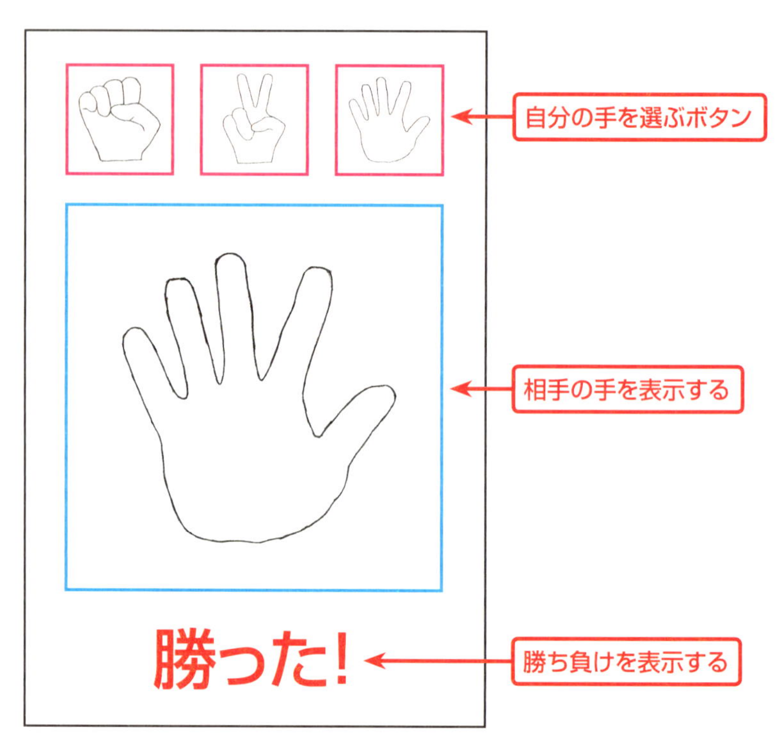

コンピュータ(相手)の手を考える機能

相手の手を考える機能は、少し複雑だよ。じゃんけんの3つの手の中からコンピュータ(iPad)に自分で手を考えさせるんだ。それもランダムにしないといけないよ。

これには「乱数」というランダムな数を使うんだ。「グー」「チョキ」「パー」を「0」「1」「2」という数字に置き換えて、0から2までの乱数を作るようにすればできるんだ。

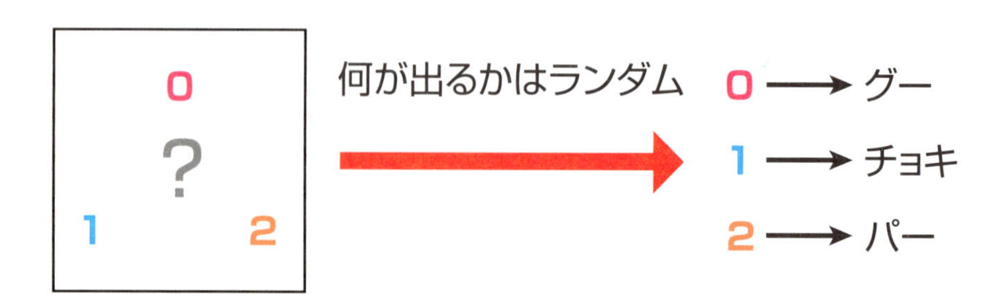

自分とコンピュータの手を見て、どっちが勝っているかを考える機能

どっちが勝っているかを考える機能は、難しそうに見えて単純だよ。ルールの表をそのままプログラミングするんだ。表に書かれている勝敗になるように、自分の手と相手の手を見比べて判定させよう。

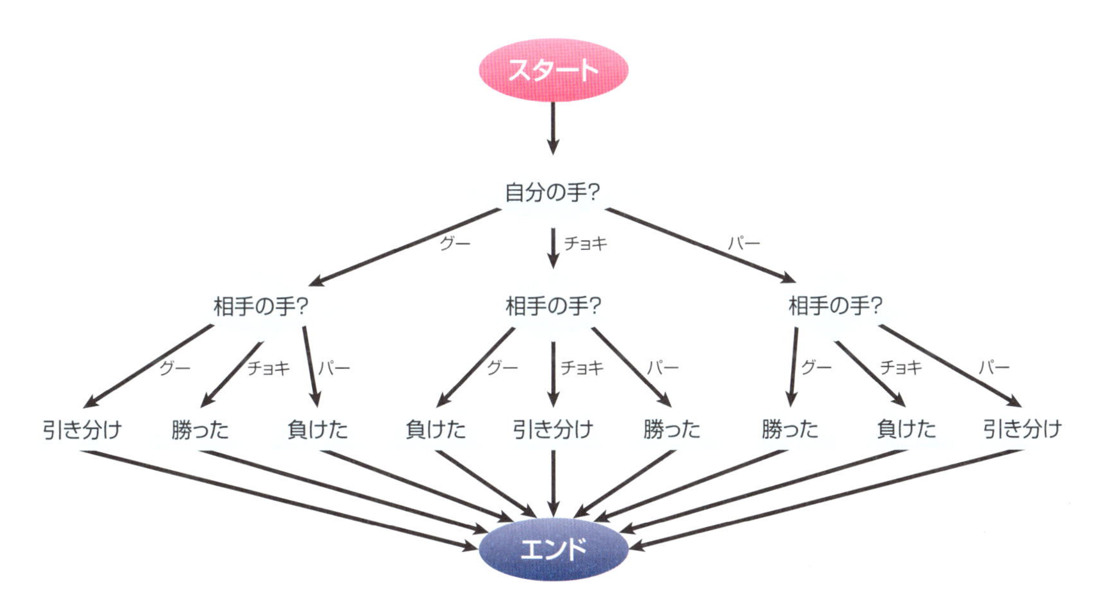

相手の手を表示する機能

相手の手を表示する機能は、絵を表示するようにすればできるよ。コンピュータ（相手）の手を考える機能で、コンピュータがどの手を選ぶかを決めることができるから、その手に合わせて描いた絵をイメージビューに表示すればいいんだ。

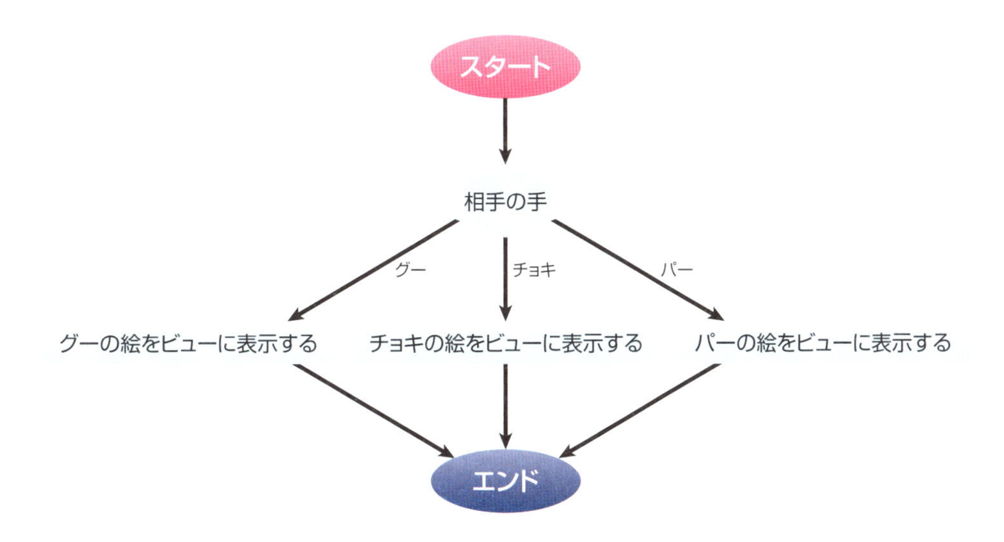

勝ち負けの結果を表示する機能

勝ち負けの結果を表示する機能はラベルを使えば簡単に作れるよ。結果を表示するラベルを画面において、「勝った!」「負けた」とかの文字列をラベルに表示すればいいんだ。

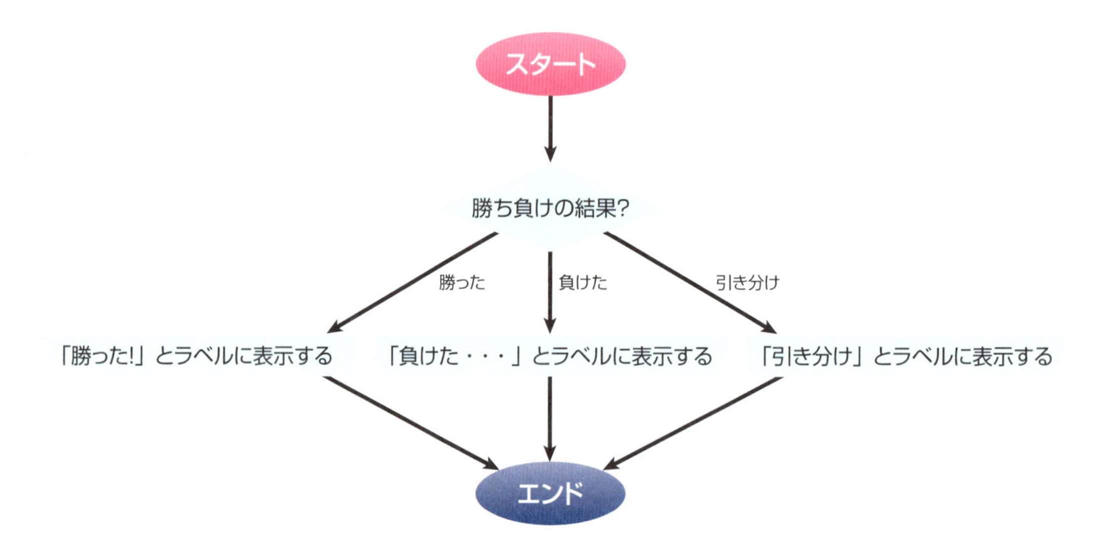

SECTION 24 乱数を使ってみよう

「じゃんけんアプリ」のプログラミングに入る前に乱数を使ってみよう。「乱数」というのは、コンピュータが勝手に数を決めてくれるものなんだ。何が出るかはわからないものなんだよ。くじ引きみたいなもので、数がたくさん書かれた紙が入った「くじ」があって、その中から1枚、紙を引いて、その紙に書かれている数を使うみたいなイメージだよ。

乱数を作るのはとても簡単だよ。次のように書くと「value」には実行するたびに違う数が入るんだ。

```
let value = arc4random_uniform(100)
```

このコードで作られる乱数は、0から99までの数になるんだ。「arc4random_uniform」関数は「100」を渡すと、「0」から「99」までの間で乱数の整数を返してくれるんだ。何で「99」までかというと、「arc4random_uniform」関数は渡された数よりも1小さい範囲で乱数を作るんだ。何回か実行してみて、数が毎回、変わるか見てみよう。

●1回目

Chapter05-03

```
import Foundation

let value = arc4random_uniform(100)
```

123

42

●数回、実行後

Chapter05-03

```
import Foundation

let value = arc4random_uniform(100)
```

123

16

乱数を使って色を塗ってみよう

乱数を使った実験をしてみよう。第3章で画面を塗りつぶすというプログラムを作ったね。116ページで「光の三原色」の組み合わせで色々な色を作れるということを学習したけど、乱数と組み合わせれば、ランダムに色を変えることができるんだ。

実行するたびに違う色で塗りつぶすプログラムを作ってみよう。次のようなコードになるんだ。

```
import UIKit
import PlaygroundSupport

// ビューを作る
let view =
  UIView(frame: CGRect(x: 0, y: 0, width: 500, height: 500))

// 色を作る。小数点にするためと、「UIColor」で使うために
// 乱数を「CGFloat」にしてから割り算する
let r = CGFloat(arc4random_uniform(256)) / 255.0
let g = CGFloat(arc4random_uniform(256)) / 255.0
let b = CGFloat(arc4random_uniform(256)) / 255.0

// 「UIColor」を作ってビューに設定する
let color = UIColor(red: r, green: g, blue: b, alpha: 1.0)
view.backgroundColor = color

// 表示する
PlaygroundPage.current.liveView = view
```

このコードを実行すると、実行するたびにビューの色がランダムに変わるんだ。このプログラムの大切なところは、どこかわかるかな?

それは乱数を割り算していることだよ。「UIColor」クラスはRGBの割合を0.0以上1.0以下の小数で指定しないといけないんだけど、乱数は小数ではなくて、整数しか作れないんだ。そこで、作られる乱数の一番大きな値で割り算して、小数にしているんだよ。

たとえば、ここでは256にしているから、乱数は0から255までの間の数になるんだ。この間で作られる乱数で割り算したときにどうなるかを見てみよう。こういうときは、最小値、最大値、中間値の3つを見るといいよ。

乱数の値	割り算の式と結果
0	0 / 255 = 0.0
128	128 / 255 = 0.5（小数点以下2桁目で四捨五入）
255	255 / 255 = 1.0

0.0から1.0までの乱数が作れることがわかるね。それと、乱数の最大の数は何でもいいけど、大きい数字にしておくと、それだけ細かく色が変わるよ。今回使っている255という数字は、RGBを使うときによく登場する値なんだ。

◉1回目

●2回目

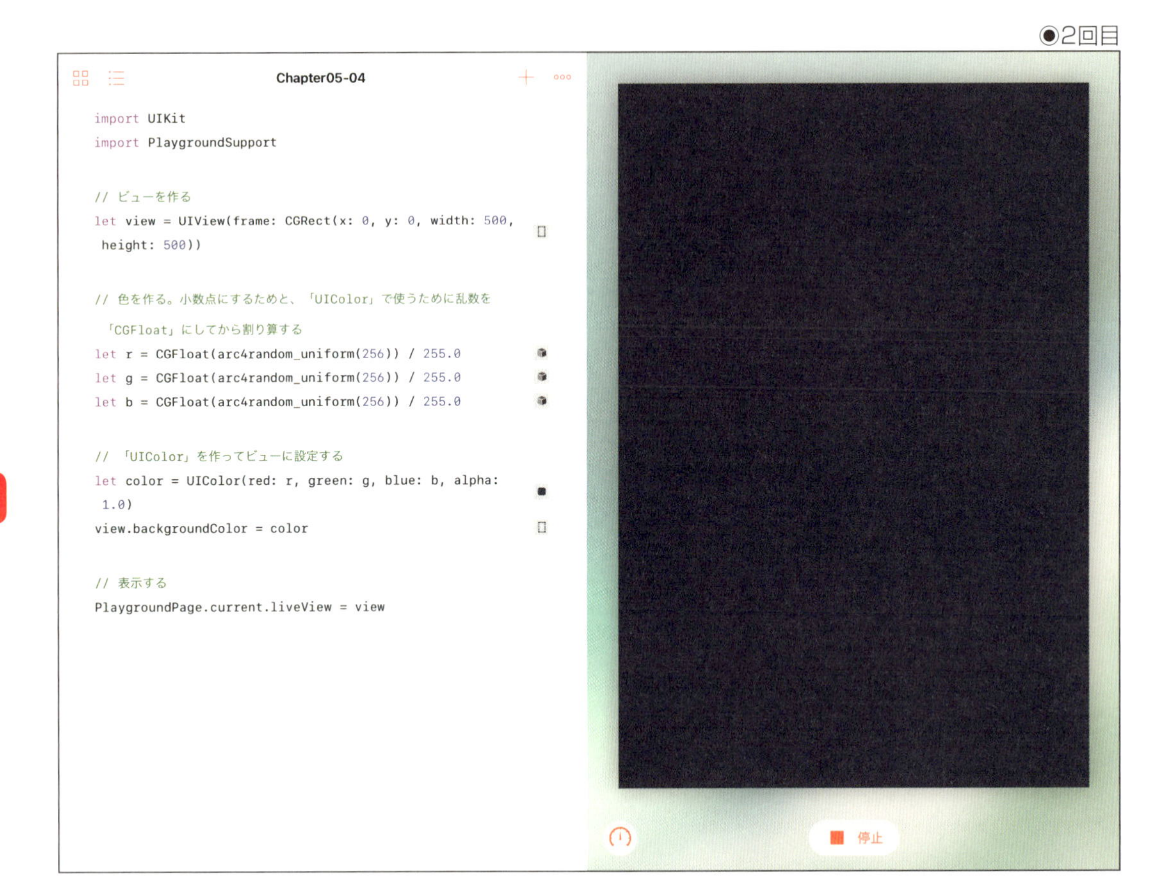
Chapter05-04
import UIKit
import PlaygroundSupport
// ビューを作る
let view = UIView(frame: CGRect(x: 0, y: 0, width: 500,
height: 500))
// 色を作る。小数点にするためと、「UIColor」で使うために乱数を
「CGFloat」にしてから割り算する
let r = CGFloat(arc4random_uniform(256)) / 255.0
let g = CGFloat(arc4random_uniform(256)) / 255.0
let b = CGFloat(arc4random_uniform(256)) / 255.0
// 「UIColor」を作ってビューに設定する
let color = UIColor(red: r, green: g, blue: b, alpha:
1.0)
view.backgroundColor = color
// 表示する
PlaygroundPage.current.liveView = view
停止

SECTION 25 じゃんけんアプリの見た目を作ろう

「じゃんけんアプリ」の見た目、ユーザーインターフェイスを作ってみよう。目指すのは184ページで考えたような画面だよ。もう一度、見てみよう。

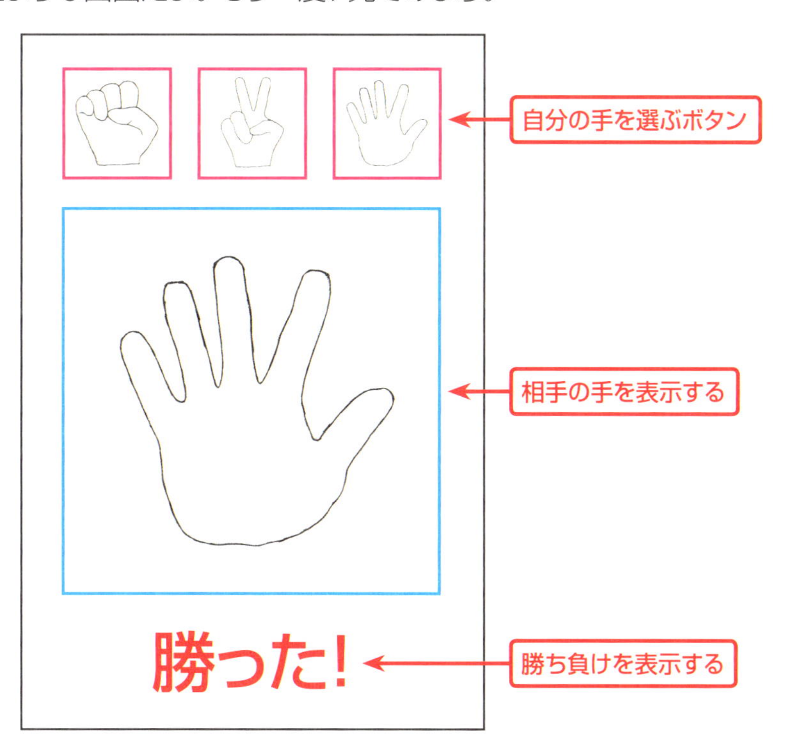

次の順に作っていこう。

❶自分の手を選ぶためのボタン
❷相手の手を表示するためのイメージビュー
❸勝ち負けを表示するためのラベル

自分の手を選ぶためのボタンを作ろう

自分の手を選ぶためのボタンを作ろう。ボタンには「グー」「チョキ」「パー」の絵を表示するんだ。次のコードを入力しよう。絵を設定するところは、176ページと同じように操作するんだ。「setImage」メソッドの最初の引数のことだよ。「#imageLiteral」になっているところは、「Playgrounds」アプリの中では小さな絵が表示されるよ。

```
import UIKit
import PlaygroundSupport

class ViewController : UIViewController {
    var guuButton: UIButton! // グーボタン
    var chokiButton: UIButton! // チョキボタン
    var paaButton: UIButton! // パーボタン

    // 表示するユーザーインターフェイスを作る
    override func loadView() {
        // ビューを作る
        self.view = UIView(
          frame: CGRect(x: 0, y: 0, width: 500, height: 500))
        self.view.backgroundColor = .white

        // グーボタンを作る
        self.guuButton = UIButton(type: .custom)
        self.guuButton.frame =
          CGRect(x: 10, y: 10, width: 100, height: 100)
        self.guuButton.setImage(#imageLiteral(
          resourceName: "Image 3.png"), for: .normal)
        self.view.addSubview(self.guuButton)

        // チョキボタンを作る
        self.chokiButton = UIButton(type: .custom)
        self.chokiButton.frame =
```

```
            CGRect(x: 120, y: 10, width: 100, height: 100)
        self.chokiButton.setImage(#imageLiteral(
            resourceName: "Image 2.png"), for: .normal)
        self.view.addSubview(self.chokiButton)

        // パーボタンを作る
        self.paaButton = UIButton(type: .custom)
        self.paaButton.frame =
            CGRect(x: 230, y: 10, width: 100, height: 100)
        self.paaButton.setImage(#imageLiteral(
            resourceName: "Image.png"), for: .normal)
        self.view.addSubview(self.paaButton)
    }
}

// ビューコントローラを表示する
let viewController = ViewController(nibName: nil, bundle: nil)
PlaygroundPage.current.liveView = viewController
```

このコードを実行すると、次のように表示されるんだ。3つのボタンが表示されれば成功だよ。

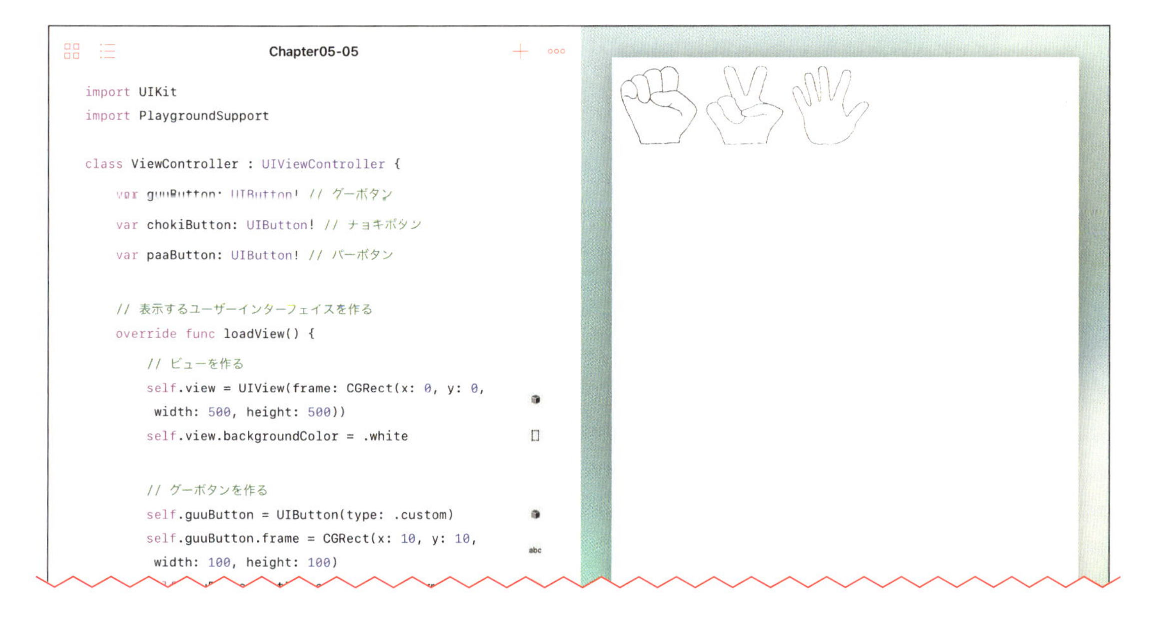

相手の手を表示するためのイメージビューを作ろう

次は相手の手を表示するためのイメージビューを作ろう。本当は、先に手が見えていたら意味がないんだけど、どんな風に表示されるかを見てみたいから、絵を最初から表示しているよ。表示する絵は「グー」「チョキ」「パー」のどれでもいいよ。次のコードを入力してみよう。追加しているコードは「computerImageView」というプロパティと、そのプロパティに入れるイメージビューを作っているコードだよ。

```
import UIKit
import PlaygroundSupport

class ViewController : UIViewController {
    var guuButton: UIButton! // グーボタン
    var chokiButton: UIButton! // チョキボタン
    var paaButton: UIButton! // パーボタン
    var computerImageView: UIImageView! // 相手の手を表示するビュー

    // 表示するユーザーインターフェイスを作る
    override func loadView() {
        // ビューを作る
        self.view = UIView(
          frame: CGRect(x: 0, y: 0, width: 500, height: 500))
        self.view.backgroundColor = .white

        // グーボタンを作る
        self.guuButton = UIButton(type: .custom)
        self.guuButton.frame =
          CGRect(x: 10, y: 10, width: 100, height: 100)
        self.guuButton.setImage(#imageLiteral(
          resourceName: "Image 3.png"), for: .normal)
        self.view.addSubview(self.guuButton)
```

```
        // チョキボタンを作る
        self.chokiButton = UIButton(type: .custom)
        self.chokiButton.frame =
          CGRect(x: 120, y: 10, width: 100, height: 100)
        self.chokiButton.setImage(#imageLiteral(
          resourceName: "Image 2.png"), for: .normal)
        self.view.addSubview(self.chokiButton)

        // パーボタンを作る
        self.paaButton = UIButton(type: .custom)
        self.paaButton.frame =
          CGRect(x: 230, y: 10, width: 100, height: 100)
        self.paaButton.setImage(#imageLiteral(
          resourceName: "Image.png"), for: .normal)
        self.view.addSubview(self.paaButton)

        // 相手の手を表示するビューを作る
        self.computerImageView = UIImageView(
         frame: CGRect(x: 10, y: 150, width: 330, height: 330))
        self.view.addSubview(self.computerImageView)
        self.computerImageView.image = #imageLiteral(
          resourceName: "Image 2.png")
    }
}

// ビューコントローラを表示する
let viewController = ViewController(nibName: nil, bundle: nil)
PlaygroundPage.current.liveView = viewController
```

このコードを実行(じっこう)すると、次(つぎ)のように表示(ひょうじ)されるんだ。これで相手(あいて)の手(て)を表示(ひょうじ)する場所(ばしょ)もできたね。

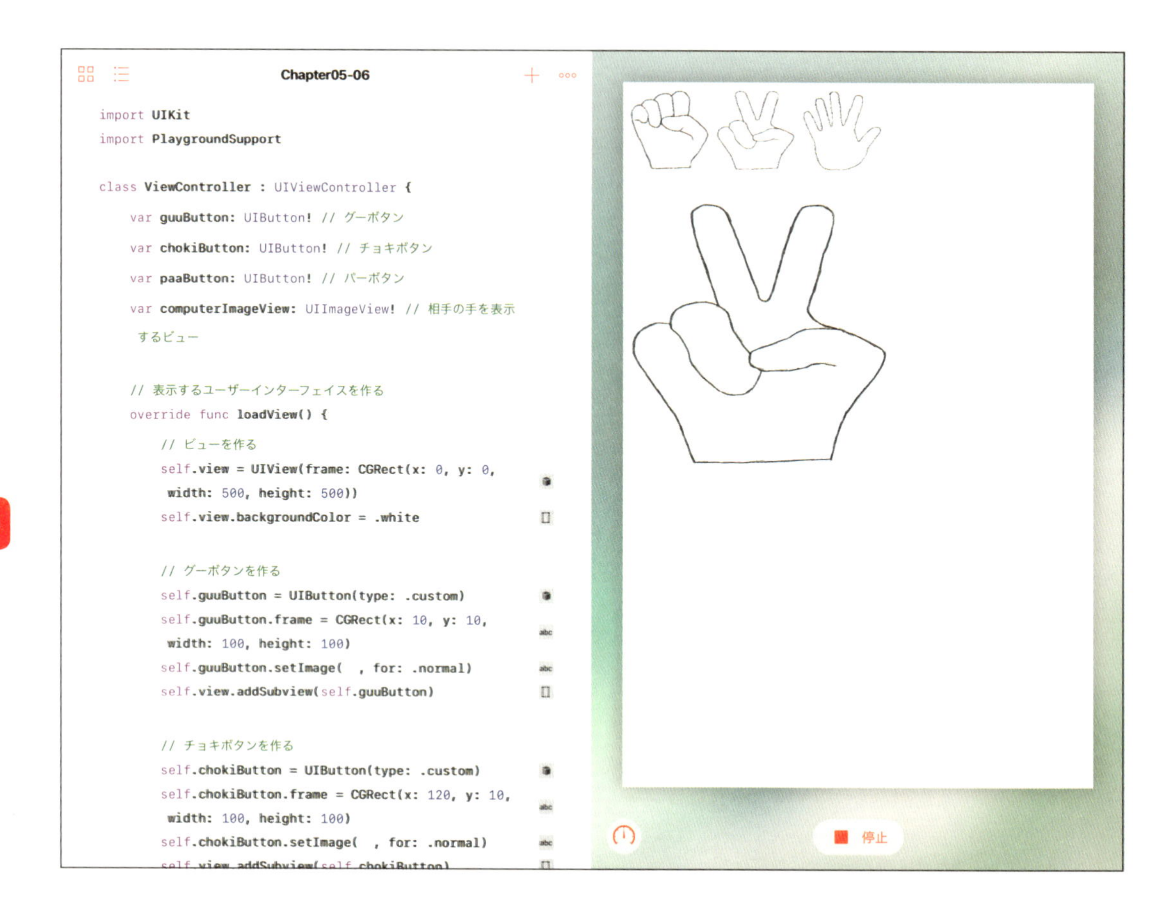

勝ち負けを表示するためのラベルを作ろう

最後は勝ち負けの結果を表示するラベルを作ろう。少し大きめの字で結果を表示するようにして、真ん中に揃えて赤い字で表示するようにしてみよう。次のコードを入力してね。追加しているのは、「resultLabel」というプロパティと、そのプロパティにラベルをセットしているコードだよ。

```
import UIKit
import PlaygroundSupport

class ViewController : UIViewController {
    var guuButton: UIButton! // グーボタン
    var chokiButton: UIButton! // チョキボタン
    var paaButton: UIButton! // パーボタン
    var computerImageView: UIImageView! // 相手の手を表示するビュー
```

```
var resultLabel: UILabel! // 勝ち負けを表示するラベル

// 表示するユーザーインターフェイスを作る
override func loadView() {
    // ビューを作る
    self.view = UIView(
      frame: CGRect(x: 0, y: 0, width: 500, height: 700))
    self.view.backgroundColor = .white

    // グーボタンを作る
    self.guuButton = UIButton(type: .custom)
    self.guuButton.frame =
      CGRect(x: 10, y: 10, width: 100, height: 100)
    self.guuButton.setImage(#imageLiteral(
      resourceName: "Image 3.png"), for: .normal)
    self.view.addSubview(self.guuButton)

    // チョキボタンを作る
    self.chokiButton = UIButton(type: .custom)
    self.chokiButton.frame =
      CGRect(x: 120, y: 10, width: 100, height: 100)
    self.chokiButton.setImage(#imageLiteral(
      resourceName: "Image 2.png"), for: .normal)
    self.view.addSubview(self.chokiButton)

    // パーボタンを作る
    self.paaButton = UIButton(type: .custom)
    self.paaButton.frame =
      CGRect(x: 230, y: 10, width: 100, height: 100)
    self.paaButton.setImage(#imageLiteral(
      resourceName: "Image.png"), for: .normal)
    self.view.addSubview(self.paaButton)
```

```
        // 相手の手を表示するビューを作る
        self.computerImageView = UIImageView(
          frame: CGRect(x: 10, y: 150, width: 330, height: 330))
        self.view.addSubview(self.computerImageView)
        self.computerImageView.image = #imageLiteral(
          resourceName: "Image 2.png")

        // 勝ち負けを表示するラベルを作る
        self.resultLabel = UILabel(
          frame: CGRect(x: 10, y: 490, width: 330, height: 50))
        self.view.addSubview(self.resultLabel)
        self.resultLabel.font = UIFont.systemFont(ofSize: 24)
        self.resultLabel.textColor = .red
        self.resultLabel.textAlignment = .center
        self.resultLabel.text = "勝った！"
    }
}

// ビューコントローラを表示する
let viewController = ViewController(nibName: nil, bundle: nil)
PlaygroundPage.current.liveView = viewController
```

このコードを実行すると、次のように表示されるんだ。ここでも、とりあえず字の大きさや位置を見たいから「勝った!」という文字列を表示しているんだ。

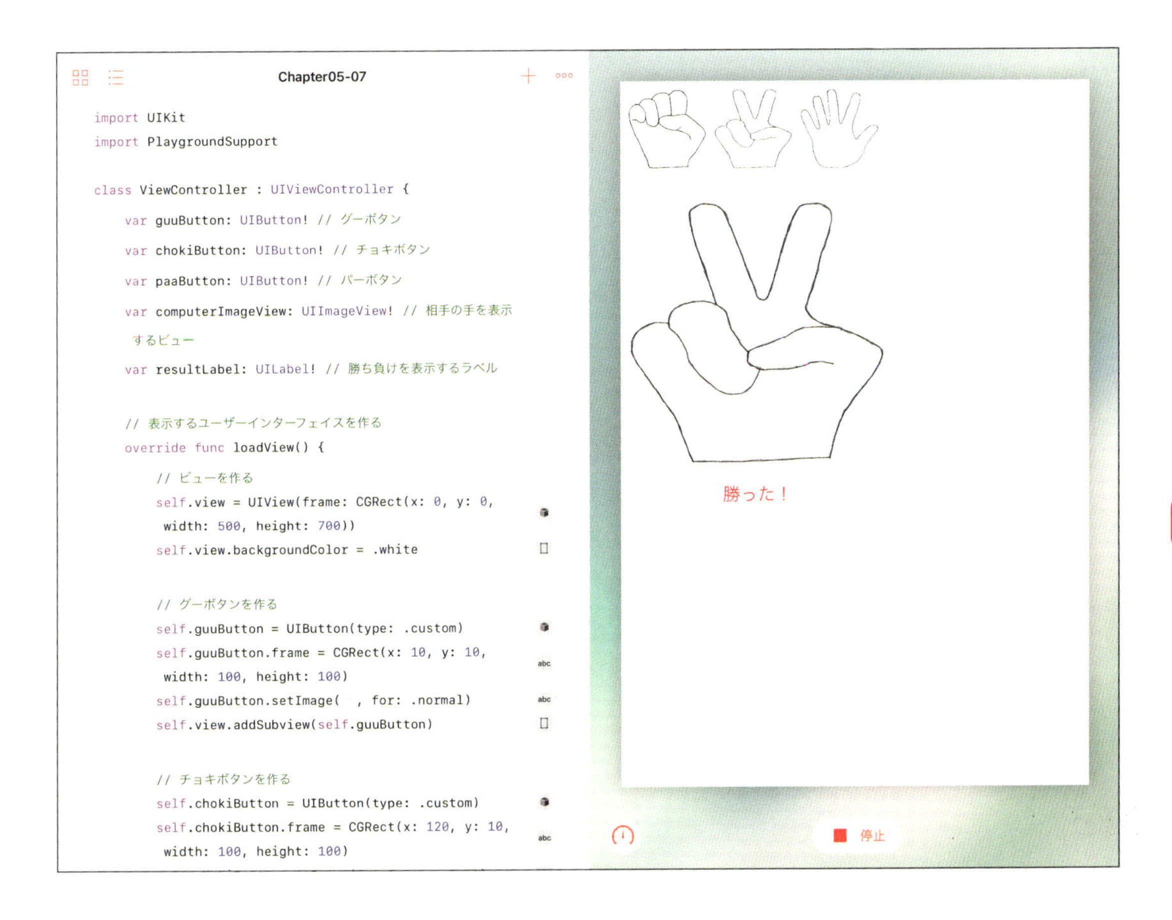

▶文字の位置を揃える方法

真ん中に揃えて文字を表示するために「textAlignment」というプロパティを使ったんだ。このプロパティは、ラベルの中で文字をどこに揃えるかを設定するためのものなんだ。次のような定数が使えるよ。

- .left
- .right
- .center
- .justified
- .natural

名前から想像できると思うけど、実際に使ってみて、どんな風に表示されるかを確かめてみよう。次のコードを入力してみよう。

```
import UIKit
import PlaygroundSupport
```

```
// ラベルを作る
// 大きさは固定だけど Y 座標は外で指定する
// そろえる場所は外から決める
func createLabel(y: CGFloat, align: NSTextAlignment, view: UIView)
{
    let label =
      UILabel(frame: CGRect(x: 10, y: y, width: 400, height: 30))
    // 文章と背景色は固定
    label.text = "どこにそろうかテスト"
    label.backgroundColor = .cyan
    // 行揃えは渡された設定
    label.textAlignment = align
    // 表示する
    view.addSubview(label)
}

// ビューを作って表示する
let view = UIView(frame: CGRect(x: 0, y: 0, width: 500, height: 500))
view.backgroundColor = .white
PlaygroundPage.current.liveView = view

// 行揃えと Y 座標を変えながらラベルを作る
createLabel(y: 10, align: .left, view: view)
createLabel(y: 50, align: .center, view: view)
createLabel(y: 90, align: .right, view: view)
createLabel(y: 130, align: .justified, view: view)
createLabel(y: 170, align: .natural, view: view)
```

このコードを実行すると、次のように表示されるんだ。それぞれの設定がどんな風に文字を表示するかわかったかな。

Chapter05-08
// そろえる場所は外から決める
func createLabel(y: CGFloat, align: NSTextAlignment,
view: UIView) {
let label = UILabel(frame: CGRect(x: 10, y: y,
width: 400, height: 30))
// 文章と背景色は固定
label.text = "どこにそろうかテスト"
label.backgroundColor = .cyan
// 行揃えは渡された設定
label.textAlignment = align
// 表示する
view.addSubview(label)
}
// ビューを作って表示する
let view = UIView(frame: CGRect(x: 0, y: 0, width: 500,
height: 500))
view.backgroundColor = .white
PlaygroundPage.current.liveView = view
// 行揃えとY座標を変えながらラベルを作る
createLabel(y: 10, align: .left, view: view)
createLabel(y: 50, align: .center, view: view)
createLabel(y: 90, align: .right, view: view)
createLabel(y: 130, align: .justified, view: view)
createLabel(y: 170, align: .natural, view: view)
どこにそろうかテスト
どこにそろうかテスト
どこにそろうかテスト
どこにそろうかテスト
どこにそろうかテスト
停止

SECTION 26
「グー」「チョキ」「パー」ボタンを作ろう

次は「じゃんけんアプリ」の動きを作ろう。「じゃんけんアプリ」は自分の手を選ぶと、必要な機能を順番に呼び出していって、勝敗を表示する機能まで一気に進むというアプリなんだ。呼ばれる順に作っていくのがわかりやすいから、呼ばれる順に作っていこう。

全体の流れを作ろう

呼ばれる機能を作る前に入り口を作ろう。つまり、「グー」「チョキ」「パー」ボタンが実行するメソッドのことだよ。そして、このメソッドは次のような機能を呼ぶんだ。

❶コンピュータの手を考える機能
❷自分とコンピュータの手を見て、どっちが勝っているかを考える機能
❸相手の手を表示する機能
❹勝ち負けの結果を表示する機能

まずは、メソッドの中身は空にしておいて、❶から❹の各機能を作ったら、その機能を呼ぶコードをメソッドに追加しよう。完成したときに、❶から❹の機能を順番に実行するメソッドが出来上がるんだ。次のようにコードを追加しよう。

追加しているコードは「selectGuu」メソッド、「selectChoki」メソッド、「selectPaa」メソッド、「loadView」メソッドの最後のところだよ。「loadView」メソッドの最後のところは、追加したメソッドを設定しているコードで、先に設定するメソッドを書いてから「loadView」メソッドを変更する方が入力が楽にできるよ。

```
import UIKit
import PlaygroundSupport

class ViewController : UIViewController {
    var guuButton: UIButton! // グーボタン
    var chokiButton: UIButton! // チョキボタン
    var paaButton: UIButton! // パーボタン
    var computerImageView: UIImageView! // 相手の手を表示するビュー
```

```
var resultLabel: UILabel! // 勝ち負けを表示するラベル

// 表示するユーザーインターフェイスを作る
override func loadView() {
    // ビューを作る
    self.view = UIView(
      frame: CGRect(x: 0, y: 0, width: 500, height: 700))
    self.view.backgroundColor = .white

    // グーボタンを作る
    self.guuButton = UIButton(type: .custom)
    self.guuButton.frame =
      CGRect(x: 10, y: 10, width: 100, height: 100)
    self.guuButton.setImage(#imageLiteral(
      resourceName: "Image 3.png"), for: .normal)
    self.view.addSubview(self.guuButton)

    // チョキボタンを作る
    self.chokiButton = UIButton(type: .custom)
    self.chokiButton.frame =
      CGRect(x: 120, y: 10, width: 100, height: 100)
    self.chokiButton.setImage(#imageLiteral(
      resourceName: "Image 2.png"), for: .normal)
    self.view.addSubview(self.chokiButton)

    // パーボタンを作る
    self.paaButton = UIButton(type: .custom)
    self.paaButton.frame =
      CGRect(x: 230, y: 10, width: 100, height: 100)
    self.paaButton.setImage(#imageLiteral(
      resourceName: "Image.png"), for: .normal)
    self.view.addSubview(self.paaButton)
```

```
    // 相手の手を表示するビューを作る
    self.computerImageView = UIImageView(
      frame: CGRect(x: 10, y: 150, width: 330, height: 330))
    self.view.addSubview(self.computerImageView)
    self.computerImageView.image = #imageLiteral(
      resourceName: "Image 2.png")

    // 勝ち負けを表示するラベルを作る
    self.resultLabel = UILabel(
      frame: CGRect(x: 10, y: 490, width: 330, height: 50))
    self.view.addSubview(self.resultLabel)
    self.resultLabel.font = UIFont.systemFont(ofSize: 24)
    self.resultLabel.textColor = .red
    self.resultLabel.textAlignment = .center
    self.resultLabel.text = "勝った！"

    // ボタンがタップされたときに呼ぶメソッドを設定する
    self.guuButton.addTarget(self,
      action: #selector(selectGuu(sender:)),
      for: .touchUpInside)
    self.chokiButton.addTarget(self,
      action: #selector(selectChoki(sender:)),
      for: .touchUpInside)
    self.paaButton.addTarget(self,
      action: #selector(selectPaa(sender:)),
      for: .touchUpInside)
}

// グーボタンがタップされたときに呼ばれるメソッド
@objc func selectGuu(sender: Any?) {

}
```

```
    // チョキボタンがタップされたときに呼ばれるメソッド
    @objc func selectChoki(sender: Any?) {

    }

    // パーボタンがタップされたときに呼ばれるメソッド
    @objc func selectPaa(sender: Any?) {

    }
}

// ビューコントローラを表示する
let viewController = ViewController(nibName: nil, bundle: nil)
PlaygroundPage.current.liveView = viewController
```


コンピュータの手を考える機能を作ろう

184ページで考えた機能をコードにしてみよう。追加するのは「computerHand」メソッドと「enum Hand」だよ。

```
import UIKit
import PlaygroundSupport

class ViewController : UIViewController {
    // じゃんけんの手の種類
    enum Hand {
        case guu // グー
        case choki // チョキ
        case paa // パー
    }
```

```
var guuButton: UIButton! // グーボタン
var chokiButton: UIButton! // チョキボタン
var paaButton: UIButton! // パーボタン
var computerImageView: UIImageView! // 相手の手を表示するビュー
var resultLabel: UILabel! // 勝ち負けを表示するラベル

// 表示するユーザーインターフェイスを作る
override func loadView() {
    // ビューを作る
    self.view = UIView(
      frame: CGRect(x: 0, y: 0, width: 500, height: 700))
    self.view.backgroundColor = .white

    // グーボタンを作る
    self.guuButton = UIButton(type: .custom)
    self.guuButton.frame =
      CGRect(x: 10, y: 10, width: 100, height: 100)
    self.guuButton.setImage(#imageLiteral(
      resourceName: "Image 3.png"), for: .normal)
    self.view.addSubview(self.guuButton)

    // チョキボタンを作る
    self.chokiButton = UIButton(type: .custom)
    self.chokiButton.frame =
      CGRect(x: 120, y: 10, width: 100, height: 100)
    self.chokiButton.setImage(#imageLiteral(
      resourceName: "Image 2.png"), for: .normal)
    self.view.addSubview(self.chokiButton)

    // パーボタンを作る
    self.paaButton = UIButton(type: .custom)
    self.paaButton.frame =
      CGRect(x: 230, y: 10, width: 100, height: 100)
```

```
    self.paaButton.setImage(#imageLiteral(
      resourceName: "Image.png"), for: .normal)
    self.view.addSubview(self.paaButton)

    // 相手の手を表示するビューを作る
    self.computerImageView = UIImageView(
      frame: CGRect(x: 10, y: 150, width: 330, height: 330))
    self.view.addSubview(self.computerImageView)
    self.computerImageView.image = #imageLiteral(
      resourceName: "Image 2.png")

    // 勝ち負けを表示するラベルを作る
    self.resultLabel = UILabel(
      frame: CGRect(x: 10, y: 490, width: 330, height: 50))
    self.view.addSubview(self.resultLabel)
    self.resultLabel.font = UIFont.systemFont(ofSize: 24)
    self.resultLabel.textColor = .red
    self.resultLabel.textAlignment = .center
    self.resultLabel.text = "勝った！"

    // ボタンがタップされたときに呼ぶメソッドを設定する
    self.guuButton.addTarget(self,
      action: #selector(selectGuu(sender:)),
      for: .touchUpInside)
    self.chokiButton.addTarget(self,
      action: #selector(selectChoki(sender:)),
      for: .touchUpInside)
    self.paaButton.addTarget(self,
      action: #selector(selectPaa(sender:)),
      for: .touchUpInside)
}
```

```
    // グーボタンがタップされたときに呼ばれるメソッド
    @objc func selectGuu(sender: Any?) {

    }

    // チョキボタンがタップされたときに呼ばれるメソッド
    @objc func selectChoki(sender: Any?) {

    }

    // パーボタンがタップされたときに呼ばれるメソッド
    @objc func selectPaa(sender: Any?) {

    }

    // コンピュータの手を考える
    func computerHand() -> Hand {
        // 手の配列
        let hands = [Hand.guu, Hand.choki, Hand.paa]
        // 乱数を作る
        let i = arc4random_uniform(3)
        // 手を返す
        return hands[Int(i)]
    }
}

// ビューコントローラを表示する
let viewController = ViewController(nibName: nil, bundle: nil)
PlaygroundPage.current.liveView = viewController
```

▶「enum」って何?

「enum」というのは、じゃんけんの手の種類みたいに、箇条書きにできるようなデータを書くためのものなんだ。たとえば、信号機の色や道路標識の種類、国語や算数みたいな科目とかにも使えるよ。ここで書いたみたいに、次のようなルールで書くんだ。

```
enum 名前 {
    case データ1
    case データ2
// ... 必要なだけ「case」を使って書く
}
```

使うときは「名前.データ1」「名前.データ2」みたいに書くんだ。

自分とコンピュータの手を見て、どちらが勝っているかを考える機能を作ろう

185ページで考えた方法で勝ち負けを判定する機能を作ってみよう。勝ち負けも「enum」を使って定義しよう。「勝った」「負けた」「引き分け」の3種類を定義するよ。次のようにコードを追加しよう。追加しているのは「enum Result」と「checkResult」メソッドだよ。

```
import UIKit
import PlaygroundSupport

class ViewController : UIViewController {
    // じゃんけんの手の種類
    enum Hand {
        case guu // グー
        case choki // チョキ
        case paa // パー
    }

    // 勝ち負け
    enum Result {
```

```
        case win // 勝った
        case lose // 負けた
        case draw // 引き分け
    }

    var guuButton: UIButton! // グーボタン
    var chokiButton: UIButton! // チョキボタン
    var paaButton: UIButton! // パーボタン
    var computerImageView: UIImageView! // 相手の手を表示するビュー
    var resultLabel: UILabel! // 勝ち負けを表示するラベル

    // 表示するユーザーインターフェイスを作る
    override func loadView() {
        // ビューを作る
        self.view = UIView(
          frame: CGRect(x: 0, y: 0, width: 500, height: 700))
        self.view.backgroundColor = .white

        // グーボタンを作る
        self.guuButton = UIButton(type: .custom)
        self.guuButton.frame =
          CGRect(x: 10, y: 10, width: 100, height: 100)
        self.guuButton.setImage(#imageLiteral(
          resourceName: "Image 3.png"), for: .normal)
        self.view.addSubview(self.guuButton)

        // チョキボタンを作る
        self.chokiButton = UIButton(type: .custom)
        self.chokiButton.frame =
          CGRect(x: 120, y: 10, width: 100, height: 100)
        self.chokiButton.setImage(#imageLiteral(
          resourceName: "Image 2.png"), for: .normal)
        self.view.addSubview(self.chokiButton)
```

```
// パーボタンを作る
self.paaButton = UIButton(type: .custom)
self.paaButton.frame =
  CGRect(x: 230, y: 10, width: 100, height: 100)
self.paaButton.setImage(#imageLiteral(
  resourceName: "Image.png"), for: .normal)
self.view.addSubview(self.paaButton)

// 相手の手を表示するビューを作る
self.computerImageView = UIImageView(
  frame: CGRect(x: 10, y: 150, width: 330, height: 330))
self.view.addSubview(self.computerImageView)
self.computerImageView.image = #imageLiteral(
  resourceName: "Image 2.png")

// 勝ち負けを表示するラベルを作る
self.resultLabel = UILabel(
  frame: CGRect(x: 10, y: 490, width: 330, height: 50))
self.view.addSubview(self.resultLabel)
self.resultLabel.font = UIFont.systemFont(ofSize: 24)
self.resultLabel.textColor = .red
self.resultLabel.textAlignment = .center
self.resultLabel.text = "勝った！"

// ボタンがタップされたときに呼ぶメソッドを設定する
self.guuButton.addTarget(self,
  action: #selector(selectGuu(sender:)),
  for: .touchUpInside)
self.chokiButton.addTarget(self,
   action: #selector(selectChoki(sender:)),
   for: .touchUpInside)
self.paaButton.addTarget(self,
```

```
        action: #selector(selectPaa(sender:)),
        for: .touchUpInside)
}

// グーボタンがタップされたときに呼ばれるメソッド
@objc func selectGuu(sender: Any?) {

}

// チョキボタンがタップされたときに呼ばれるメソッド
@objc func selectChoki(sender: Any?) {

}

// パーボタンがタップされたときに呼ばれるメソッド
@objc func selectPaa(sender: Any?) {

}

// コンピュータの手を考える
func computerHand() -> Hand {
    // 手の配列
    let hands = [Hand.guu, Hand.choki, Hand.paa]
    // 乱数を作る
    let i = arc4random_uniform(3)
    // 手を返す
    return hands[Int(i)]
}

// 勝ち負けを決める
func checkResult(myHand: Hand, computerHand: Hand) -> Result {
    if myHand == .guu {
        // 自分の手がグー
```

```
            switch computerHand {
                case .guu:
                    return .draw
                case .choki:
                    return .win
                case .paa:
                    return .lose
            }
        } else if myHand == .choki {
            // 自分の手がチョキ
            switch computerHand {
                case .guu:
                    return .lose
                case .choki:
                    return .draw
                case .paa:
                    return .win
            }
        } else {
            // 自分の手がパー
            switch computerHand {
                case .guu:
                    return .win
                case .choki:
                    return .lose
                case .paa:
                    return .draw
            }
        }
    }
}
```

```
// ビューコントローラを表示する
let viewController = ViewController(nibName: nil, bundle: nil)
PlaygroundPage.current.liveView = viewController
```

「checkResult」メソッドがやっていることは、単純に2つの手を比べているだけだよ。ちょっと比べるものが多くて、複雑なコードに見えるけど、やっていることは単純なんだ。

▶「switch」って何?

「switch」は「if」や「else if」をたくさん書かないといけないときに、「if」を使うよりも楽ができるものだよ。「switch」の後ろに書いたものが「○○」だったらこうするというのを箇条書きみたいに書けるんだ。次のようなルールで使うんだ。

```
switch チェックするもの {
    case データ 1:
        // データ 1 だったらやること

    case データ 2:
        // データ 2 だったらやること

// ... 必要なだけ「case」を使って書く

    default:
        //「case」で書いていないデータだったらやること
}
```

「case」で、全部の組み合わせを書いているときは「default」は書かないんだけど、書いていない組み合わせがあるときは「default」を書かないといけないんだ。「default」で何もすることがないときは「break」とだけ書いておくんだよ。

相手の手を表示する機能を作ろう

次は相手、つまり、コンピュータの手を表示する機能を作ろう。194ページで作ったイメージビューに絵を表示する機能だよ。どんなことをすればいいかは185ページで考えた通り、手によって表示する絵を変えればいいんだ。

次のようにコードを追加しよう。追加するのは「showComputer(hand:)」メソッドだよ。「#imageLiteral(resourceName: "Image.png")」のように書かれている部分のコードは、176ページと同じように画像挿入ボタンを使って指定しよう。コードの代わりに絵が小さく表示されるよ。

それと、相手の手を表示するビューを作った後に固定の絵を表示するコードも削除しているよ。

```
import UIKit
import PlaygroundSupport

class ViewController : UIViewController {
    // じゃんけんの手の種類
    enum Hand {
        case guu // グー
        case choki // チョキ
        case paa // パー
    }

    // 勝ち負け
    enum Result {
        case win // 勝った
        case lose // 負けた
        case draw // 引き分け
    }

    var guuButton: UIButton! // グーボタン
    var chokiButton: UIButton! // チョキボタン
    var paaButton: UIButton! // パーボタン
```

```
var computerImageView: UIImageView! // 相手の手を表示するビュー
var resultLabel: UILabel! // 勝ち負けを表示するラベル

// 表示するユーザーインターフェイスを作る
override func loadView() {
    // ビューを作る
    self.view = UIView(
      frame: CGRect(x: 0, y: 0, width: 500, height: 700))
    self.view.backgroundColor = .white

    // グーボタンを作る
    self.guuButton = UIButton(type: .custom)
    self.guuButton.frame =
      CGRect(x: 10, y: 10, width: 100, height: 100)
    self.guuButton.setImage(#imageLiteral(
      resourceName: "Image 3.png"), for: .normal)
    self.view.addSubview(self.guuButton)

    // チョキボタンを作る
    self.chokiButton = UIButton(type: .custom)
    self.chokiButton.frame =
      CGRect(x: 120, y: 10, width: 100, height: 100)
    self.chokiButton.setImage(#imageLiteral(
      resourceName: "Image 2.png"), for: .normal)
    self.view.addSubview(self.chokiButton)

    // パーボタンを作る
    self.paaButton = UIButton(type: .custom)
    self.paaButton.frame =
      CGRect(x: 230, y: 10, width: 100, height: 100)
    self.paaButton.setImage(#imageLiteral(
      resourceName: "Image.png"), for: .normal)
    self.view.addSubview(self.paaButton)
```

```
        // 相手の手を表示するビューを作る
        self.computerImageView = UIImageView(
          frame: CGRect(x: 10, y: 150, width: 330, height: 330))
        self.view.addSubview(self.computerImageView)

        // 勝ち負けを表示するラベルを作る
        self.resultLabel = UILabel(
          frame: CGRect(x: 10, y: 490, width: 330, height: 50))
        self.view.addSubview(self.resultLabel)
        self.resultLabel.font = UIFont.systemFont(ofSize: 24)
        self.resultLabel.textColor = .red
        self.resultLabel.textAlignment = .center
        self.resultLabel.text = "勝った！"

        // ボタンがタップされたときに呼ぶメソッドを設定する
        self.guuButton.addTarget(self,
          action: #selector(selectGuu(sender:)),
          for: .touchUpInside)
        self.chokiButton.addTarget(self,
          action: #selector(selectChoki(sender:)),
          for: .touchUpInside)
        self.paaButton.addTarget(self,
          action: #selector(selectPaa(sender:)),
          for: .touchUpInside)
    }

    // グーボタンがタップされたときに呼ばれるメソッド
    @objc func selectGuu(sender: Any?) {

    }
```

```
// チョキボタンがタップされたときに呼ばれるメソッド
@objc func selectChoki(sender: Any?) {

}

// パーボタンがタップされたときに呼ばれるメソッド
@objc func selectPaa(sender: Any?) {

}

// コンピュータの手を考える
func computerHand() -> Hand {
    // 手の配列
    let hands = [Hand.guu, Hand.choki, Hand.paa]
    // 乱数を作る
    let i = arc4random_uniform(3)
    // 手を返す
    return hands[Int(i)]
}

// 勝ち負けを決める
func checkResult(myHand: Hand, computerHand: Hand) -> Result {
    if myHand == .guu {
        // 自分の手がグー
        switch computerHand {
            case .guu:
                return .draw
            case .choki:
                return .win
            case .paa:
                return .lose
        }
    } else if myHand == .choki {
```

```
        // 自分の手がチョキ
        switch computerHand {
            case .guu:
                return .lose
            case .choki:
                return .draw
            case .paa:
                return .win
        }
    } else {
        // 自分の手がパー
        switch computerHand {
            case .guu:
                return .win
            case .choki:
                return .lose
            case .paa:
                return .draw
        }
    }
}

// 相手の手を表示する
func showComputer(hand: Hand) {
    switch hand {
        case .guu:
            // グーの絵を表示する
            self.computerImageView.image =
              #imageLiteral(resourceName: "Image 3.png")
        case .choki:
            // チョキの絵を表示する
            self.computerImageView.image =
             #imageLiteral(resourceName: "Image 2.png")
```

```
            case .paa:
                // パーの絵を表示する
                self.computerImageView.image =
                  #imageLiteral(resourceName: "Image.png")
        }
    }
}

// ビューコントローラを表示する
let viewController = ViewController(nibName: nil, bundle: nil)
PlaygroundPage.current.liveView = viewController
```


絵を設定している部分のコードは、iPadでは次のように表示されるんだ。

Chapter05-12

```
            case .guu:
                return .win
            case .choki:
                return .lose
            case .paa:
                return .draw
        }
    }
}

// 相手の手を表示する
func showComputer(hand: Hand) {
    switch hand {
        case .guu:
            // グーの絵を表示する
            self.computerImageView.image =
        case .choki:
            // チョキの絵を表示する
            self.computerImageView.image =
        case .paa:
            // パーの絵を表示する
            self.computerImageView.image =
    }
  }
}

// ビューコントローラを表示する
let viewController = ViewController(nibName: nil, bundle: nil)
PlaygroundPage.current.liveView = viewController
```

コードを実行

ここで実行してみよう。相手の手を表示するビューに何も表示されなくなったかな。

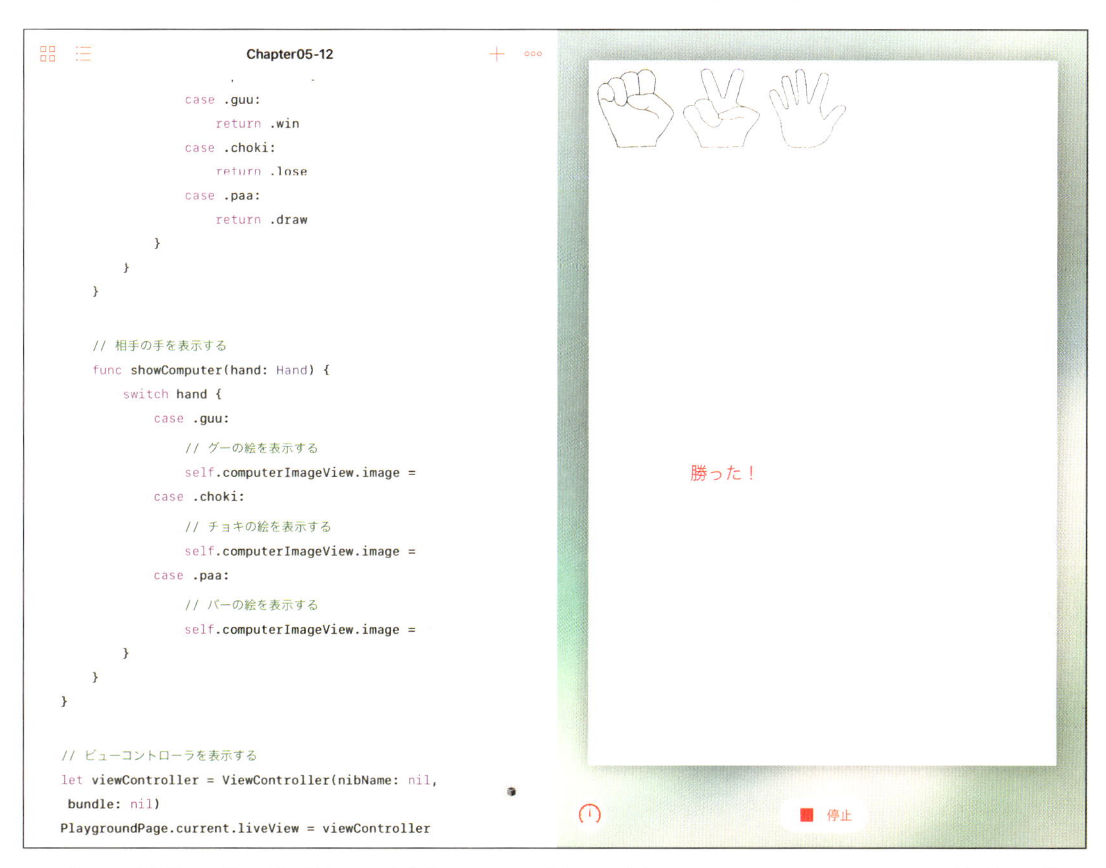

次に、相手の手を表示する機能がうまく動くか確かめてみよう。コードの最後に次の「showComputerHand」メソッドを呼ぶコードを書いてみよう。

```
viewController.showComputer(hand: .guu)
```

このコードを実行すると、次のように表示されるんだ。相手の手のビューにグーが表示されれば成功だよ。確認したら削除しよう。

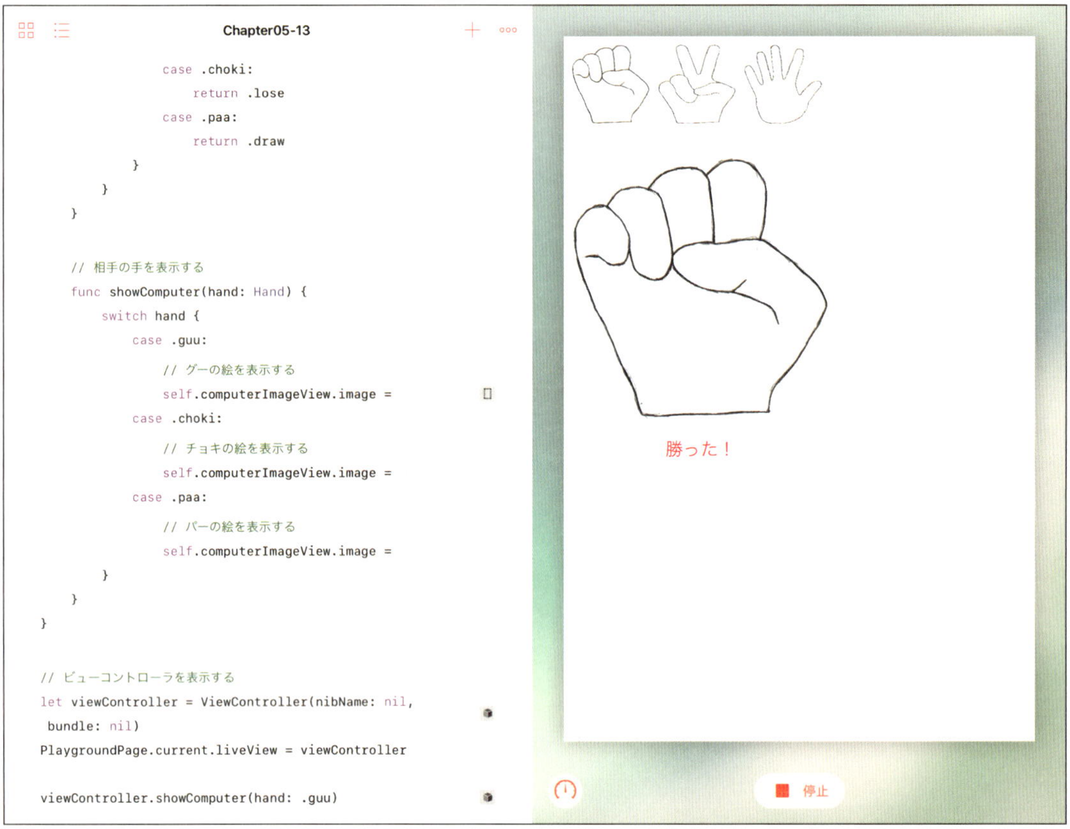

```
Chapter05-13

                case .choki:
                    return .lose
                case .paa:
                    return .draw
            }
        }
    }

    // 相手の手を表示する
    func showComputer(hand: Hand) {
        switch hand {
            case .guu:
                // グーの絵を表示する
                self.computerImageView.image =
            case .choki:
                // チョキの絵を表示する
                self.computerImageView.image =
            case .paa:
                // パーの絵を表示する
                self.computerImageView.image =
        }
    }
}

// ビューコントローラを表示する
let viewController = ViewController(nibName: nil,
 bundle: nil)
PlaygroundPage.current.liveView = viewController

viewController.showComputer(hand: .guu)
```

勝った！

停止

勝ち負けの結果を表示する機能を作ろう

次は、勝ち負けの結果を表示する機能を作ろう。「show(result:)」というメソッドを追加して、渡された「result」によってラベルに表示する文字列を変えればいいんだ。次のようにコードを追加しよう。追加するのは「show(result:)」メソッドだよ。それと、「勝った!」とダミーで表示している行は削除しよう。

```
import UIKit
import PlaygroundSupport

class ViewController : UIViewController {
    // じゃんけんの手の種類
    enum Hand {
        case guu // グー
        case choki // チョキ
```

```
    case paa // パー
}

// 勝ち負け
enum Result {
    case win // 勝った
    case lose // 負けた
    case draw // 引き分け
}

var guuButton: UIButton! // グーボタン
var chokiButton: UIButton! // チョキボタン
var paaButton: UIButton! // パーボタン
var computerImageView: UIImageView! // 相手の手を表示するビュー
var resultLabel: UILabel! // 勝ち負けを表示するラベル

// 表示するユーザーインターフェイスを作る
override func loadView() {
    // ビューを作る
    self.view = UIView(
      frame: CGRect(x: 0, y: 0, width: 500, height: 700))
    self.view.backgroundColor = .white

    // グーボタンを作る
    self.guuButton = UIButton(type: .custom)
    self.guuButton.frame =
      CGRect(x: 10, y: 10, width: 100, height: 100)
    self.guuButton.setImage(#imageLiteral(
      resourceName: "Image 3.png"), for: .normal)
    self.view.addSubview(self.guuButton)

    // チョキボタンを作る
    self.chokiButton = UIButton(type: .custom)
```

```
self.chokiButton.frame =
  CGRect(x: 120, y: 10, width: 100, height: 100)
self.chokiButton.setImage(#imageLiteral(
  resourceName: "Image 2.png"), for: .normal)
self.view.addSubview(self.chokiButton)

// パーボタンを作る
self.paaButton = UIButton(type: .custom)
self.paaButton.frame =
  CGRect(x: 230, y: 10, width: 100, height: 100)
self.paaButton.setImage(#imageLiteral(
  resourceName: "Image.png"), for: .normal)
self.view.addSubview(self.paaButton)

// 相手の手を表示するビューを作る
self.computerImageView = UIImageView(
  frame: CGRect(x: 10, y: 150, width: 330, height: 330))
self.view.addSubview(self.computerImageView)

// 勝ち負けを表示するラベルを作る
self.resultLabel = UILabel(
  frame: CGRect(x: 10, y: 490, width: 330, height: 50))
self.view.addSubview(self.resultLabel)
self.resultLabel.font = UIFont.systemFont(ofSize: 24)
self.resultLabel.textColor = .red
self.resultLabel.textAlignment = .center

// ボタンがタップされたときに呼ぶメソッドを設定する
self.guuButton.addTarget(self,
  action: #selector(selectGuu(sender:)),
  for: .touchUpInside)
self.chokiButton.addTarget(self,
  action: #selector(selectChoki(sender:)),
```

```
        for: .touchUpInside)
    self.paaButton.addTarget(self,
        action: #selector(selectPaa(sender:)),
        for: .touchUpInside)
}

// グーボタンがタップされたときに呼ばれるメソッド
@objc func selectGuu(sender: Any?) {

}

// チョキボタンがタップされたときに呼ばれるメソッド
@objc func selectChoki(sender: Any?) {

}

// パーボタンがタップされたときに呼ばれるメソッド
@objc func selectPaa(sender: Any?) {

}

// コンピュータの手を考える
func computerHand() -> Hand {
    // 手の配列
    let hands = [Hand.guu, Hand.choki, Hand.paa]
    // 乱数を作る
    let i = arc4random_uniform(3)
    // 手を返す
    return hands[Int(i)]
}
```

```
// 勝ち負けを決める
func checkResult(myHand: Hand, computerHand: Hand) -> Result {
    if myHand == .guu {
        // 自分の手がグー
        switch computerHand {
            case .guu:
                return .draw
            case .choki:
                return .win
            case .paa:
                return .lose
        }
    } else if myHand == .choki {
        // 自分の手がチョキ
        switch computerHand {
            case .guu:
                return .lose
            case .choki:
                return .draw
            case .paa:
                return .win
        }
    } else {
        // 自分の手がパー
        switch computerHand {
            case .guu:
                return .win
            case .choki:
                return .lose
            case .paa:
                return .draw
        }
    }
```

```
    }

    // 相手の手を表示する
    func showComputer(hand: Hand) {
        switch hand {
            case .guu:
                // グーの絵を表示する
                self.computerImageView.image =
                  #imageLiteral(resourceName: "Image 3.png")
            case .choki:
                // チョキの絵を表示する
                self.computerImageView.image =
                  #imageLiteral(resourceName: "Image 2.png")
            case .paa:
                // パーの絵を表示する
                self.computerImageView.image =
                  #imageLiteral(resourceName: "Image.png")
        }
    }

    // 勝ち負けを表示する
    func show(result: Result) {
        switch result {
            case .win:
                self.resultLabel.text = "勝った！"
            case .draw:
                self.resultLabel.text = "引き分け"
            case .lose:
                self.resultLabel.text = "負けた"
        }
    }
}
```

```
// ビューコントローラを表示する
let viewController = ViewController(nibName: nil, bundle: nil)
PlaygroundPage.current.liveView = viewController
```

ここで実行してみよう。「勝った!」が表示されなくなっていることを確認しよう。

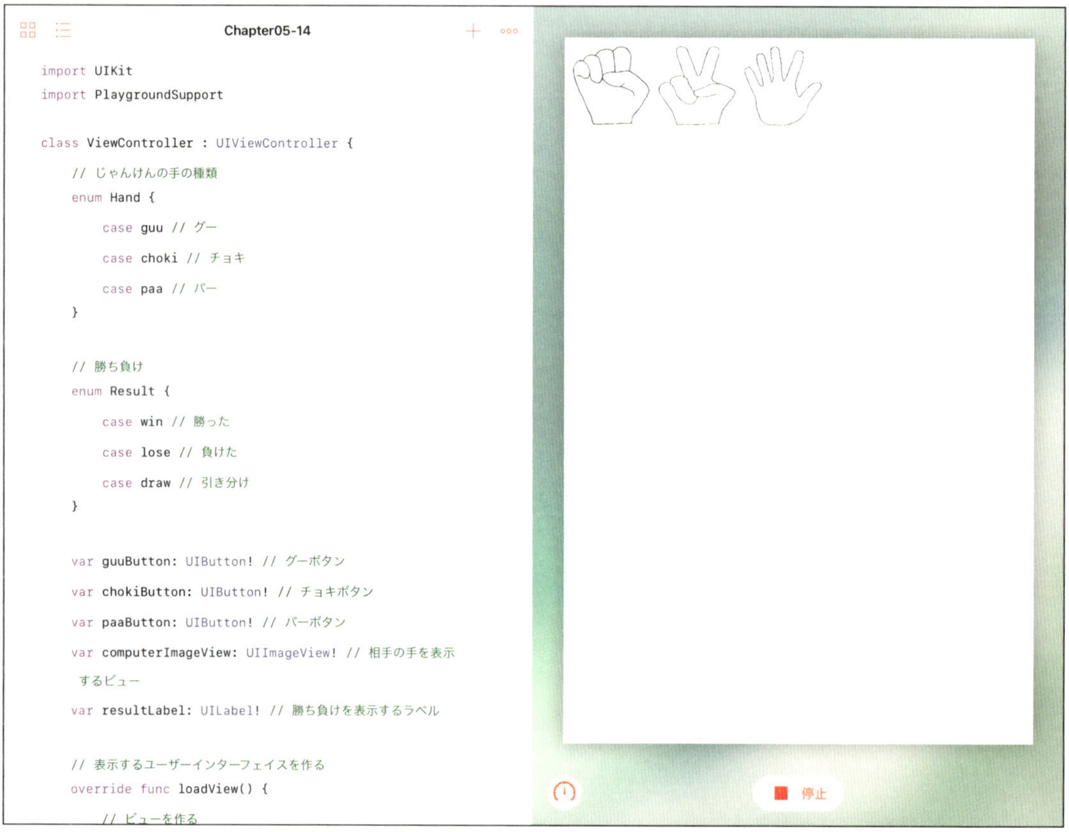

Chapter05-14

```
import UIKit
import PlaygroundSupport

class ViewController : UIViewController {
    // じゃんけんの手の種類
    enum Hand {
        case guu // グー
        case choki // チョキ
        case paa // パー
    }

    // 勝ち負け
    enum Result {
        case win // 勝った
        case lose // 負けた
        case draw // 引き分け
    }

    var guuButton: UIButton! // グーボタン
    var chokiButton: UIButton! // チョキボタン
    var paaButton: UIButton! // パーボタン
    var computerImageView: UIImageView! // 相手の手を表示
     するビュー
    var resultLabel: UILabel! // 勝ち負けを表示するラベル

    // 表示するユーザーインターフェイスを作る
    override func loadView() {
        // ビューを作る
```

停止

全部を使ってアプリを完成させよう

これでやっと必要な材料が揃ったね。いよいよ作ったものをすべて、つなげるときが来たよ。ここで、「グー」「チョキ」「パー」ボタンでやることをよく考えてみよう。順番に必要なメソッドを呼んでいくんだけど、この3つのボタンはほとんど同じことをやるよね。3つのボタンで違うのは何だろう？　それは自分の手だけだね。こんなときは、3つのボタンから呼ぶメソッドを1つだけ作って、どのボタンを選んでもそのメソッドを使うようにするのがいいコードだよ。そして、そのメソッドには自分の手を渡すようにするんだ。渡す手はボタンによって変えることだけは注意しよう。こうすれば、ほとんど同じになるコードを3つも書かないでよくなるんだ。

次のようにコードを追加しよう。追加しているのは「select(hand:)」メソッド、そして、「select(hand:)」メソッドを呼ぶコードだよ。

```
import UIKit
import PlaygroundSupport

class ViewController : UIViewController {
    // じゃんけんの手の種類
    enum Hand {
        case guu // グー
        case choki // チョキ
        case paa // パー
    }

    // 勝ち負け
    enum Result {
        case win // 勝った
        case lose // 負けた
        case draw // 引き分け
    }

    var guuButton: UIButton! // グーボタン
    var chokiButton: UIButton! // チョキボタン
```

```
var paaButton: UIButton! // パーボタン
var computerImageView: UIImageView! // 相手の手を表示するビュー
var resultLabel: UILabel! // 勝ち負けを表示するラベル

// 表示するユーザーインターフェイスを作る
override func loadView() {
    // ビューを作る
    self.view = UIView(
      frame: CGRect(x: 0, y: 0, width: 500, height: 700))
    self.view.backgroundColor = .white

    // グーボタンを作る
    self.guuButton = UIButton(type: .custom)
    self.guuButton.frame =
      CGRect(x: 10, y: 10, width: 100, height: 100)
    self.guuButton.setImage(#imageLiteral(
      resourceName: "Image 3.png"), for: .normal)
    self.view.addSubview(self.guuButton)

    // チョキボタンを作る
    self.chokiButton = UIButton(type: .custom)
    self.chokiButton.frame =
      CGRect(x: 120, y: 10, width: 100, height: 100)
    self.chokiButton.setImage(#imageLiteral(
      resourceName: "Image 2.png"), for: .normal)
    self.view.addSubview(self.chokiButton)

    // パーボタンを作る
    self.paaButton = UIButton(type: .custom)
    self.paaButton.frame =
      CGRect(x: 230, y: 10, width: 100, height: 100)
    self.paaButton.setImage(#imageLiteral(
      resourceName: "Image.png"), for: .normal)
```

```
        self.view.addSubview(self.paaButton)

        // 相手の手を表示するビューを作る
        self.computerImageView = UIImageView(
          frame: CGRect(x: 10, y: 150, width: 330, height: 330))
        self.view.addSubview(self.computerImageView)

        // 勝ち負けを表示するラベルを作る
        self.resultLabel = UILabel(
          frame: CGRect(x: 10, y: 490, width: 330, height: 50))
        self.view.addSubview(self.resultLabel)
        self.resultLabel.font = UIFont.systemFont(ofSize: 24)
        self.resultLabel.textColor = .red
        self.resultLabel.textAlignment = .center

        // ボタンがタップされたときに呼ぶメソッドを設定する
        self.guuButton.addTarget(self,
          action: #selector(selectGuu(sender:)),
          for: .touchUpInside)
        self.chokiButton.addTarget(self,
          action: #selector(selectChoki(sender:)),
          for: .touchUpInside)
        self.paaButton.addTarget(self,
          action: #selector(selectPaa(sender:)),
          for: .touchUpInside)
    }

    // グーボタンがタップされたときに呼ばれるメソッド
    @objc func selectGuu(sender: Any?) {
        self.select(hand: .guu)
    }
```

```
// チョキボタンがタップされたときに呼ばれるメソッド
@objc func selectChoki(sender: Any?) {
    self.select(hand: .choki)
}

// パーボタンがタップされたときに呼ばれるメソッド
@objc func selectPaa(sender: Any?) {
    self.select(hand: .paa)
}

// コンピュータの手を考える
func computerHand() -> Hand {
    // 手の配列
    let hands = [Hand.guu, Hand.choki, Hand.paa]
    // 乱数を作る
    let i = arc4random_uniform(3)
    // 手を返す
    return hands[Int(i)]
}

// 勝ち負けを決める
func checkResult(myHand: Hand, computerHand: Hand) -> Result {
    if myHand == .guu {
        // 自分の手がグー
        switch computerHand {
            case .guu:
                return .draw
            case .choki:
                return .win
            case .paa:
                return .lose
        }
    } else if myHand == .choki {
```

```
            // 自分の手がチョキ
            switch computerHand {
                case .guu:
                    return .lose
                case .choki:
                    return .draw
                case .paa:
                    return .win
            }
        } else {
            // 自分の手がパー
            switch computerHand {
                case .guu:
                    return .win
                case .choki:
                    return .lose
                case .paa:
                    return .draw
            }
        }
    }

    // 相手の手を表示する
    func showComputer(hand: Hand) {
        switch hand {
            case .guu:
                // グーの絵を表示する
                self.computerImageView.image =
                  #imageLiteral(resourceName: "Image 3.png")
            case .choki:
                // チョキの絵を表示する
                self.computerImageView.image =
                  #imageLiteral(resourceName: "Image 2.png")
```

```
            case .paa:
                // パーの絵を表示する
                self.computerImageView.image =
                  #imageLiteral(resourceName: "Image.png")
        }
    }

    // 勝ち負けを表示する
    func show(result: Result) {
        switch result {
            case .win:
                self.resultLabel.text = "勝った！"
            case .draw:
                self.resultLabel.text = "引き分け"
            case .lose:
                self.resultLabel.text = "負けた"
        }
    }

    // 自分の手を選んだときの処理
    func select(hand: Hand) {
        // コンピュータの手を考える
        let computerHand = self.computerHand()
        // どっちが勝った？
        let result = self.checkResult(
          myHand: hand, computerHand: computerHand)
        // 相手の手を表示する
        self.showComputer(hand: computerHand)
        // 勝ち負けを表示する
        self.show(result: result)
    }
}
```

```
// ビューコントローラを表示する
let viewController = ViewController(nibName: nil, bundle: nil)
PlaygroundPage.current.liveView = viewController
```

これで「じゃんけんアプリ」が完成したね！　実行してみよう。ランダムに相手の手が変わって、勝ち負けも表示されるよ。

◉勝ったとき

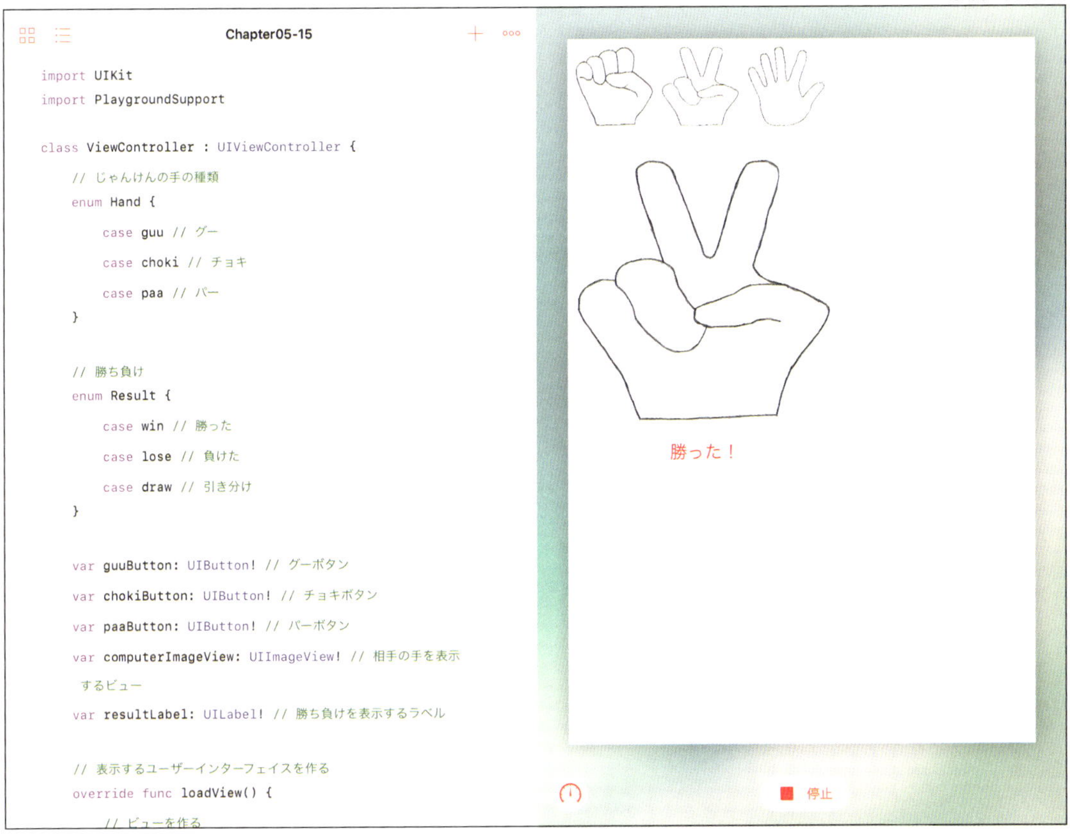

Chapter05-15

```
import UIKit
import PlaygroundSupport

class ViewController : UIViewController {
    // じゃんけんの手の種類
    enum Hand {
        case guu // グー
        case choki // チョキ
        case paa // パー
    }

    // 勝ち負け
    enum Result {
        case win // 勝った
        case lose // 負けた
        case draw // 引き分け
    }

    var guuButton: UIButton! // グーボタン
    var chokiButton: UIButton! // チョキボタン
    var paaButton: UIButton! // パーボタン
    var computerImageView: UIImageView! // 相手の手を表示
     するビュー
    var resultLabel: UILabel! // 勝ち負けを表示するラベル

    // 表示するユーザーインターフェイスを作る
    override func loadView() {
        // ビューを作る
```

勝った！

停止

●負けたとき

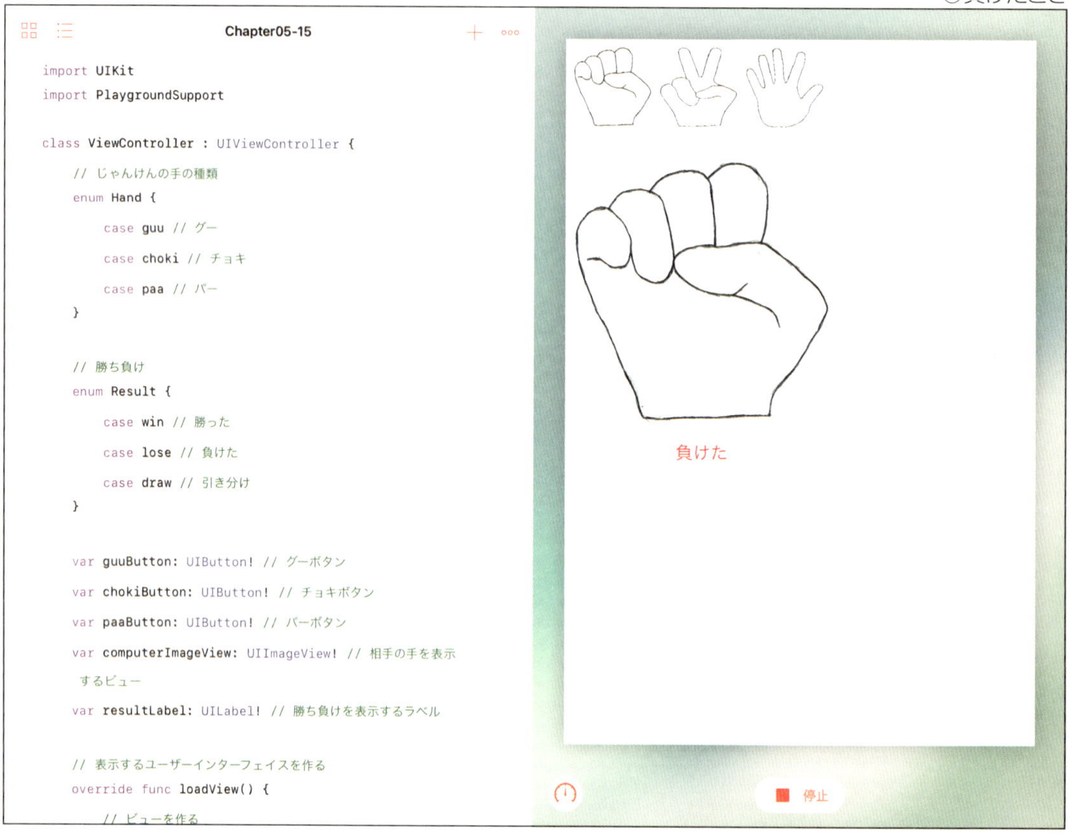

Chapter05-15

```
import UIKit
import PlaygroundSupport

class ViewController : UIViewController {
    // じゃんけんの手の種類
    enum Hand {
        case guu // グー
        case choki // チョキ
        case paa // パー
    }

    // 勝ち負け
    enum Result {
        case win // 勝った
        case lose // 負けた
        case draw // 引き分け
    }

    var guuButton: UIButton! // グーボタン
    var chokiButton: UIButton! // チョキボタン
    var paaButton: UIButton! // パーボタン
    var computerImageView: UIImageView! // 相手の手を表示
     するビュー
    var resultLabel: UILabel! // 勝ち負けを表示するラベル

    // 表示するユーザーインターフェイスを作る
    override func loadView() {
        // ビューを作る
```

負けた

停止

●引き分けたとき

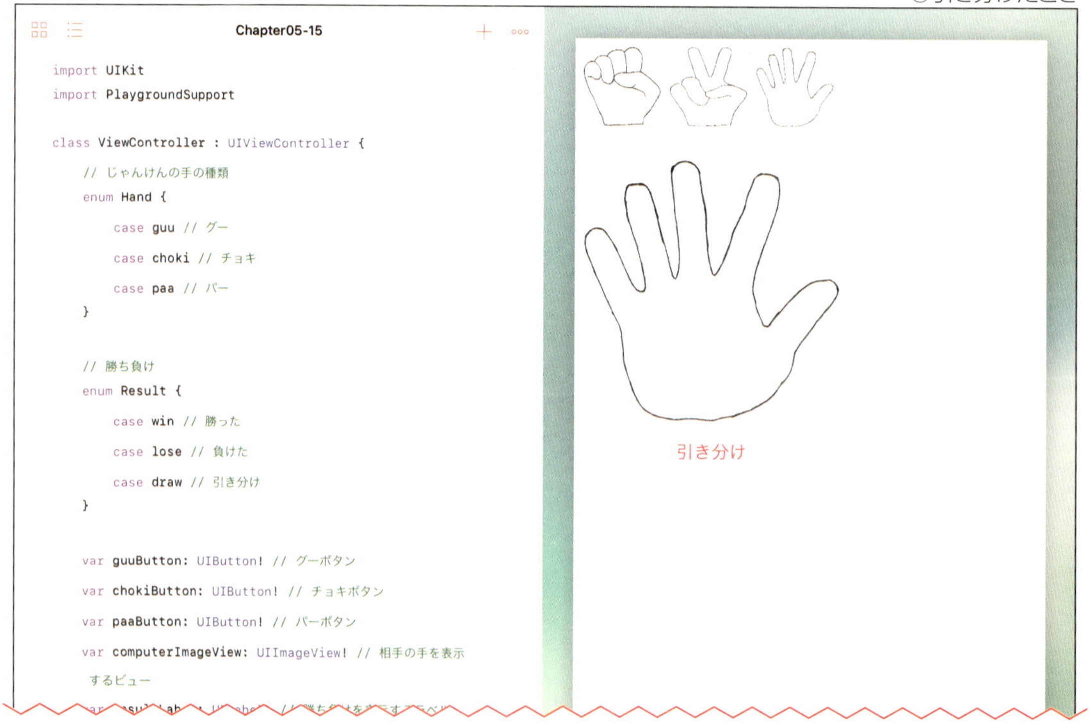

Chapter05-15

```
import UIKit
import PlaygroundSupport

class ViewController : UIViewController {
    // じゃんけんの手の種類
    enum Hand {
        case guu // グー
        case choki // チョキ
        case paa // パー
    }

    // 勝ち負け
    enum Result {
        case win // 勝った
        case lose // 負けた
        case draw // 引き分け
    }

    var guuButton: UIButton! // グーボタン
    var chokiButton: UIButton! // チョキボタン
    var paaButton: UIButton! // パーボタン
    var computerImageView: UIImageView! // 相手の手を表示
     するビュー
```

引き分け

第6章

時計(とけい)を作(つく)ってみよう

今は何時？

この章では「アナログ時計アプリ」を作ってみよう。「アナログ時計アプリ」は針で時刻を表示するアナログ時計を表示するアプリだよ。

時間はどうやったらわかるの？

今が何時なのかを知るには「Date」という構造体を使うんだ。次のコードを入力してみよう。

```
import Foundation

let now = Date()
```

このコードを実行してみよう。変数「now」には実行したときの時間が入るよ。

実行してみると時間だけではなくて、日付も入っているね。「Date」構造体は日付と時間の両方がわかるんだ。

今は何時何分何秒？

アプリの中で時間を使いたいときは、「何時」「何分」「何秒」みたいに、「Date」構造体に入っている数が必要になるんだ。「Date」構造体から取り出すには、「Calendar」構造体と「DateComponents」構造体を使うんだ。次のコードを入力してみよう。

```
import Foundation

// 今の時間を入れる
let now = Date()
// 西暦のカレンダーを作る
let cal = Calendar(identifier: .gregorian)
// 時、分、秒を取り出す
let components =
  cal.dateComponents([.hour,.minute,.second], from: now)
// 取り出した情報を入れる
let hour = components.hour
let minute = components.minute
let second = components.second
```

このコードを実行すると、次のように表示されるんだ。

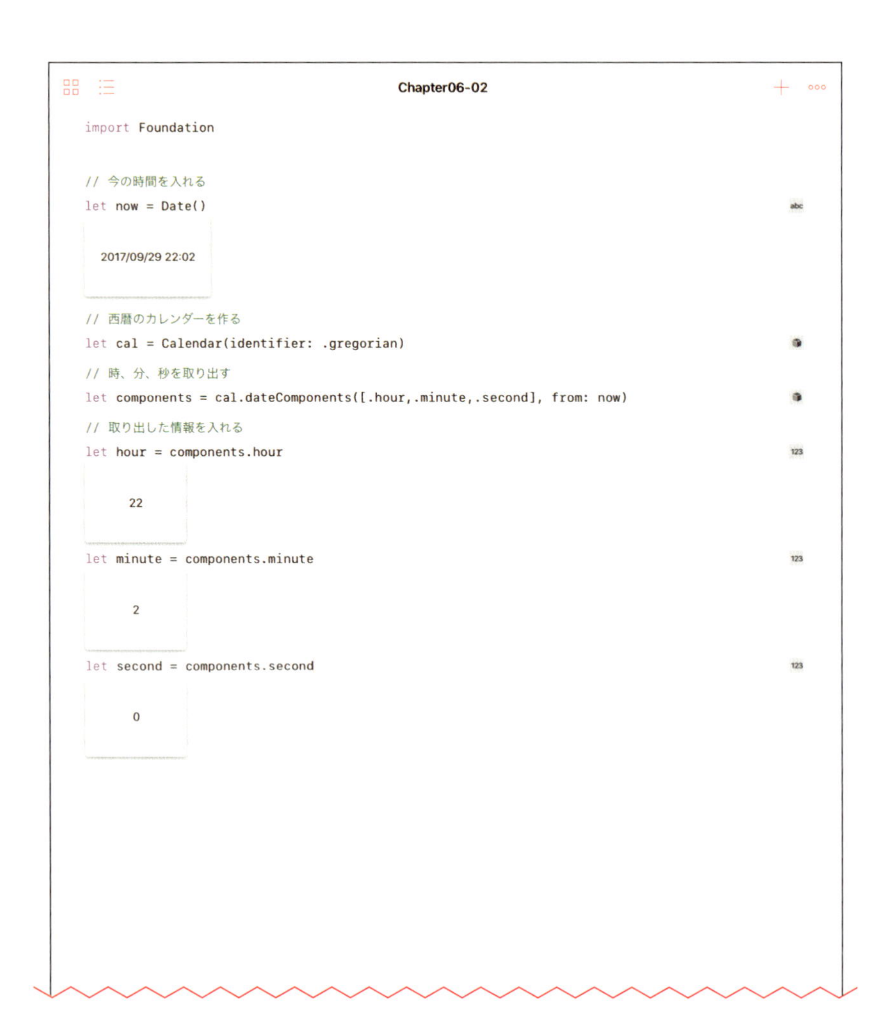

▶「dateComponents」メソッド

「dateComponents」メソッドは「Date」構造体から「何時」や「何分」などの情報を取り出すメソッドなんだ。サンプルコードのように、引数に取り出したい項目と、「Date」を渡すと、「DateComponents」構造体に取り出したデータを入れてくれるんだ。「DateComponents」構造体は「何時」や「何分」といった情報をバラバラにして持ってくれる構造体なんだ。入っている情報を取り出すには、次のようなプロパティを使うよ。

プロパティ	説明
year	年
month	月
day	日
hour	時
minute	分
second	秒

取り出す情報には次のようなものが指定できるんだ。

値	説明
.year	年
.month	月
.day	日
.hour	時
.minute	分
.second	秒

▶カレンダーの種類

カレンダーには色々な種類があるんだけど、日本でよく使われるのは、次の2つだね。

- **西暦(2017年など)**
- **和暦(平成29年など)**

サンプルコードの中で「Calendar」構造体のインスタンスを作るときに「.gregorian」というのを指定しているのは、西暦のカレンダーを使いたいからなんだ。和暦を使いたいときは「.japanese」というのを指定すればいいんだよ。次のコードを入力してみよう。

```
import Foundation

// 今の時間を入れる
let now = Date()
// 西暦と和暦のカレンダーを作る
let gregorianCalendar = Calendar(identifier: .gregorian)
let japaneseCalendar = Calendar(identifier: .japanese)
// それぞれのカレンダーで年を取り出す
let gComponents =
  gregorianCalendar.dateComponents([.year], from: now)
let jComponents =
  japaneseCalendar.dateComponents([.year], from: now)
// 取り出した値を確認
let gYear = gComponents.year
let jYear = jComponents.year
```

このコードを実行すると、次のように表示されるんだ。

同じ日を西暦と和暦のそれぞれで取り出せたのがわかるね。西暦2017年は平成29年だからね。

SECTION 28 時間を表示してみよう

ボタンを押したときに時間がわかるという、時計の一歩手前のものを作ってみよう。どのようにしたらいいかな？　もう材料は揃っているね。

時計を表示する方法を考えてみよう

ボタンがタップされたら、タップされたときの時間を時計のように表示するには、次のようにすればできるね。

❶ボタンがタップされたときに、今の時間を調べる。
❷❶から「時」「分」「秒」を取り出す。
❸❷で取り出したのを使って「時:分:秒」のような文字列を作る。
❹❸で作った文字列をラベルにセットする。

見た目を作ろう

コードを作ってみる前に、まずは、ボタンとラベルを作って、ユーザーインターフェイスを作ってみよう。次のコードを入力してみよう。

```
import UIKit
import PlaygroundSupport

class ViewController : UIViewController {
    var timeLabel: UILabel! // 時間を表示するラベル
    var nowButton: UIButton! // 時間を表示するときにタップするボタン

    // 表示するユーザーインターフェイスを作る
    override func loadView() {
        // ビューを作る
        self.view = UIView(
          frame: CGRect(x: 0, y: 0, width: 500, height: 500))
```

```
        self.view.backgroundColor = .white

        // ラベルを作る
        self.timeLabel = UILabel(
          frame: CGRect(x: 10, y: 10, width: 120, height: 40))
        self.view.addSubview(self.timeLabel)
        // 色をつける
        self.timeLabel.backgroundColor = .cyan
        // 少し大きいフォントにする
        self.timeLabel.font = UIFont.systemFont(ofSize: 24)
        // 中央に揃える
        self.timeLabel.textAlignment = .center

        // ボタンを作る
        self.nowButton = UIButton(type: .system)
        self.view.addSubview(self.nowButton)
        self.nowButton.frame =
          CGRect(x: 10, y: 70, width: 120, height: 40)
        // タイトルをつける
        self.nowButton.setTitle("何時?", for: .normal)
    }
}

// ビューコントローラを表示する
let viewController = ViewController(nibName: nil, bundle: nil)
PlaygroundPage.current.liveView = viewController
```

このコードを実行(じっこう)すると、次(つぎ)のように表示(ひょうじ)されるんだ。

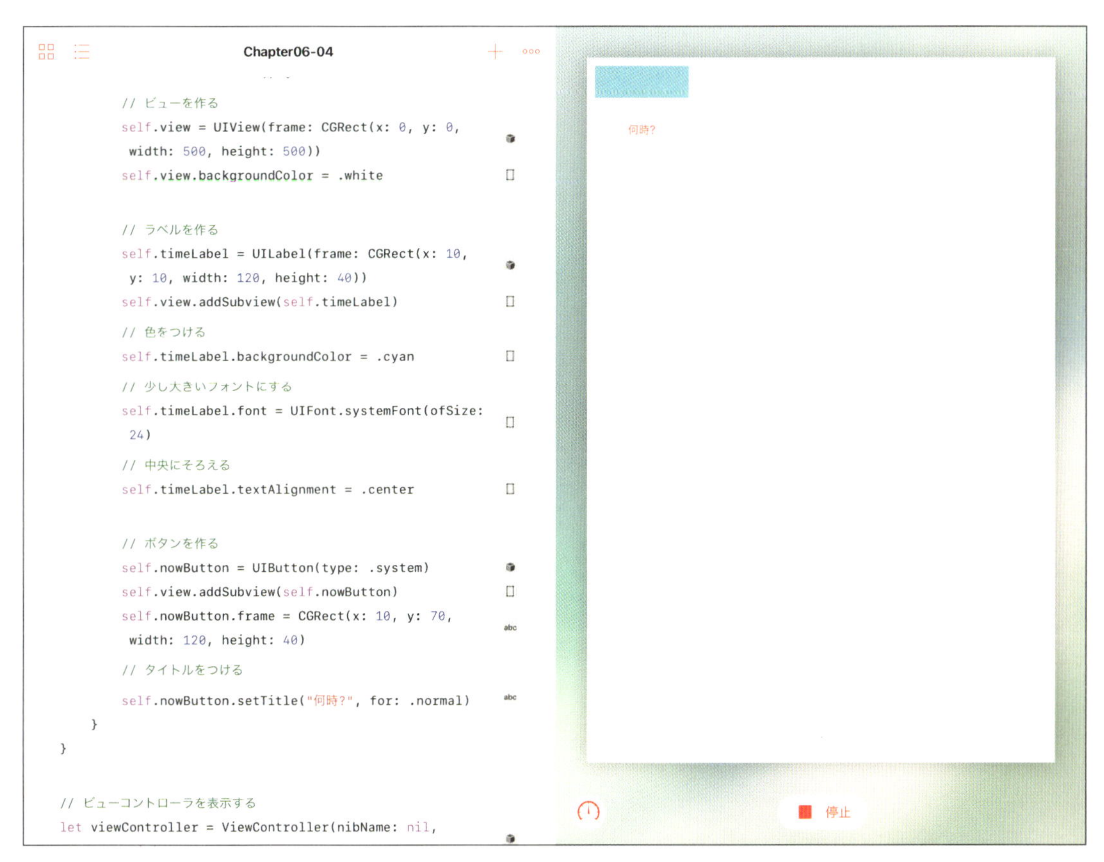

今までやってきたことと同じだね。

ボタンがタップされたときのコードを作ろう

次はボタンがタップされたときのコードを作ろう。作るのは243ページのことを行うコードだよ。次のようにコードを追加しよう。追加するのは、「showNow」メソッドと「showNow」メソッドが呼ばれるようにボタンに設定しているコードだよ。

```
import UIKit
import PlaygroundSupport

class ViewController : UIViewController {
    var timeLabel: UILabel! // 時間を表示するラベル
    var nowButton: UIButton! // 時間を表示するときにタップするボタン
```

```
// 表示するユーザーインターフェイスを作る
override func loadView() {
    // ビューを作る
    self.view = UIView(
      frame: CGRect(x: 0, y: 0, width: 500, height: 500))
    self.view.backgroundColor = .white

    // ラベルを作る
    self.timeLabel = UILabel(
      frame: CGRect(x: 10, y: 10, width: 120, height: 40))
    self.view.addSubview(self.timeLabel)
    // 色をつける
    self.timeLabel.backgroundColor = .cyan
    // 少し大きいフォントにする
    self.timeLabel.font = UIFont.systemFont(ofSize: 24)
    // 中央に揃える
    self.timeLabel.textAlignment = .center

    // ボタンを作る
    self.nowButton = UIButton(type: .system)
    self.view.addSubview(self.nowButton)
    self.nowButton.frame =
      CGRect(x: 10, y: 70, width: 120, height: 40)
    // タイトルをつける
    self.nowButton.setTitle("何時？", for: .normal)
    // ボタンがタップされたときのメソッドを設定する
    self.nowButton.addTarget(self,
      action: #selector(showNow(_:)), for: .touchUpInside)
}

// ボタンがタップされたときに呼ばれる
@objc func showNow(_ sender: Any?) {
```

```
        // 今の時間は？
        let now = Date()
        // 西暦のカレンダーを作る
        let cal = Calendar(identifier: .gregorian)
        // 時、分、秒を取り出す
        let components =
          cal.dateComponents([.hour,.minute,.second], from: now)
        let h = components.hour!
        let m = components.minute!
        let s = components.second!
        // ラベルに表示する
        let text = "\(h):\(m):\(s)"
        self.timeLabel.text = text
    }
}

// ビューコントローラを表示する
let viewController = ViewController(nibName: nil, bundle: nil)
PlaygroundPage.current.liveView = viewController
```

このコードを実行(じっこう)すると、次(つぎ)のように表示(ひょうじ)されるんだ。「何時(なんじ)?」ボタンをタップすると、タップしたときの時間(じかん)が表示(ひょうじ)されるよ。238ページで学(まな)んだことだけで、簡単(かんたん)な時計(とけい)アプリができたね。

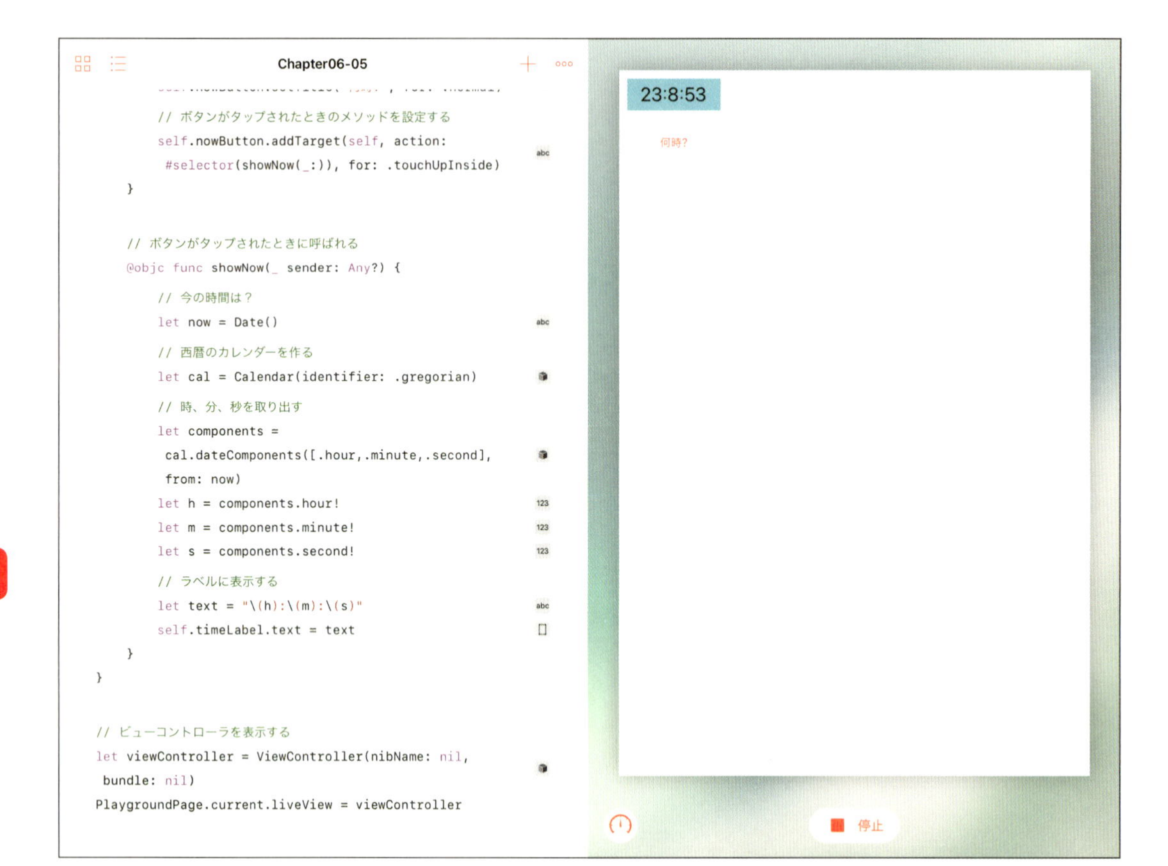
Chapter06-05
// ボタンがタップされたときのメソッドを設定する
self.nowButton.addTarget(self, action:
#selector(showNow(_:)), for: .touchUpInside)
}
// ボタンがタップされたときに呼ばれる
@objc func showNow(_ sender: Any?) {
// 今の時間は？
let now = Date()
// 西暦のカレンダーを作る
let cal = Calendar(identifier: .gregorian)
// 時、分、秒を取り出す
let components =
cal.dateComponents([.hour,.minute,.second],
from: now)
let h = components.hour!
let m = components.minute!
let s = components.second!
// ラベルに表示する
let text = "\(h):\(m):\(s)"
self.timeLabel.text = text
}
}
// ビューコントローラを表示する
let viewController = ViewController(nibName: nil,
bundle: nil)
PlaygroundPage.current.liveView = viewController
23:8:53
何時？
停止

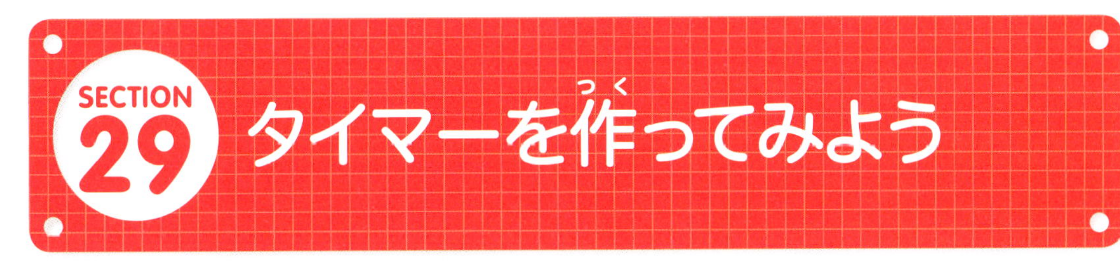

243ページで作ったデジタル時計アプリは、「時計アプリだよ」っていうために必要なことが抜けているんだ。それはボタンを押さなくても、時間をどんどん更新していくという機能だよ。時計は常に今の時間を表示しないといけないね。

タイマーって何?

ボタンを押さなくても、自動的にラベルの時間を変えていくには「タイマー」というものを使うんだ。みんなは時計についているタイマーや、iPhoneの「時計」アプリの「タイマー」機能を使ったことがあるかな?　10分後にタイマーをセットすると、10分後にアラームを鳴らしてくれたりするね。タイマーは、指定した時間に、指定したことを実行してくれる機能なんだ。

どんなタイマーを作れば時計になる?

プログラミングのタイマーも同じなんだけど、時計のラベルを更新するためには、どんなタイマーをセットしたらいいだろう?　タイマーの時間を考える前に、タイマーにやらせたいことを考えてみよう。

時計アプリでタイマーを使いたい理由は、ボタンを使わないでも時間を表示できるようにすることだったね?　ということは、タイマーにやらせたいことは、今の時間をラベルに表示することだよ。

次は時間を考えよう。タイマーはいつ動かすのがいいだろう?　今の時間をうまく表示するためには、1秒後かな?　それを繰り返せば、うまく表示できるかな?　タイマーは繰り返して動かすことができるんだ。その場合は、1秒ごととか、1分ごとみたいに、決めた間隔で繰り返すことができるんだ。それを使って、1秒ごとに動かすということができるんだ。それならうまくいきそうに思えるね。

1秒ごとに更新

1秒後　2秒後　3秒後　4秒後

表示する時間を更新　表示する時間を更新　表示する時間を更新　表示する時間を更新

ところが、1秒ごとに動かすタイマーで時計を表示するのは、ちょっと惜しいという感じなんだ。次の図で考えてみよう。

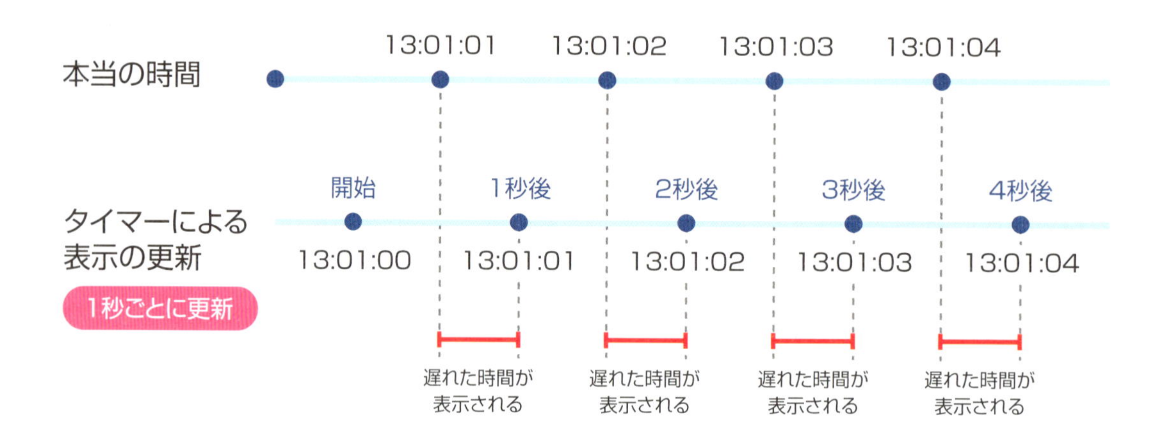

この図は、本当の時間と1秒ごとに動くタイマーによる表示更新の組み合わせを図にしてみたものなんだ。よく見てみると、1秒間の中で半分だけは遅れた時間になっちゃっているね。タイマーとタイマーの間に時間が変わってしまうからなんだ。

だから、本当はタイマーの間隔はもっと短くしないといけないんだ。たとえば、250ミリ秒ごとだとどうだろう?　ちなみに、「ミリ秒」というのは1秒よりも短い時間で、1000ミリ秒が1秒だよ。

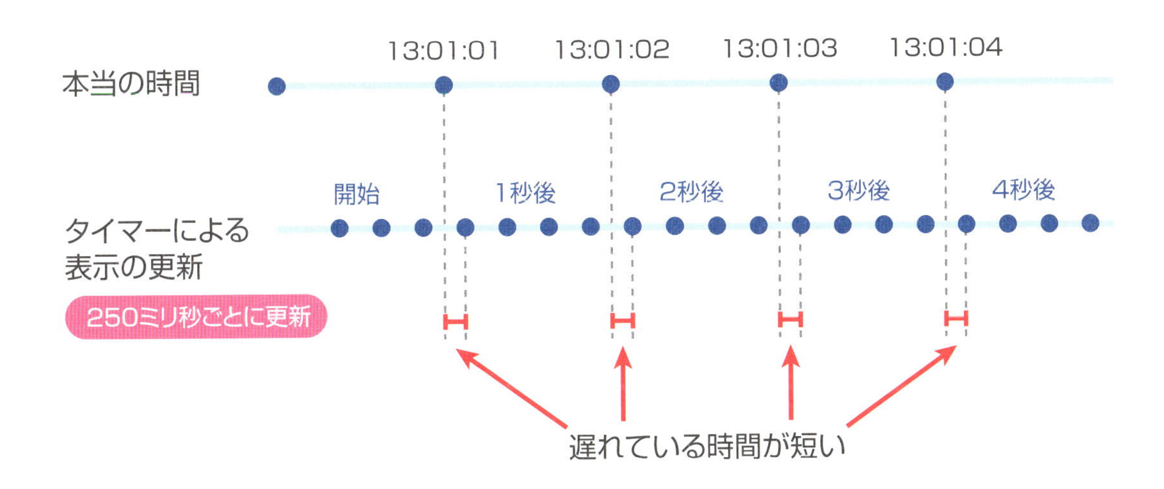

これでも、遅れた時間を表示しているときがあるけど、とても短い時間だから大丈夫そうだね。もっと短くすれば、もっとリアルタイムに変わるようになるけど、あまりにも短い時間にしてしまうと、電池が減りやすくなってしまったり、重いアプリになってしまうこともあるから、ほどほどにしないといけないんだ。

タイマーを作って時計を更新してみよう

作った時計アプリにタイマーを追加してみよう。次のようにコードを追加してみよう。追加するのは「loadView」メソッドの最後のところで行っている、タイマーを作るコードだよ。

```
import UIKit
import PlaygroundSupport

class ViewController : UIViewController {
    var timeLabel: UILabel! // 時間を表示するラベル
    var nowButton: UIButton! // 時間を表示するときにタップするボタン

    // 表示するユーザーインターフェイスを作る
    override func loadView() {
```

```
// ビューを作る
self.view = UIView(
  frame: CGRect(x: 0, y: 0, width: 500, height: 500))
self.view.backgroundColor = .white

// ラベルを作る
self.timeLabel = UILabel(
  frame: CGRect(x: 10, y: 10, width: 120, height: 40))
self.view.addSubview(self.timeLabel)
// 色をつける
self.timeLabel.backgroundColor = .cyan
// 少し大きいフォントにする
self.timeLabel.font = UIFont.systemFont(ofSize: 24)
// 中央に揃える
self.timeLabel.textAlignment = .center

// ボタンを作る
self.nowButton = UIButton(type: .system)
self.view.addSubview(self.nowButton)
self.nowButton.frame =
  CGRect(x: 10, y: 70, width: 120, height: 40)
// タイトルをつける
self.nowButton.setTitle("何時？", for: .normal)
// ボタンがタップされたときのメソッドを設定する
self.nowButton.addTarget(self,
  action: #selector(showNow(_:)), for: .touchUpInside)

// タイマーを作る
_ = Timer.scheduledTimer(withTimeInterval: 0.25,
  repeats: true, block: { (timer) in
    // 今の時間を表示する
    self.showNow(nil)
})
```

```
    }

    // ボタンがタップされたときに呼ばれる
    @objc func showNow(_ sender: Any?) {
        // 今の時間は？
        let now = Date()
        // 西暦のカレンダーを作る
        let cal = Calendar(identifier: .gregorian)
        // 時、分、秒を取り出す
        let components =
          cal.dateComponents([.hour,.minute,.second], from: now)
        let h = components.hour!
        let m = components.minute!
        let s = components.second!
        // ラベルに表示する
        let text = "\(h):\(m):\(s)"
        self.timeLabel.text = text
    }
}

// ビューコントローラを表示する
let viewController = ViewController(nibName: nil, bundle: nil)
PlaygroundPage.current.liveView = viewController
```

このコードを実行すると、次のように表示されるんだ。そのまま見ていると時間が、ボタンをタップしないでも変わっていくよ。

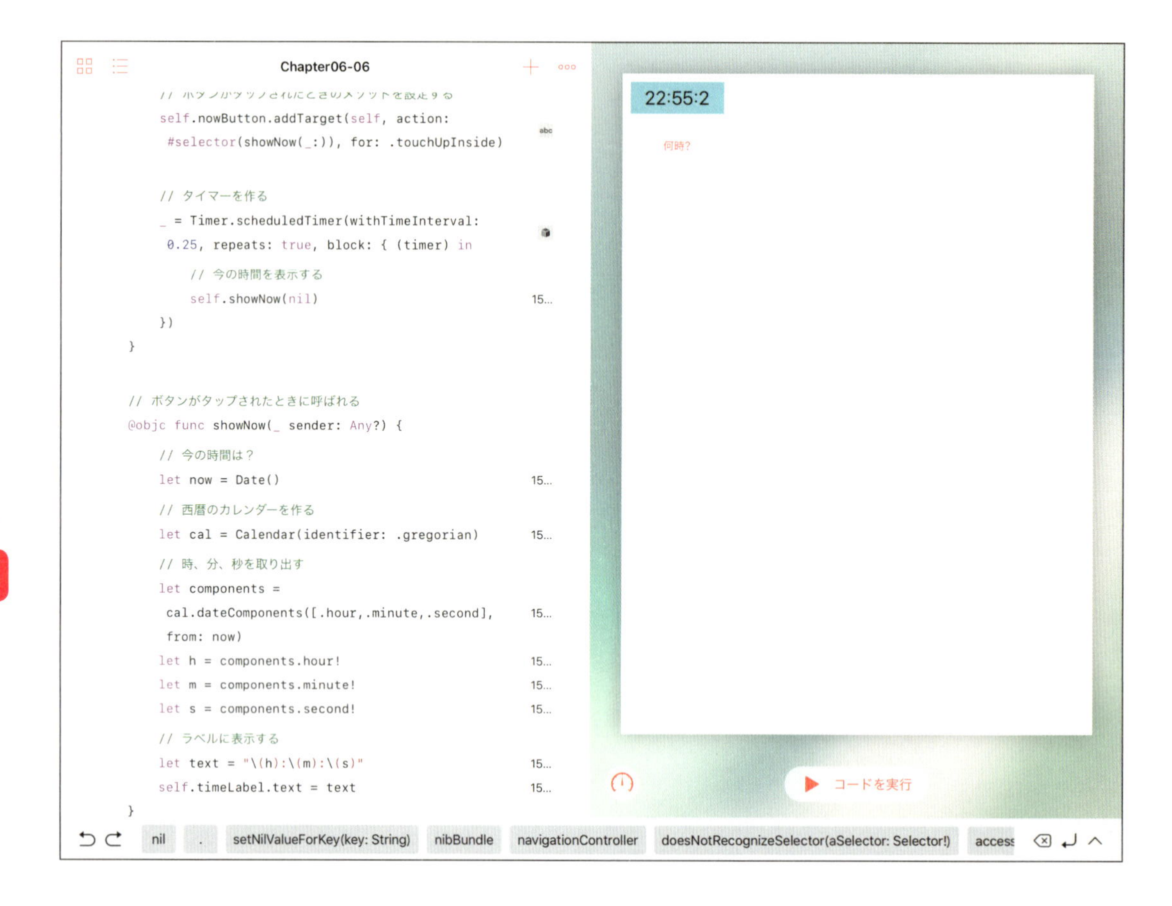

▶タイマーの作り方

タイマーは「Timer」クラスを使って作るんだ。次のようなコードでタイマーを作ることができるよ。

```
_ = Timer.scheduledTimer(withTimeInterval: タイマーを動かす間隔（秒）,
  repeats: 繰り返すか, block: { (timer) in
    // タイマーを使ってやりたいこと
})
```

時計アプリでは、今の時間を表示するためのメソッドがあったから、それを呼んでいるんだ。「0.25」というのは、0.25秒間隔、つまり、250ミリ秒間隔でタイマーを動かすという意味で、「repeats」を「true」にしているから、ずっとタイマーを動かし続けるというコードになっているんだ。

SECTION 30 アナログ時計を考えてみよう

「デジタル時計アプリ」ができたので、次は「アナログ時計アプリ」を作ってみよう。今までのアプリと同じように、プログラミングを始める前に、「アナログ時計アプリ」について考えてみよう。まず、デジタル時計とアナログ時計の違いは何だろう？　比べてみると、次のような違いが見つかるんだ。

- **時間は数字ではなく、針の場所。**
- **針は長い針（長針）と短い針（短針）がある。**
- **長い針からは「分」、短い針からは「時」がわかる。**
- **「秒」がわかる「秒針」がある時計もある。**
- **針は回転する。**
- **針の後ろには文字盤がある。**
- **文字盤がない時計もある。**

どんなアナログ時計を作る？

この本では、次のような「アナログ時計アプリ」を作ってみよう。

- **「時」「分」「秒」がわかるように3つの針を持った時計**
- **「秒」の針はカチカチ、「分」と「時」の針はなめらかに動く**
- **文字盤は表示しない**

時間と針の回転

針は何度回転させたらいいかな？　アナログ時計の針の仕組みを考えてみよう。

▶秒針について考えてみよう

まずは、一番簡単な秒針から考えてみよう。秒針は1分間で1周回る針だね。角度は1周で360度になって、1分間は60秒あるから、角度は次のような式で計算することができるんだ。

```
秒針の角度 = 360 / 60 * 秒
```

360度を60秒間で割ると、1秒間の角度がわかるから、これに秒をかけると、指定した秒のときに、秒針を何度回転させたらいいかがわかるんだ。たとえば、15秒のときなら「360度÷60秒×15秒=90度」になるよ。

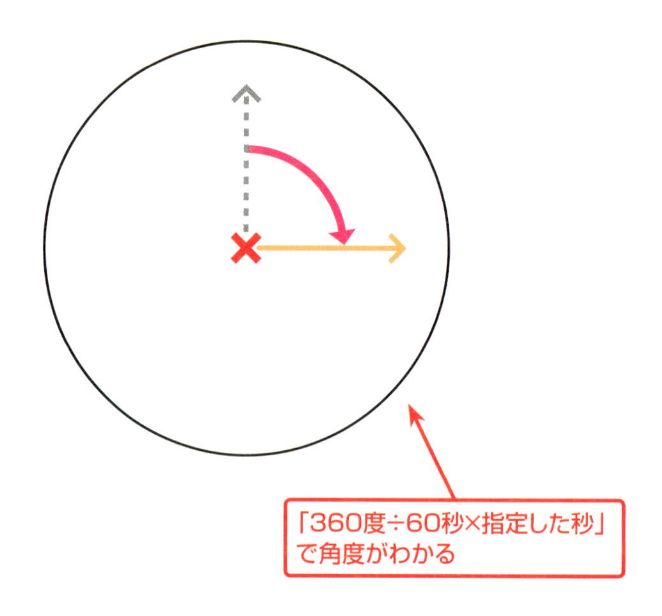

▶長針について考えてみよう

次は長針について考えてみよう。長針は何分かがわかる針だね。長針は1時間、つまり、60分で1周回る針なんだ。秒針と同じように考えると、次のような式が考えられるんだ。

```
長針の角度 = 360 / 60 * 分
```

家に、アナログ時計がある人は見てみると、気が付くと思うんだけど、長針は0秒のとき以外のときに、ちょっとずつ動いていくものが多いんだ。秒針も1秒ごとに「カチカチ」動くものと、1秒の間も少しずつなめらかに動くものがあるね。秒針と同じ式で角度を計算すると、長針も「カチカチ」動く時計になるんだ。この本のアナログ時計は秒針は「カチカチ」、長針と短針はなめらかに動くものに挑戦してみよう。

長針をなめらかに動かすようにするには、どんな式を作ればいいかな? 答えは、60をもっと大きな数字にすればいいんだ。60をもっと大きな数字にするには、分も秒で計算すればいいんだ。1時間は60分×60秒で3600秒だから、次のような式にすることができるんだ。

```
長針の角度 = 360 / (60 * 60) * ( 分 * 60 + 秒 )
```

分が何秒になるかを計算しているのがコツだよ。
たとえば、34分25秒は、34分 × 60 + 25秒 = 2065秒となるんだ。

▶短針について考えてみよう

次は短針を考えてみよう。短針は何時かがわかる針だね。短針は12時間かけて1周回る針だよ。長針のときと同じように、ぴったりじゃないときも、少しずつ動かすようにしたいね。短針も秒で計算するようにしてみると、次のような式になるんだ。

```
短針の角度 = 360 / (12 * 60 * 60) * ( 時 * 60 * 60 + 分 * 60 + 秒 )
```

短針も、今の時間を秒で計算することがコツなんだ。たとえば、2時12分45秒なら、2時 * 60 * 60 + 12分 * 60 + 45秒 = 7965秒になるんだ。

針の絵はどうしたらいいだろう?

針の絵はどうしたらいいだろう？　もし、1秒ごとに違う絵を用意したら、とても描ききれないくらいの枚数が必要になってしまうね。答えは現実の時計と同じで、1枚の針の絵を回転させればいいんだよ。回転していない真上を指しているときの絵を作って、絵の中心を押さえて、回転させるようにすればいいんだ。

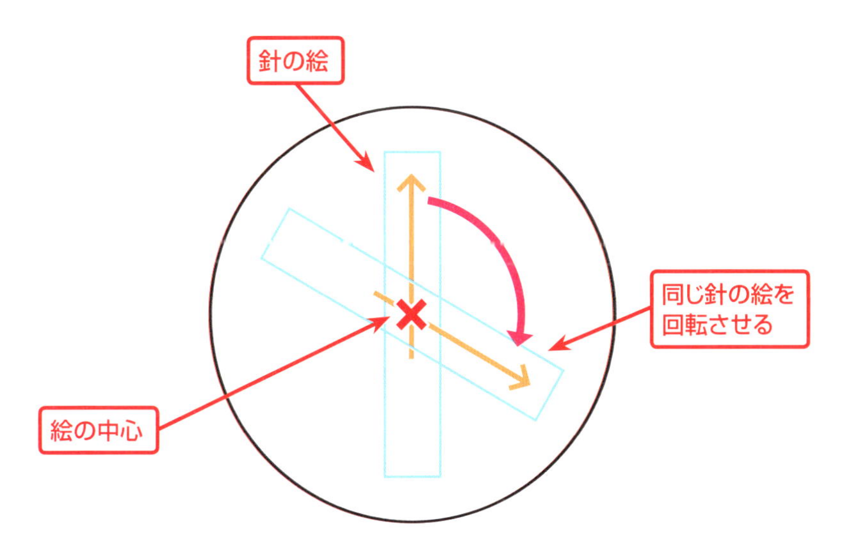

ここでのコツは、絵の中心と時計の中心が同じになるように、絵を作ることだよ。そうすれば、秒針の絵、長針の絵、短針の絵を全部、真ん中に揃えて重ねて、時間に合わせて回転させるだけでよくなるんだ。

3つの絵の真ん中は同じ場所

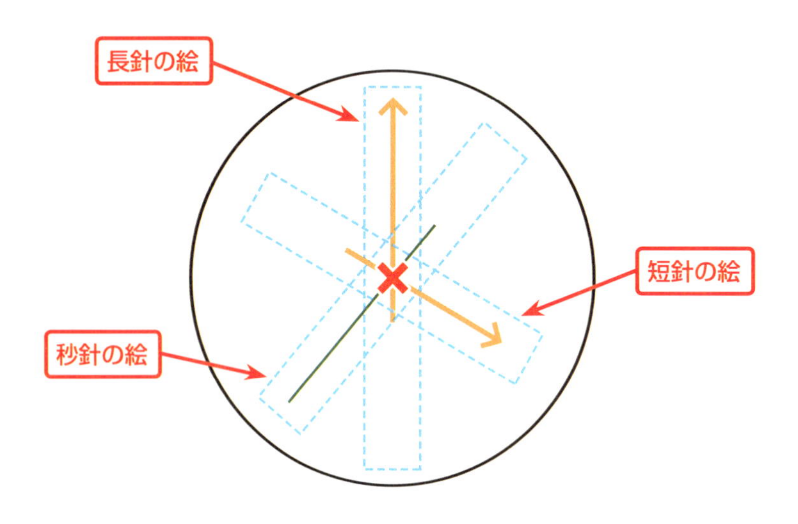

針を動かす

最後に、針を動かすにはどうしたらいいかを考えてみよう。今の時間に合わせて、針を回転させて表示させるようにして、ずっと時間に合わせて、描くようにしていけば、まるで針が動いているように見えそうだね。今の時間に合わせて、どんどん絵を回転させるには、デジタル時計アプリと同じようにタイマーを使って、今の時間を表示するということを繰り返せばいいんだ。

絵を回転させてみよう

アナログ時計アプリでは、針の絵を回転させて表示するから、先に絵を回転させるやり方を学ぼう。

表示する絵を作ろう

第5章の175ページと同じように、イメージビューを作って絵を表示しよう。絵は、MacやiPadで絵を描けるアプリを使って作ろう。写真を使ってもいいよ。作った絵をiCloud Driveに保存したら準備完了だよ。この本のサンプルファイルをダウンロードして、その中の絵を使ってもいいよ。絵は「Sample」→「Chapter06」→「Image」のフォルダに保存されているんだ。

絵を表示しよう

第5章で行ったのと同じように、絵を表示するコードを書いてみよう。

```
import UIKit
import PlaygroundSupport

class ViewController : UIViewController {
    var imageView: UIImageView! // 絵を表示するビュー

    // ビューの中身を作るメソッド
    override func viewDidLoad() {
        // ビューを白くする
        self.view.backgroundColor = .white

        // イメージビューを作る
        self.imageView = UIImageView(
          frame: CGRect(x: 100, y: 100, width: 300, height: 300))
```

```
        // ビューの大きさに合わせて、画像を崩さずに大きさを変える
        self.imageView.contentMode = .scaleAspectFit
        // イメージビューを表示する
        self.view.addSubview(self.imageView)
        // 絵をセットする
        self.imageView.image =
          #imageLiteral(resourceName: "Sample.png")
    }
}

// ビューコントローラを作る
let viewController = ViewController(nibName: nil, bundle: nil)
// 表示する
PlaygroundPage.current.liveView = viewController
```


次に、表示する絵をセットしよう。これも第5章の176ページと同じやり方でできるよ。第5章に戻ってやり方を見て、同じように操作して、表示する絵をセットしよう。このコードで「#imageLiteral(resourceName: "Sample.png")」となっている部分は、セットした絵が小さく表示されるんだ。

●画像選択時

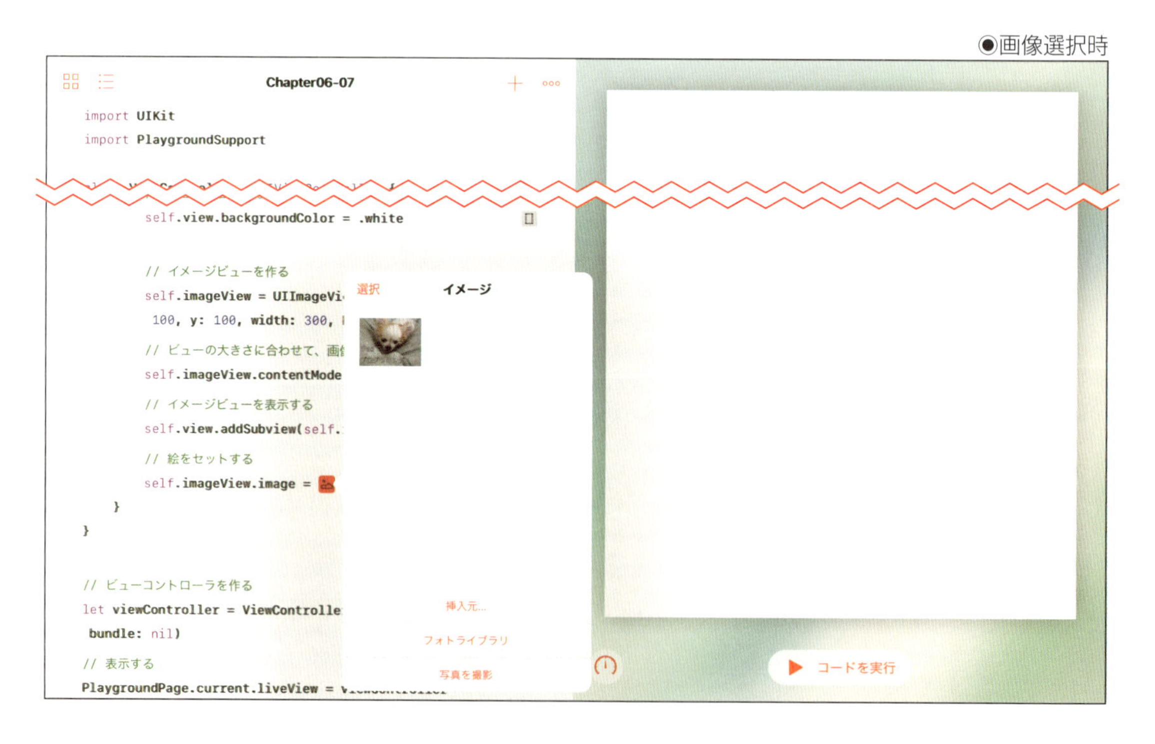

◉画像挿入後

```
Chapter06-07

import UIKit
import PlaygroundSupport

class ViewController : UIViewController {
    var imageView: UIImageView! // 絵を表示するビュー

    // ビューの中身を作るメソッド
    override func viewDidLoad() {
        // ビューを白くする
        self.view.backgroundColor = .white

        // イメージビューを作る
        self.imageView = UIImageView(frame: CGRect(x:
         100, y: 100, width: 300, height: 300))
        // ビューの大きさに合わせて、画像を崩さずに大きさを変える
        self.imageView.contentMode = .scaleAspectFit
        // イメージビューを表示する
        self.view.addSubview(self.imageView)
        // 絵をセットする
        self.imageView.image = 
    }
}
```

このコードを実行すると、次のように表示されるんだ。セットした絵が表示されれば成功だよ。

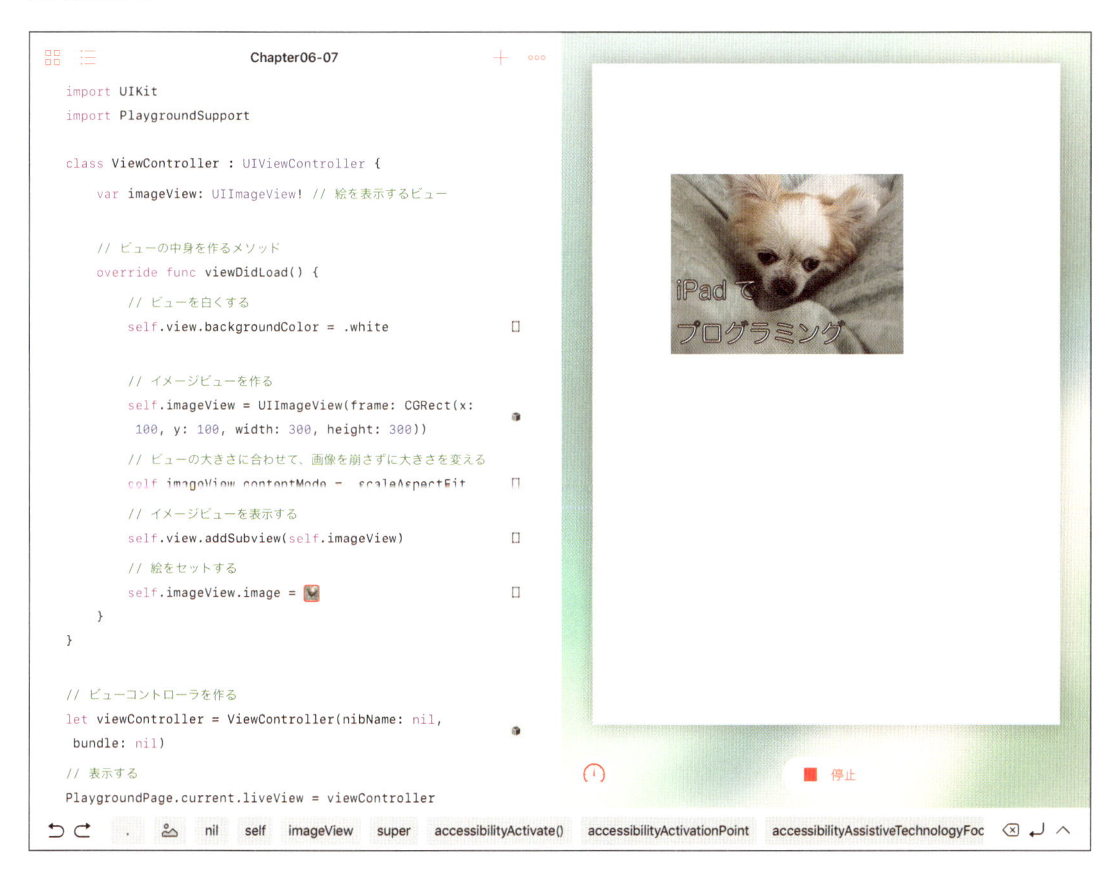

▶「viewDidLoad」メソッドって何？

今まではビューの内容を作るときに、「loadView」メソッドをオーバーライドしてきたね。「loadView」メソッドをオーバーライドして作る方法のほかに「viewDidLoad」メソッドを使って作るということもよく行われるんだ。この2つのメソッドの違いは、「Playgrounds」アプリの外、iOSアプリを作るときに関係してくることなんだけど、ここでは、「viewDidLoad」メソッドで作ることもできるということを知ってもらいたいんだ。

「viewDidLoad」メソッドをオーバーライドした場合は、「loadView」メソッドのときに作っていた「self.view」は自動的に作られているんだ。だから、ここでは色だけを設定しているんだ。

絵を回転させてみよう

ここまでは、第5章で一度やってみたことの復習だったんだ。ここからは新しいことだよ。表示させた絵を回転させてみよう。絵を回転させるには、絵を表示しているイメージビューを回転させるんだ。次のようにコードを追加すると、イメージビューを30度回転させることができるんだ。

```
import UIKit
import PlaygroundSupport

class ViewController : UIViewController {
    var imageView: UIImageView! // 絵を表示するビュー

    // ビューの中身を作るメソッド
    override func viewDidLoad() {
        // ビューを白くする
        self.view.backgroundColor = .white

        // イメージビューを作る
        self.imageView = UIImageView(
          frame: CGRect(x: 100, y: 100, width: 300, height: 300))
        // ビューの大きさに合わせて、画像を崩さずに大きさを変える
        self.imageView.contentMode = .scaleAspectFit
```

```
        // イメージビューを表示する
        self.view.addSubview(self.imageView)
        // 絵をセットする
        self.imageView.image =
          #imageLiteral(resourceName: "Sample.png")

        // イメージビューを 30 度回転させる
        let angle = 30.0 * .pi / 180.0
        let transform =
          CGAffineTransform(rotationAngle: CGFloat(angle))
        self.imageView.transform = transform
    }
}

// ビューコントローラを作る
let viewController = ViewController(nibName: nil, bundle: nil)
// 表示する
PlaygroundPage.current.liveView = viewController
```

まずは、実行してみよう。次のように表示されるんだ。

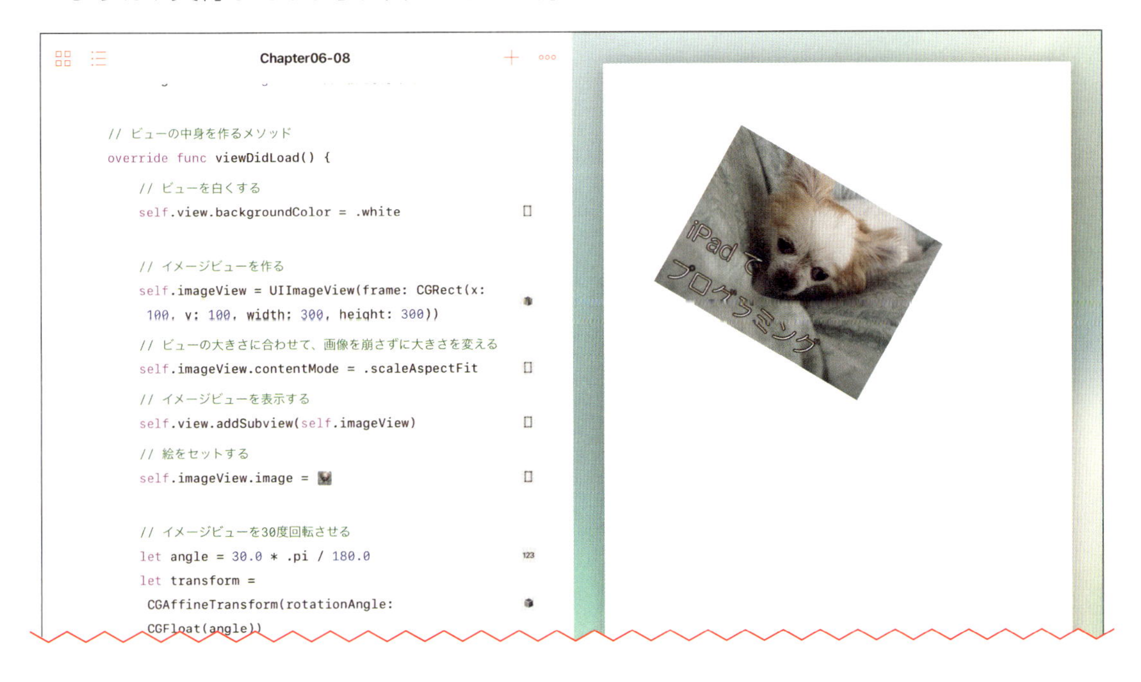

▶「回転」も変形の1つ

イメージビューを回転させるには、いくつかステップがあるんだ。イメージビューは、「transform」というプロパティに設定された情報で変形させることができるんだ。このプロパティには、「CGAffineTransform」という構造体を設定するようになっているんだ。「CGAffineTransform」という構造体は、ビューをどんな風に変形させるかという情報を持つことができるもので、「30度回転する」というのも1つの変形だよ。

この「回転する」という情報を、「CGAffineTransform」に設定するには、次のようなコードを書くんだ。

```
let transform = CGAffineTransform(rotationAngle: 角度 )
```


▶角度はそのままは使えない

角度だけど、サンプルコードでは「30.0 * .pi / 180.0」という不思議な式が書かれていたね。これは、角度はみんながいつも使っている「度」という単位ではなくて、「ラジアン」という単位を使って書かなければいけないからなんだ。「度」を「ラジアン」に変えるための式は次のようになっているんだ。

```
ラジアン = 度 * 円周率 / 180
```

円周率は「.pi」と書くだけで使えるよ。それと、ラジアンの角度は小数点を持った細かい数になるから、「30.0」や「180.0」みたいに小数で計算するようにしないとうまく計算できないよ。

角度を色々と変えて、絵がどんな風に表示されるか試してみよう。

◉180.0度のとき

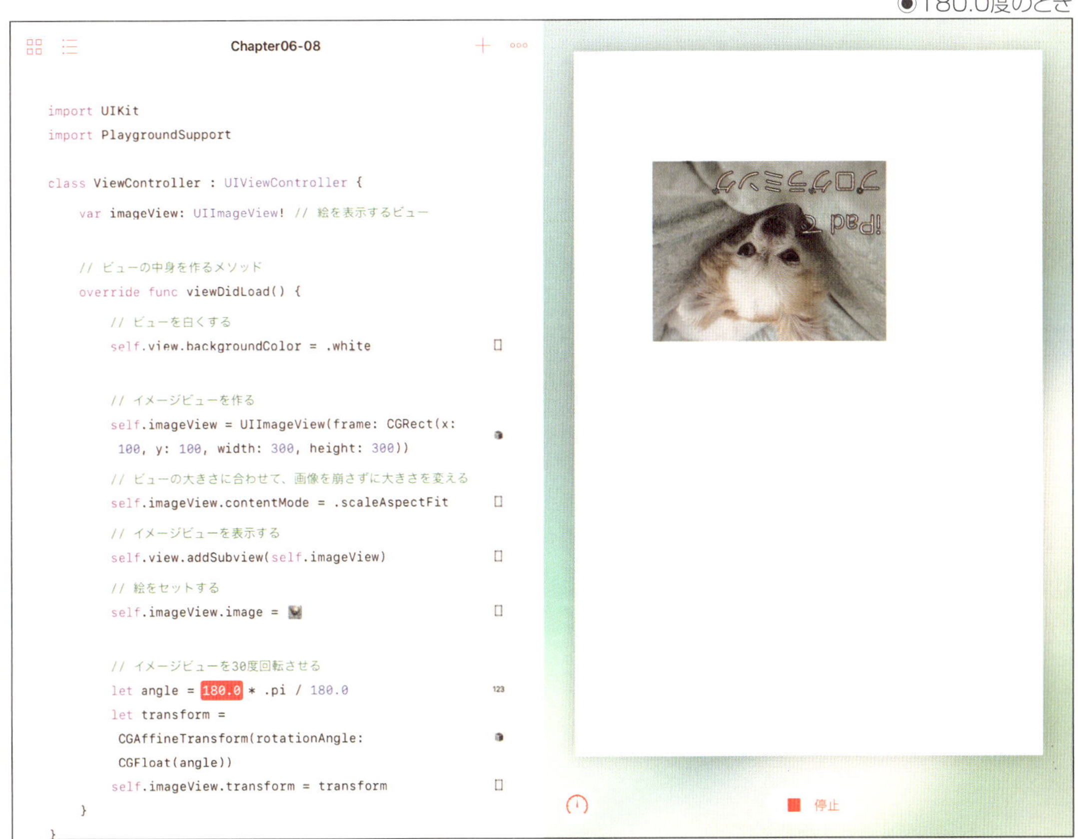

◉210.0度のとき

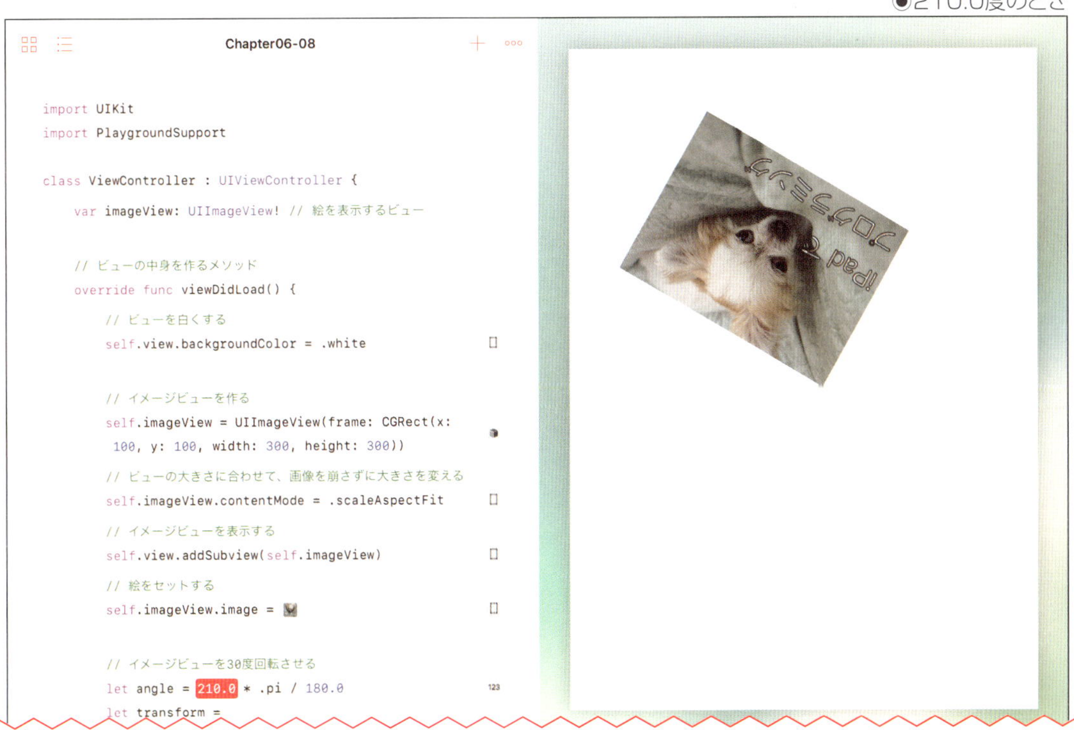

SECTION 32 アナログ時計を作ってみよう

いよいよ「アナログ時計アプリ」をプログラミングしよう。ここまでで「アナログ時計アプリ」を作るために必要なことは揃ったよ。

針の絵を作ろう

「アナログ時計アプリ」で使う針の絵を作ろう。絵はお絵かきアプリや画像編集アプリで作って、「iCloud Drive」に保存しよう。この本のサンプルファイルをダウンロードして、その中の絵を使ってもいいよ。絵は「Sample」→「Chapter06」→「Image」のフォルダに保存されているんだ。

絵を作るときは、絵の真ん中が針の真ん中になるように作らないと、うまく回転できないから注意しよう。時計の真ん中が絵の真ん中になるようにして、回転していないときが真上を指すように針の絵を描くんだ。針のない側、つまり下側は透明のままにしておくと、うまく回転できる絵になるよ。それと、コードが簡単になるように、3つの絵の大きさは同じにしておこう。透明な部分を残しておけば、針の長さや大きさは違っても、画像の大きさは同じにできるよ。

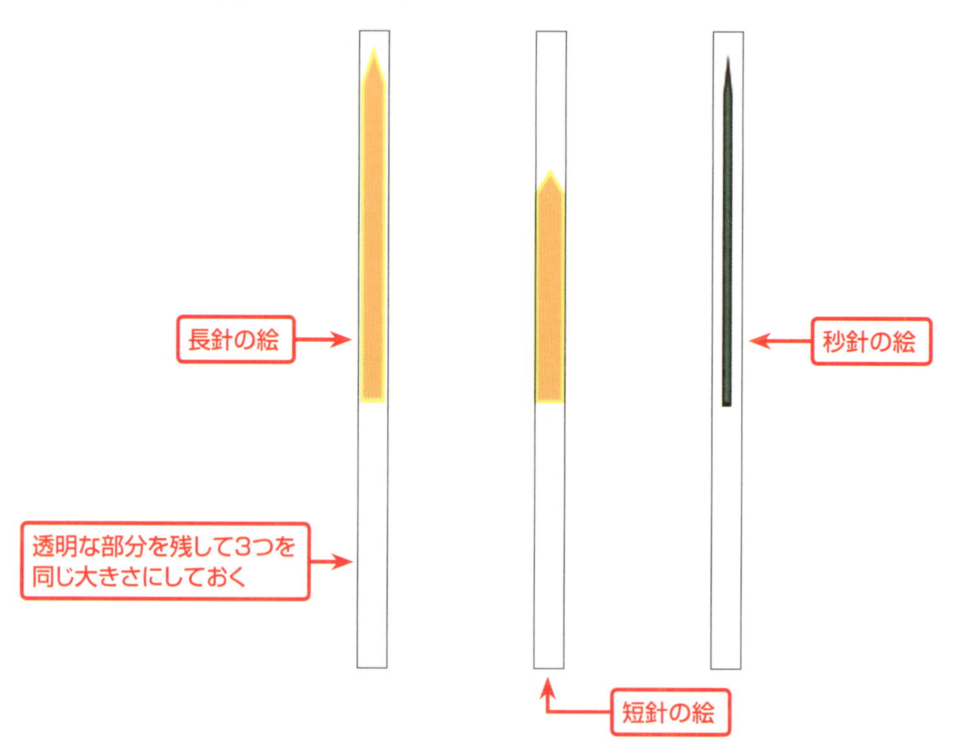

0時ちょうどを表示しよう

まずは0時ちょうどを表示できるようにしよう。0時ちょうどというのは、針の絵を回転させないで表示したときの時間だよ。針の絵は、実際のアナログ時計と同じように、短針、長針、秒針の順に重ねて表示しよう。針の絵はイメージビューを使って表示できるから、イメージビューを3つ重ねれば表示できるね。次のコードを入力しよう。「#imageLiteral」のところは、絵を取り込む操作をして、絵をセットしよう。操作方法は176ページと同じだよ。

```
import UIKit
import PlaygroundSupport

class ViewController : UIViewController {
    var longHandImageView: UIImageView! // 長針の絵を表示するビュー
    var shortHandImageView: UIImageView! // 短針の絵を表示するビュー
    var secondImageView: UIImageView! // 秒針の絵を表示するビュー

    // ビューの中身を作るメソッド
    override func viewDidLoad() {
        // ビューを白くする
        self.view.backgroundColor = .white

        // 短針、長針、秒針の順に作って重ねる
        self.shortHandImageView = createHandImageView()
        self.longHandImageView = createHandImageView()
        self.secondImageView = createHandImageView()

        // 絵をセットする
        self.shortHandImageView.image =
          #imageLiteral(resourceName: "ShortHand.png")
        self.longHandImageView.image =
          #imageLiteral(resourceName: "LongHand.png")
        self.secondImageView.image =
```

```
            #imageLiteral(resourceName: "SecondHand.png")
        }

        // 針の絵を表示するビューを作る
        func createHandImageView() -> UIImageView {
            // ビューを作って表示する。大きさは、作った絵に合わせて決める
            let imageView = UIImageView(
              frame: CGRect(x: 100, y: 100, width: 400, height: 400))
            self.view.addSubview(imageView)
            // 絵の縦横が崩れないように絵をフィットさせる
            imageView.contentMode = .scaleAspectFit
            // ビューを返す
            return imageView
        }
    }

    // ビューコントローラを作る
    let viewController = ViewController(nibName: nil, bundle: nil)
    // 表示する
    PlaygroundPage.current.liveView = viewController
```

●短針の絵を選択しているところ

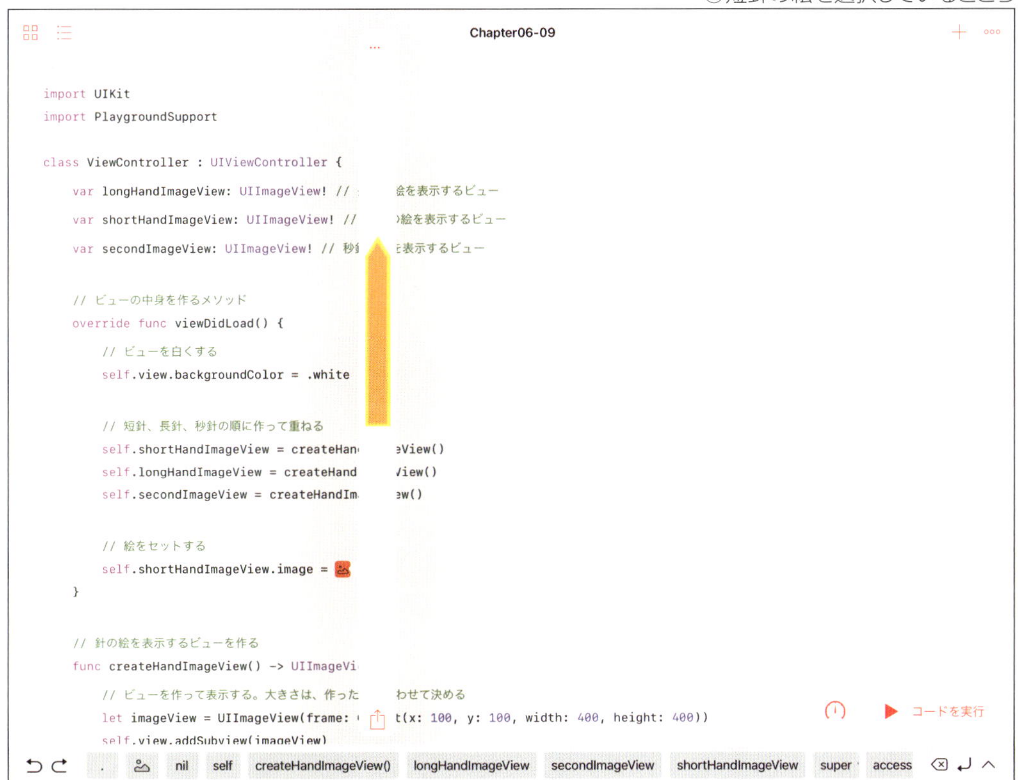

●長針の絵を選択しているところ

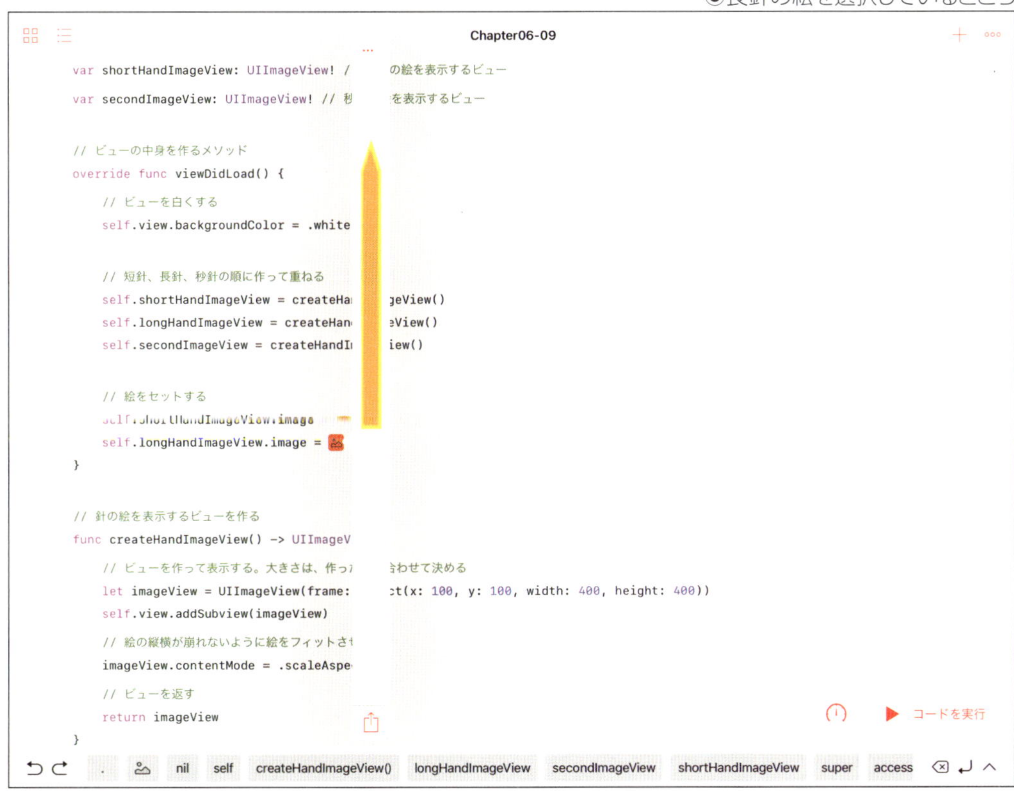

第6章 時計を作ってみよう

◉秒針の絵を選択しているところ

```
Chapter06-09

    var shortHandImageView: UIImageView!    針の絵を表示するビュー
    var secondImageView: UIImageView! //    )絵を表示するビュー

    // ビューの中身を作るメソッド
    override func viewDidLoad() {
        // ビューを白くする
        self.view.backgroundColor = .whi

        // 短針、長針、秒針の順に作って重ねる
        self.shortHandImageView = createI    mageView()
        self.longHandImageView = createH    ageView()
        self.secondImageView = createHan    View()

        // 絵をセットする
        self.shortHandImageView.image =
        self.longHandImageView.image =
        self.secondImageView.image =
    }

    // 針の絵を表示するビューを作る
    func createHandImageView() -> UIImag    {
        // ビューを作って表示する。大きさは、作    こ合わせて決める
        let imageView = UIImageView(fram    Rect(x: 100, y: 100, width: 400, height: 400))
        self.view.addSubview(imageView)
        // 絵の縦横が崩れないように絵をフィット
        imageView.contentMode = .scaleAs    it
        // ビューを返す
        return imageView

コードを実行
nil  self  createHandImageView()  longHandImageView  secondImageView  shortHandImageView  super  access
```

このコードを実行すると次のように表示されるんだ。0時ちょうどを表示できているね。

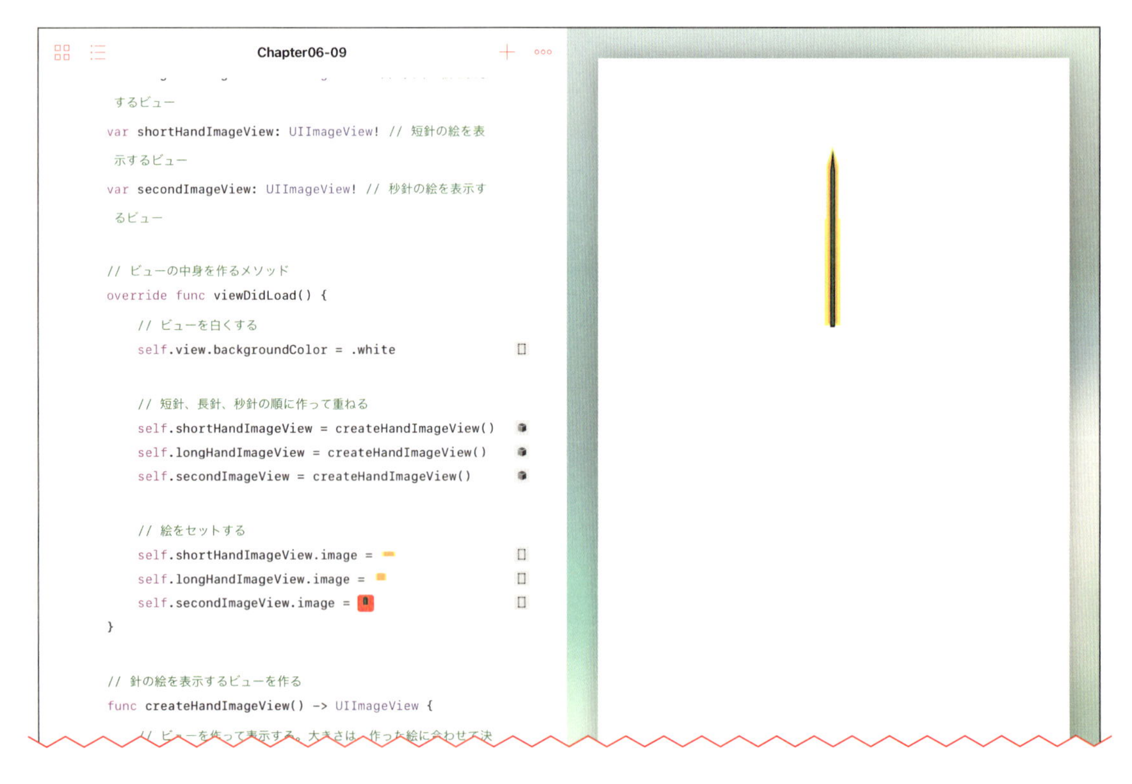

好きな時間を表示しよう

次は好きな時間を表示できるようにしてみよう。好きな時間を表示するということは、どういうことだろう？ それは針の絵が回転して、好きな時間を指すことだね。何時のときに、針をどれくらい回転させたらいいかは、255ページで考えた式で計算できるんだ。ここでは、それをコードにしよう。次のようにコードを追加しよう。それと、追加した「rotateTo(hour:minute:second)」メソッドのテストのために、最後の行にこのメソッドを呼ぶコードも追加しよう。

```
import UIKit
import PlaygroundSupport

class ViewController : UIViewController {
    var longHandImageView: UIImageView! // 長針の絵を表示するビュー
    var shortHandImageView: UIImageView! // 短針の絵を表示するビュー
    var secondImageView: UIImageView! // 秒針の絵を表示するビュー

    // ビューの中身を作るメソッド
    override func viewDidLoad() {
        // ビューを白くする
        self.view.backgroundColor = .white

        // 短針、長針、秒針の順に作って重ねる
        self.shortHandImageView = createHandImageView()
        self.longHandImageView = createHandImageView()
        self.secondImageView = createHandImageView()

        // 絵をセットする
        self.shortHandImageView.image =
          #imageLiteral(resourceName: "ShortHand.png")
        self.longHandImageView.image =
          #imageLiteral(resourceName: "LongHand.png")
        self.secondImageView.image =
```

```
        #imageLiteral(resourceName: "SecondHand.png")
    }

    // 針の絵を表示するビューを作る
    func createHandImageView() -> UIImageView {
        // ビューを作って表示する。大きさは、作った絵に合わせて決める
        let imageView = UIImageView(
          frame: CGRect(x: 100, y: 100, width: 400, height: 400))
        self.view.addSubview(imageView)
        // 絵の縦横が崩れないように絵をフィットさせる
        imageView.contentMode = .scaleAspectFit
        // ビューを返す
        return imageView
    }

    // 好きな時間を表示する。引数は、時、分、秒を渡す
    func rotateTo(hour: Double, minute: Double, second: Double) {
        // 秒針の角度を計算
        let secondAngle = 360.0 / 60.0 * second
        // 長針の角度を計算
        let longAngle =
          360.0 / (60.0 * 60.0) * (minute * 60.0 + second)
        // 短針の角度を計算する
        let shortAngle = 360.0 / (12.0 * 60.0 * 60.0) *
          (hour * 60.0 * 60.0 + minute * 60.0 + second)

        // 3つの針の絵を回転させる
        let secondAngleRad = secondAngle * .pi / 180.0
        let secondTransform =
          CGAffineTransform(rotationAngle: CGFloat(secondAngleRad))
        self.secondImageView.transform = secondTransform

        let longAngleRad = longAngle * .pi / 180.0
```

```
    let longTransform =
      CGAffineTransform(rotationAngle: CGFloat(longAngleRad))
    self.longHandImageView.transform = longTransform

    let shortAngleRad = shortAngle * .pi / 180.0
    let shortTransform =
      CGAffineTransform(rotationAngle: CGFloat(shortAngleRad))
    self.shortHandImageView.transform = shortTransform
  }
}

// ビューコントローラを作る
let viewController = ViewController(nibName: nil, bundle: nil)
// 表示する
PlaygroundPage.current.liveView = viewController
// テストするために時間を表示する
viewController.rotateTo(hour: 2, minute: 30, second: 45)
```

このコードを実行すると、次のように2時30分45秒を表示するよ。

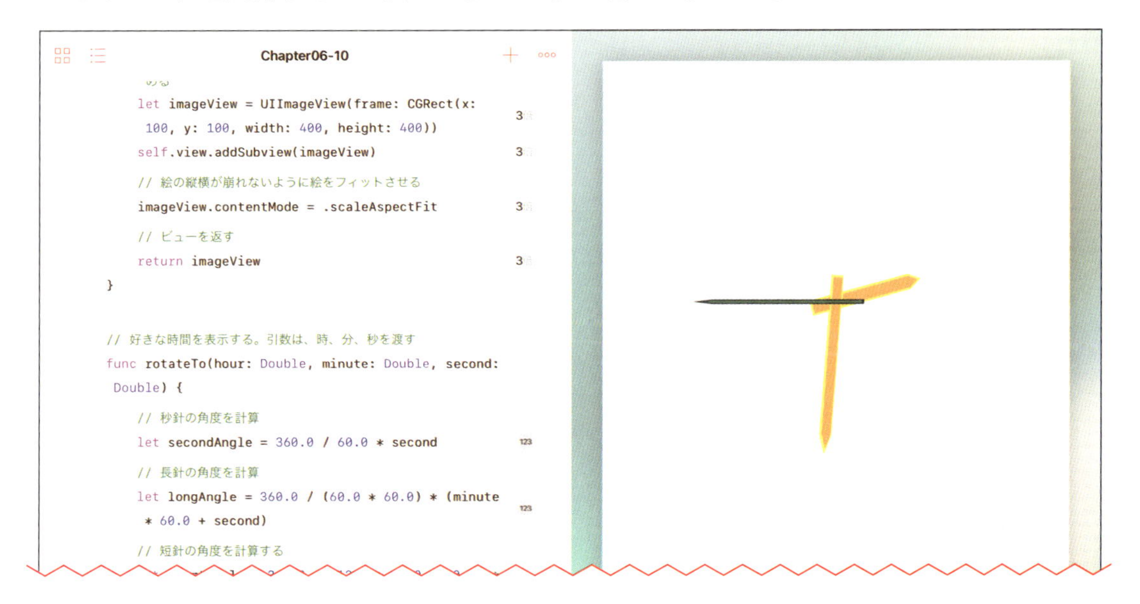

うまく表示できたら、次に進む前に、最後の行で渡す時間を色々と変えて、うまく表示できるか試してみよう。

今の時間を表示しよう

いよいよ「アナログ時計アプリ」の仕上げだよ。最後に、タイマーを使って、今の時間を表示できるようにしよう。タイマーの更新は「デジタル時計アプリ」と同じように250ミリ秒ごとにしてみよう。タイマーで繰り返し行うことは何だろう？　それは、今の時間を調べて、「rotateTo(hour:minute:second:)」メソッドを呼んで、調べた時間を表示することだよ。繰り返し、今の時間を表示することで、時間に合わせて針が動くようにできるんだ。

コードは次のようになるんだ。追加したコードは、タイマーを作るコードと、タイマーの中で今の時間を調べて「rotateTo(hour:minute:second:)」メソッドを呼ぶコードだよ。それと、テストするために最後の行に書いた2時30分45秒を表示するコードを削除することも忘れないでね。


```
import UIKit
import PlaygroundSupport

class ViewController : UIViewController {
    var longHandImageView: UIImageView! // 長針の絵を表示するビュー
    var shortHandImageView: UIImageView! // 短針の絵を表示するビュー
    var secondImageView: UIImageView! // 秒針の絵を表示するビュー

    // ビューの中身を作るメソッド
    override func viewDidLoad() {
        // ビューを白くする
        self.view.backgroundColor = .white

        // 短針、長針、秒針の順に作って重ねる
        self.shortHandImageView = createHandImageView()
        self.longHandImageView = createHandImageView()
        self.secondImageView = createHandImageView()

        // 絵をセットする
        self.shortHandImageView.image =
```

```
#imageLiteral(resourceName: "ShortHand.png")
        self.longHandImageView.image =
          #imageLiteral(resourceName: "LongHand.png")
        self.secondImageView.image =
          #imageLiteral(resourceName: "SecondHand.png")

        // カレンダーを作る
        let calendar = Calendar(identifier: .gregorian)

        // タイマーを作る
        _ = Timer.scheduledTimer(withTimeInterval: 0.25,
          repeats: true, block: { (timer) in
            // 今の時間は？
            let now = Date()
            // 時、分、秒はいくつ？
            let components = calendar.dateComponents(
              [.hour, .minute, .second], from: now)
            let hour = Double(components.hour!)
            let minute = Double(components.minute!)
            let second = Double(components.second!)
            // 針を動かす
            self.rotateTo(
              hour: hour, minute: minute, second: second)
        })
    }

    // 針の絵を表示するビューを作る
    func createHandImageView() -> UIImageView {
        // ビューを作って表示する。大きさは、作った絵に合わせて決める
        let imageView = UIImageView(
          frame: CGRect(x: 100, y: 100, width: 400, height: 400))
        self.view.addSubview(imageView)
```

```
        // 絵の縦横が崩れないように絵をフィットさせる
        imageView.contentMode = .scaleAspectFit
        // ビューを返す
        return imageView
    }

    // 好きな時間を表示する。引数は、時、分、秒を渡す
    func rotateTo(hour: Double, minute: Double, second: Double) {
        // 秒針の角度を計算
        let secondAngle = 360.0 / 60.0 * second
        // 長針の角度を計算
        let longAngle =
          360.0 / (60.0 * 60.0) * (minute * 60.0 + second)
        // 短針の角度を計算する
        let shortAngle = 360.0 / (12.0 * 60.0 * 60.0) *
          (hour * 60.0 * 60.0 + minute * 60.0 + second)

        // 3つの針の絵を回転させる
        let secondAngleRad = secondAngle * .pi / 180.0
        let secondTransform =
          CGAffineTransform(rotationAngle: CGFloat(secondAngleRad))
        self.secondImageView.transform = secondTransform

        let longAngleRad = longAngle * .pi / 180.0
        let longTransform =
          CGAffineTransform(rotationAngle: CGFloat(longAngleRad))
        self.longHandImageView.transform = longTransform

        let shortAngleRad = shortAngle * .pi / 180.0
        let shortTransform =
          CGAffineTransform(rotationAngle: CGFloat(shortAngleRad))
        self.shortHandImageView.transform = shortTransform
    }
```

```
}

// ビューコントローラを作る
let viewController = ViewController(nibName: nil, bundle: nil)
// 表示する
PlaygroundPage.current.liveView = viewController
```

このコードを実行すると、次のように表示されるんだ。そのまま、待っていれば、秒針が動いて、長針や短針も動いていくよ。

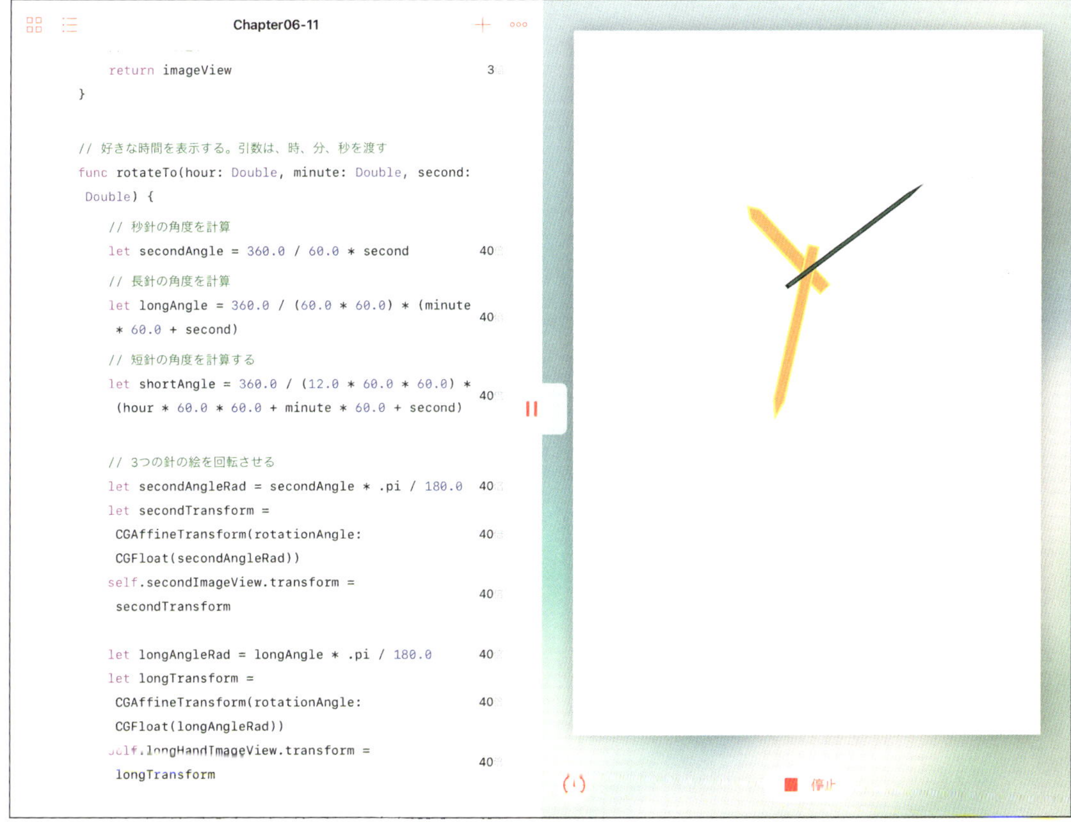

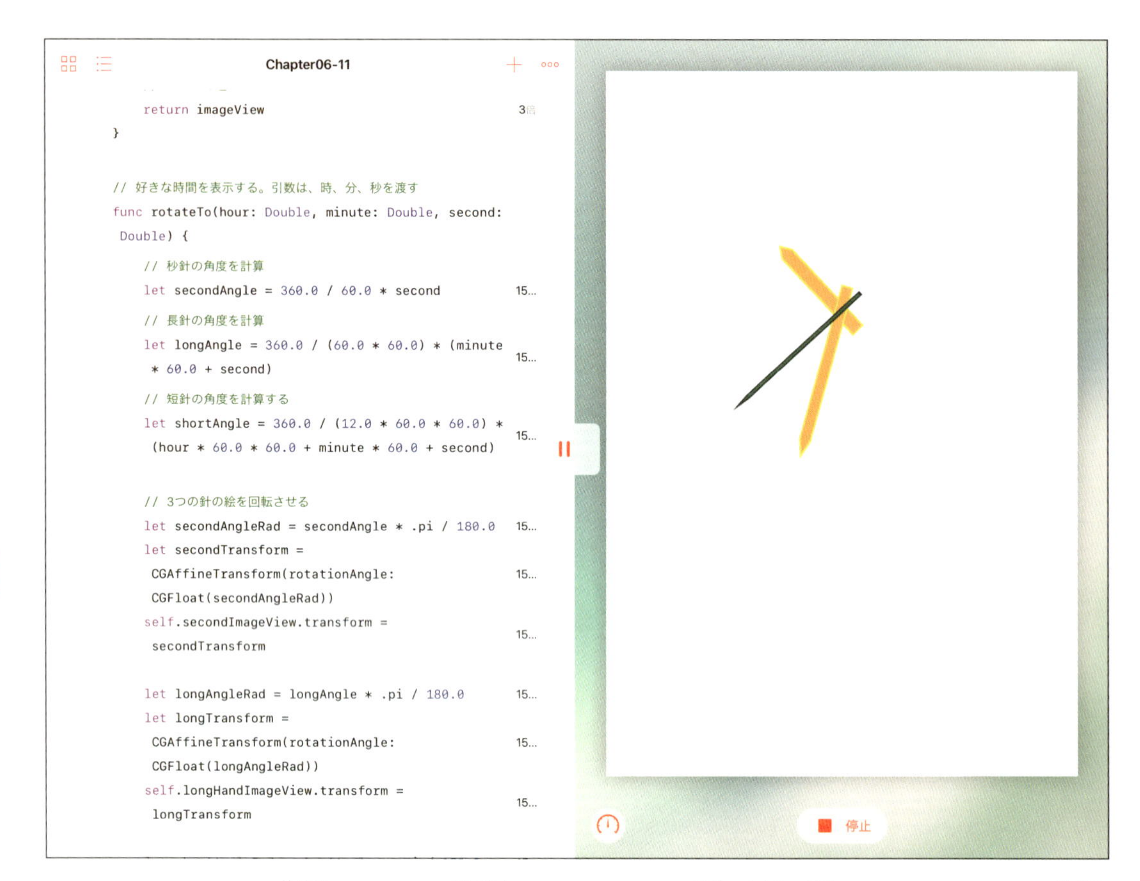

これで「アナログ時計アプリ」も完成だよ。このまま次の章に進んでもいいけど、自分で文字盤を付けてみたり、画像を変えてみたりすることにも挑戦してみてね。たとえば、文字盤は文字盤の絵を用意して、針の画像の下にイメージビューを追加すればできるよ。

第7章

地図(ちず)を表示(ひょうじ)してみよう

SECTION 33 地図を表示してみよう

この章では、「地図アプリ」を作ってみよう。「地図アプリ」は、場所の名前とかキーワードを入力すると、その場所を探して周辺の地図を表示するアプリだよ。

地図はどうやったら表示できるの？

iPadやiPhoneには「マップ」アプリという地図を表示するアプリが最初から入っているんだ。この「マップ」アプリが表示している地図は、自分のアプリの中でも表示することができて、「MapKit」というものを使うんだ。

「MapKit」は、地図を表示してくれるビューがあって、今まで使ってきたイメージビューなどのように、画面に表示するだけで地図が表示できてしまうんだよ。次のコードを入力してみよう。

```
import UIKit
import PlaygroundSupport
import MapKit // 地図機能を使う

// 地図を表示するビューを作る
let mapView =
  MKMapView(frame: CGRect(x: 0, y: 0, width: 500, height: 500))
// 画面に表示する
PlaygroundPage.current.liveView = mapView
```

このコードを実行すると、次のようになるんだ。

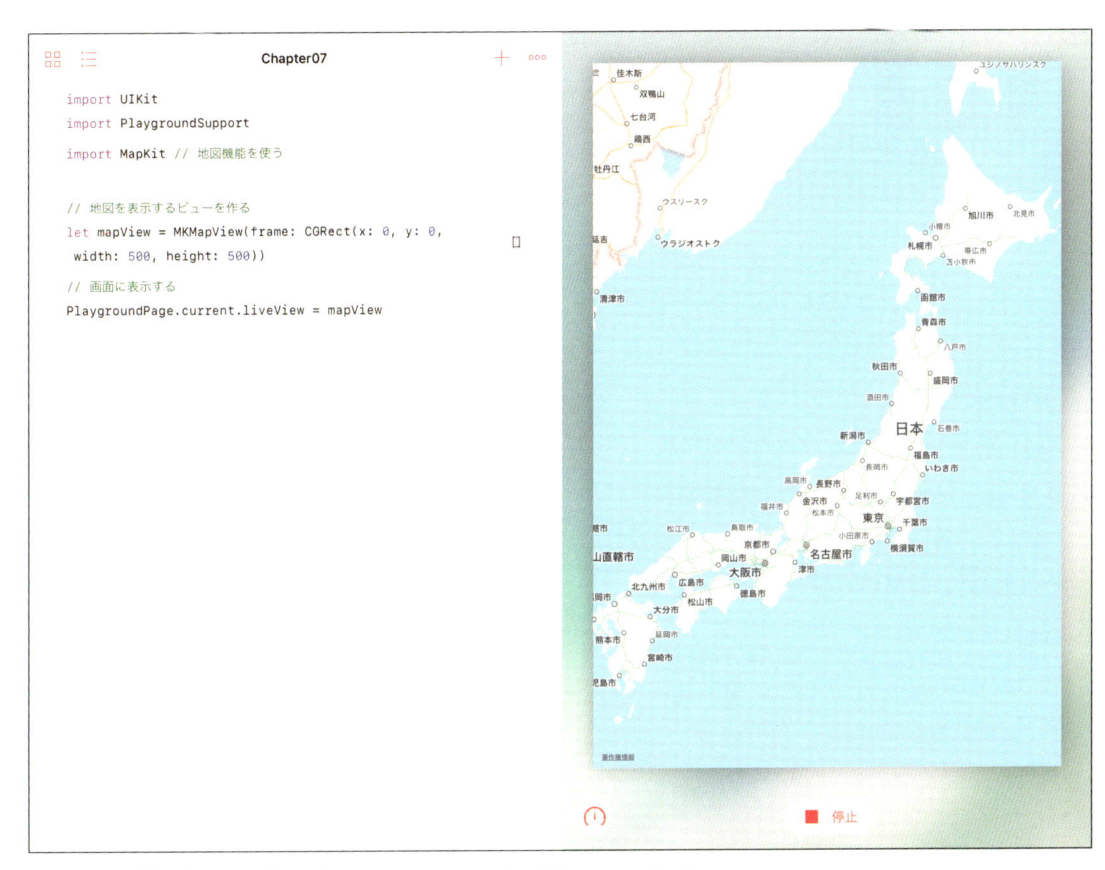

とても簡単に地図が表示できたね。表示された地図は、「マップ」アプリのようにジェスチャーで、もっと詳しい地図に変えたり、移動させて別の場所を見たりすることもできるよ。色々と操作して確かめてみてね。

●色々と操作した後

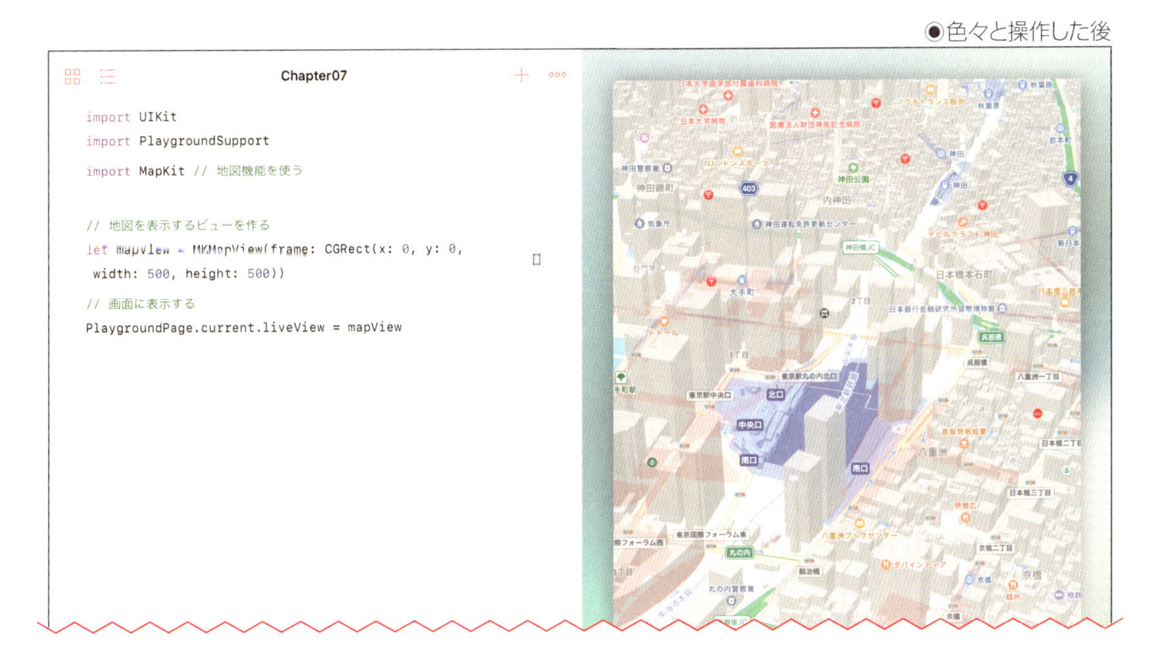

SECTION 34 場所を探す

次は場所を探す機能を使ってみよう。この機能も「MapKit」の機能の1つなんだ。場所を探すには、次のようなコードを書くんだ。

```
import UIKit
import PlaygroundSupport
import MapKit // 地図機能を使う

// 地図を表示するビューを作る
let mapView =
  MKMapView(frame: CGRect(x: 0, y: 0, width: 500, height: 500))
// 画面に表示する
PlaygroundPage.current.liveView = mapView

// 検索の設定
let request = MKLocalSearchRequest()
request.naturalLanguageQuery = "東京駅"
// 地図で表示しているところを検索する地域のヒントにする
request.region = mapView.region

// 検索する
let search = MKLocalSearch(request: request)
search.start(completionHandler:  { (response, error) in
    // 検索完了後に実行されるコード。見つかった場所を調べる
    if let items = response?.mapItems {
        // 1カ所ずつチェックする
        var text = ""
        for item in items {
            // 名前を調べる
            text.append("\(item.name!)\n")
```

```
        }
        // 見つかった場所の一覧を見る
        print(text)
    }
})
```

このコードは「東京駅」というキーワードで場所を探しているコードなんだ。このコードは見つかった場所の名前を「text」という変数に入れているコードだから、実行して「text」の内容を見てみよう。見てみると次のように表示されるんだ。

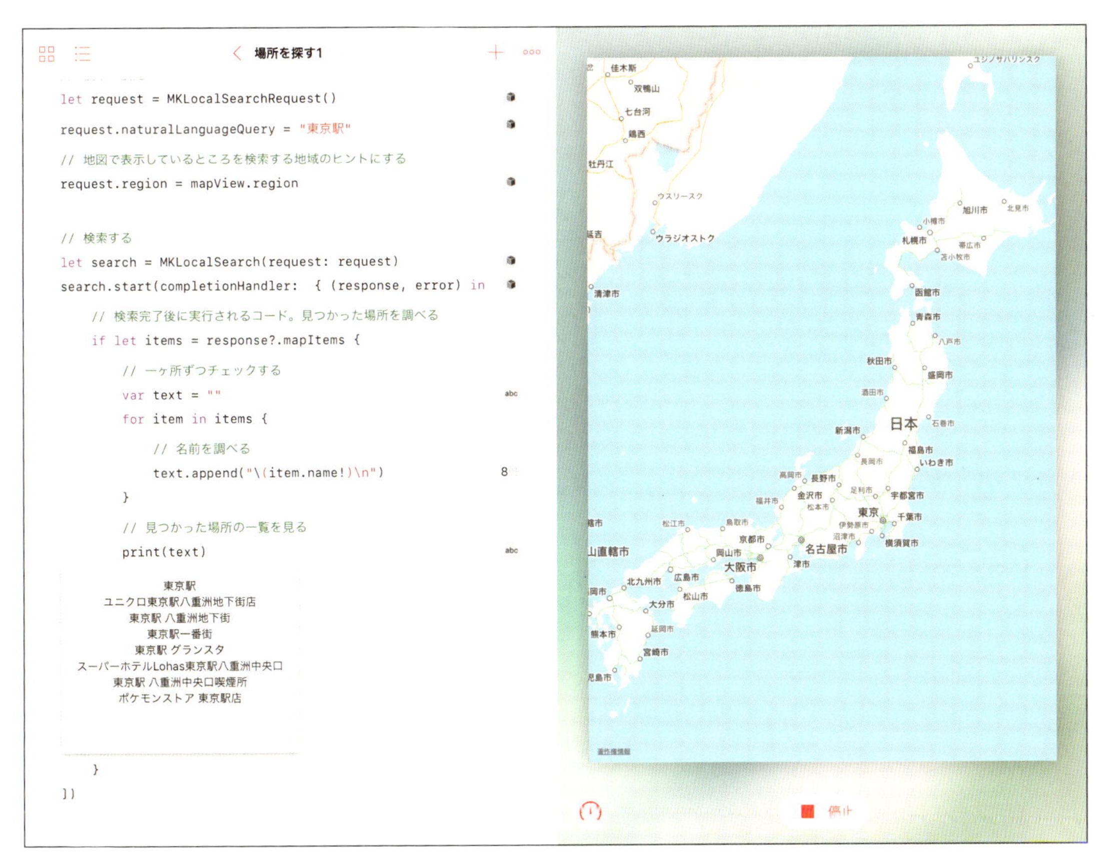

東京駅だけではなくて、東京駅に関係がある場所も見つかっているね。

「MapKit」を使って、キーワードから場所を探すには、サンプルコードのように次のような手順のコードを書くんだ。

❶「MKLocalRequestSearch」クラスを使って、何を探すのかを設定する。
❷「MLLocalSearch」クラスに設定を渡す。
❸「MKLocalSearch」クラスの「start」メソッドで場所を探す。
❹「start」メソッドに見つかったときに行うコードを渡す。

サンプルコードもこの❶から❹のことを行っているよ。

見つかった場所の取り出し方

サンプルコードでも行っているんだけど、場所が見つかったときに、見つかった場所は次のようなコードで取り出すことができるんだ。

```
if let items = response?.mapItems {
}
```

見つかった場所は上のコードの「items」という変数に入るよ。場所はいくつも見つかるから、「items」は「MKMapItem」というクラスの配列になっているんだ。見つかった場所の数だけ、「MKMapItem」が作られるよ。「MKMapItem」には、場所の名前や、その場所の位置が緯度や経度で入っているんだ。282ページのサンプルコードの場合は、名前を取り出して、一覧表を作っていたね。

緯度や経度というのは、地球上で場所を表すための座標なんだよ。緯度は南北の方向、経度は東西の方向でどこかということを表すためのものなんだ。たとえば、東京駅は緯度が北緯35.6811673度、経度が東経139.7670516度にあるよ。

SECTION 35 地図にピンを立ててみよう

iPadに最初から入っている「マップ」アプリで「東京駅」というキーワードで検索してみよう。たとえば、次のように表示されるね。

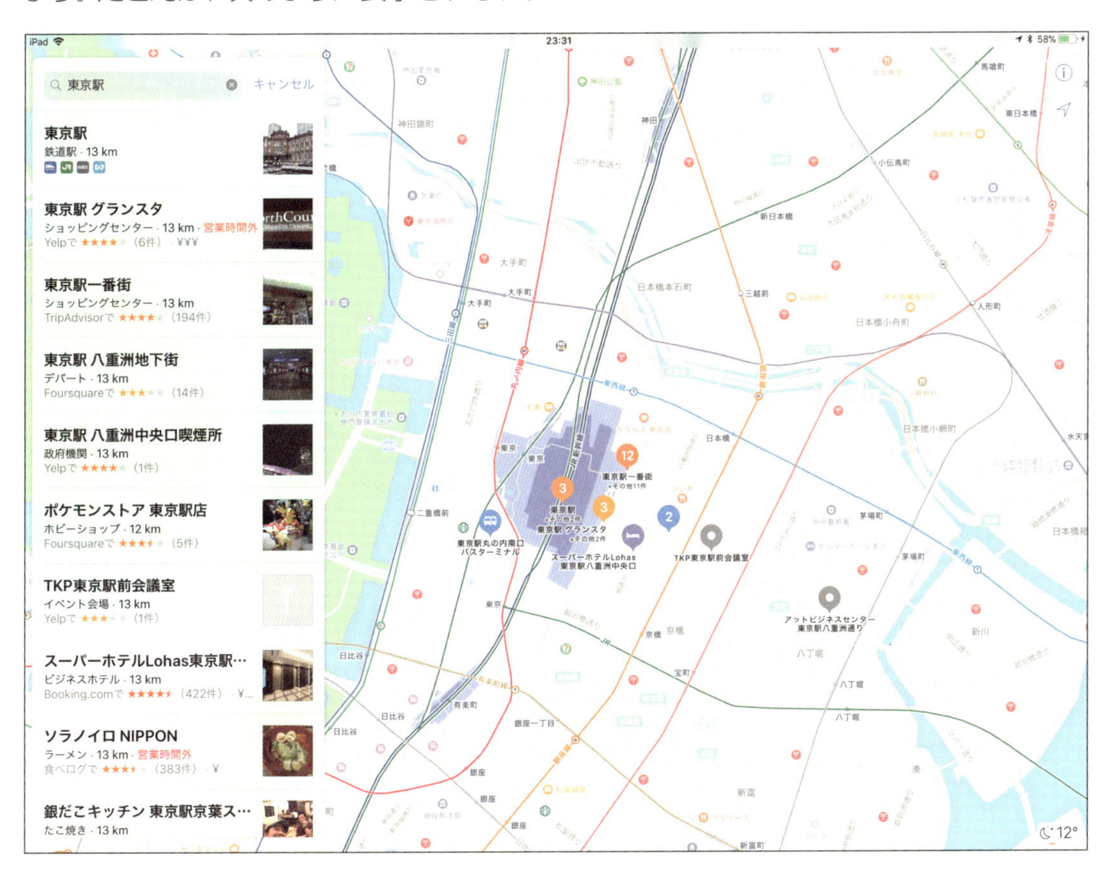

「東京駅」というキーワードで見つかった場所が、地図でもわかるようにピンが表示されるんだ。ピンは地図の表示倍率によってまとめられたりしているよ。表示倍率を変えて、ピンがどのように変わるかも見てみよう。

●拡大したとき

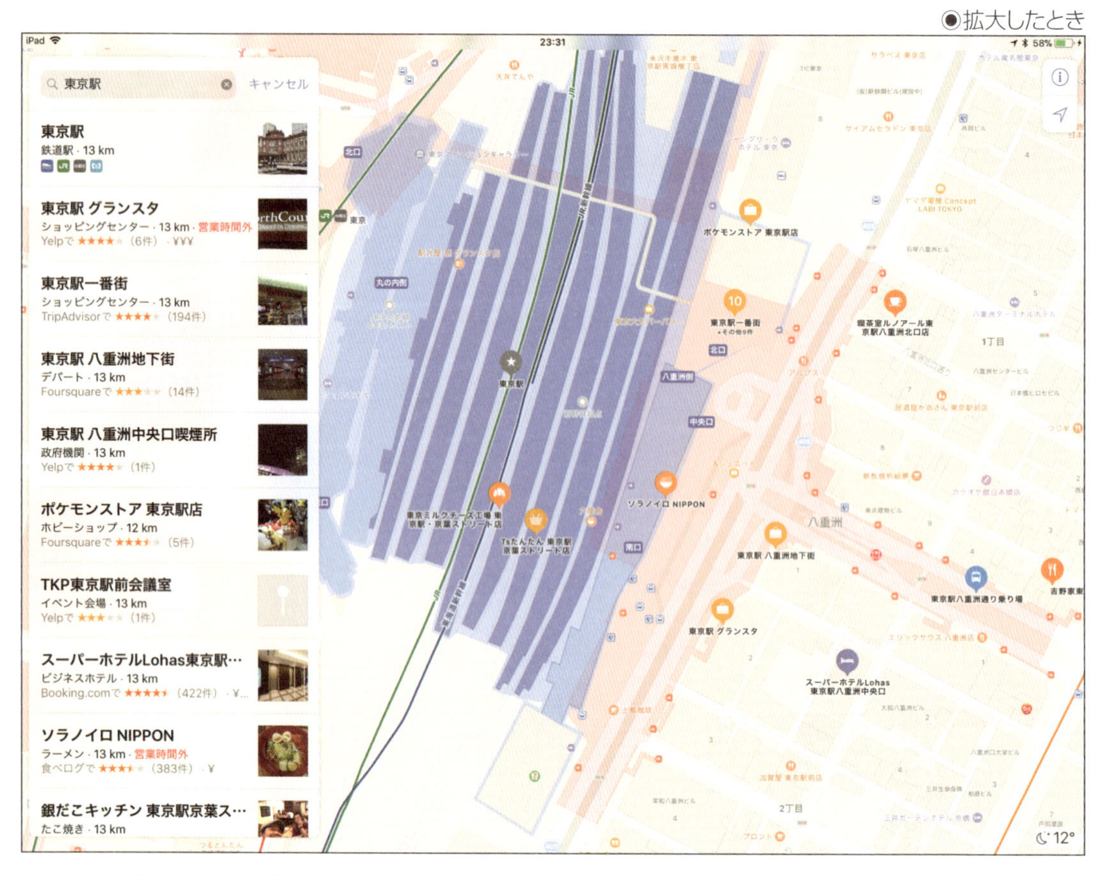

これと同じように、私たちが作っているアプリでもピンを表示してみよう。

ピンを立ててみよう

地図にピンを立てるには「MKPointAnnotation」というクラスを使うんだ。次のコードを入力してみよう。

```
import UIKit
import PlaygroundSupport
import MapKit // 地図機能を使う

// 地図を表示するビューを作る
let mapView =
  MKMapView(frame: CGRect(x: 0, y: 0, width: 500, height: 500))
```

```
// 画面に表示する
PlaygroundPage.current.liveView = mapView

// ピンを作る
let pin = MKPointAnnotation()
// 東京駅の位置に設定
pin.coordinate.latitude = 35.6811673
pin.coordinate.longitude = 139.7670516
// ピンにタイトルを付ける
pin.title = "ここは東京駅"
// 地図に追加
mapView.addAnnotation(pin)
// 見えるように地図をズーム
mapView.showAnnotations([pin], animated: true)
```

このコードを実行すると、次のように表示されるんだ。

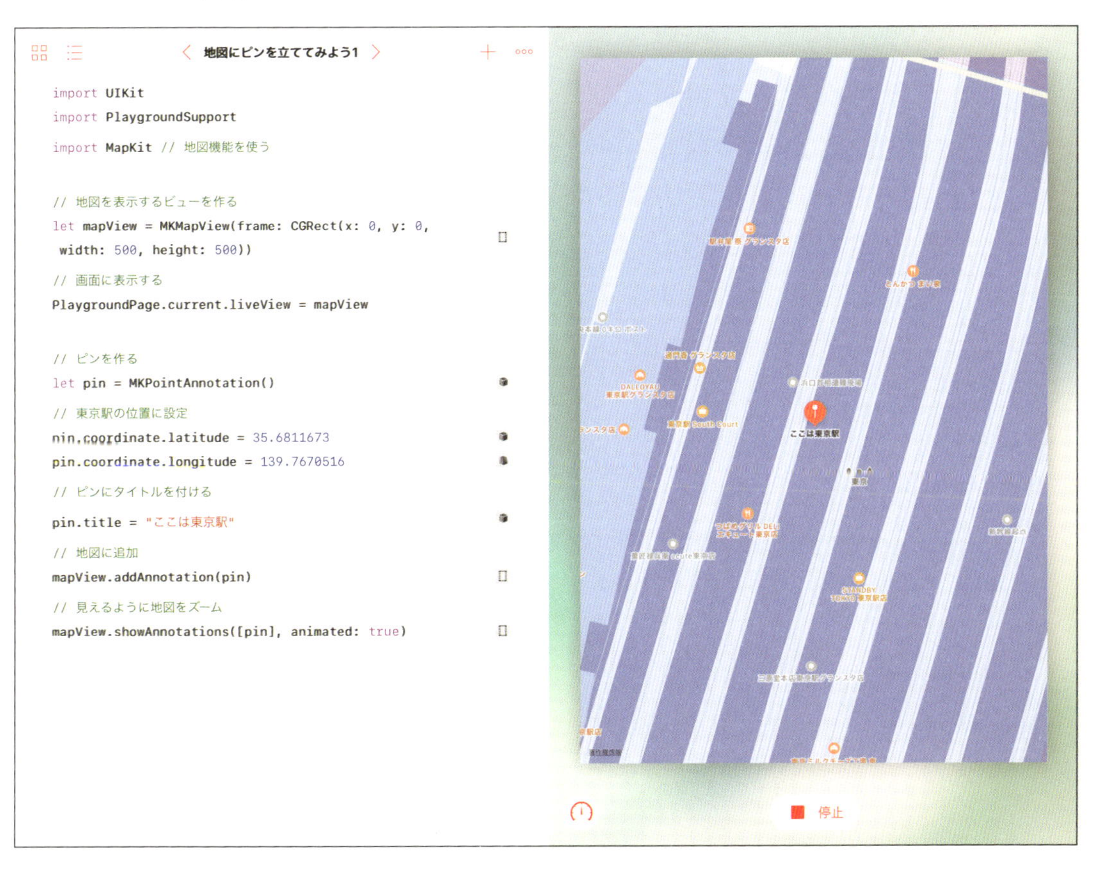

地球上で「どこ」という座標は緯度と経度で表すんだったね。「MKPointAnnotation」もどこに置くかは緯度と経度で指定するんだ。緯度と経度は次のようなコードで指定できるよ。

```
let pin = MKPointAnnotation()
pin.coordinate.latitude = 緯度
pin.coordinate.longitude = 経度
```

サンプルコードで使っている緯度と経度は、インターネットで調べた東京駅の緯度と経度だよ。ピンにはタイトルを付けることもできて、「title」プロパティに設定すると設定した文字列がピンと一緒に表示されるんだ。サンプルコードでは「ここは東京駅」というタイトルを設定しているよ。

作った「MKPointAnnotation」は、「addAnotation」というメソッドで追加できるよ。作りたいピンの数だけ追加すればいいんだ。最後に「showAnnotations」メソッドを使うと、作ったピンがちょうどいい感じに見えるようにズームしてくれるよ。

見つけた場所にピンを立ててみよう

282ページで「東京駅」というキーワードで検索すると、いくつかの場所が見つかったね。このときに見つかった「MKMapItem」には、名前だけではなく、どこにあるのかという位置も入っているんだ。この情報を使って見つかった場所にピンを立ててみよう。次のようにコードを変えてみよう。変えているのは、「start」メソッドに渡している、場所が見つかった後に実行するコードだよ。一覧表を作るのを止めて、ピンを立てるようにしているんだ。ピンを作り終わったら、作ったピンがちょうどいい感じに見えるように設定しているよ。

```
import UIKit
import PlaygroundSupport
import MapKit // 地図機能を使う

// 地図を表示するビューを作る
let mapView =
  MKMapView(frame: CGRect(x: 0, y: 0, width: 500, height: 500))
```

```
// 画面に表示する
PlaygroundPage.current.liveView = mapView

// 検索の設定
let request = MKLocalSearchRequest()
request.naturalLanguageQuery = " 東京駅 "
// 地図で表示しているところを検索する地域のヒントにする
request.region = mapView.region

// 検索する
let search = MKLocalSearch(request: request)
search.start(completionHandler:  { (response, error) in
    // 検索完了後に実行されるコード。見つかった場所を調べる
    if let items = response?.mapItems {
        // 作ったピンを入れる配列。ピンを表示するために覚える
        var pins = [MKPointAnnotation]()
        for item in items {
            // ピンを作る
            let pin = MKPointAnnotation()
            pin.coordinate.latitude =
              item.placemark.coordinate.latitude
            pin.coordinate.longitude =
              item.placemark.coordinate.longitude
            pin.title = item.name
            // 作ったピンを地図に追加
            mapView.addAnnotation(pin)
            // ピンを配列にも追加
            pins.append(pin)
        }
        // ピンを表示する
        mapView.showAnnotations(pins, animated: true)
    }
})
```

このコードを実行すると、次のように表示されるんだ。

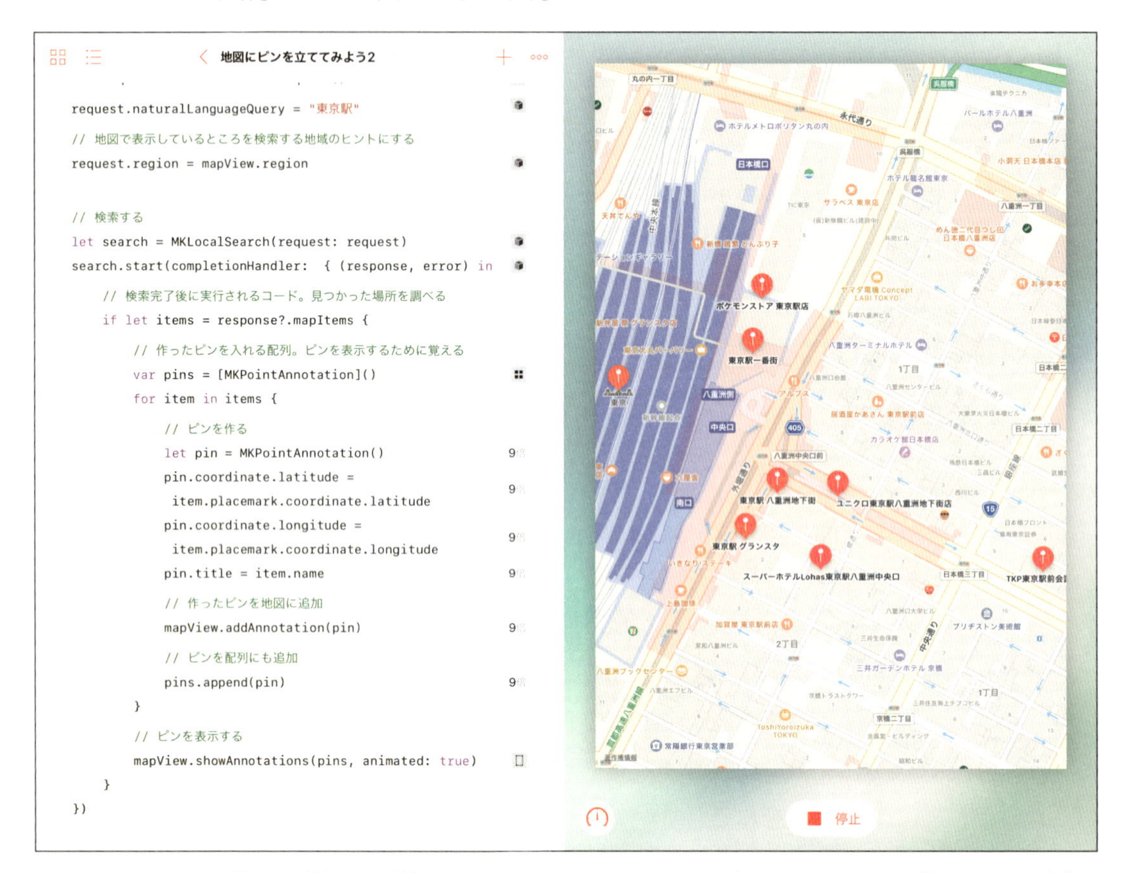

キーワードを使って場所を探すコードは282ページで書いたコードと同じだよ。違うのは、見つかった場所の情報を使って何をするかということなんだ。ここでは、見つかった場所の情報を使って、ピンを立てているんだ。ピンを立てるのに必要な情報は、位置と場所の名前だよ。

位置は「MKMapItem」から次のようなコードで取り出すんだ。

```
// 「item」は「MKMapItem」

// 見つかった場所の緯度
item.placemark.coordinate.latitude

// 見つかった場所の経度
item.placemark.coordinate.longitude
```

見つかった場所の名前は「name」プロパティに入っているんだ。

```
// 「item」は「MKMapItem」


// 見つかった場所の名前
item.name
```

サンプルコードでは、この「緯度」「経度」「名前」の3つの情報をピンに設定しているよ。これで、場所を見つけて、見つけた場所にピンを立てるということができるようになったね。キーワードを変えてみたり、地図の倍率を自分で変えてみて、表示されているピンの表示がどのように変わるかなど、色々と試してみてね。

SECTION 36 地図アプリを考えてみよう

地図を表示したり、場所を探して地図にピンを表示する方法などがわかったから、これらのことを使って「地図アプリ」を作ってみよう。「地図アプリ」は、ユーザーが好きな場所を入力して、その場所を探して、地図を表示してくれるアプリだよ。見つけた場所には、ピンを立てて、表示した地図の中の「どこ?」がわかるようにしよう。

どんなユーザーインターフェイスにしようか?

「地図アプリ」のユーザーインターフェイスをどんな風にするかを考えてみよう。作りたい機能は、次の2つだよ。

- **地図を表示する**
- **入力された場所を検索して、地図に表示する**

この2つの機能を作るために必要なものを考えてみると、次のようなものが必要になるんだ。

- **地図を表示するビュー**
- **検索する場所を入力するテキストフィールド**
- **検索を始めるためのボタン**

これら3つのビューを配置して、次のような画面にしてみよう。

「検索する」ボタンの機能はどんな風にする?

「検索する」ボタンの機能は、場所を検索して地図に表示することだから、次のような処理にしよう。

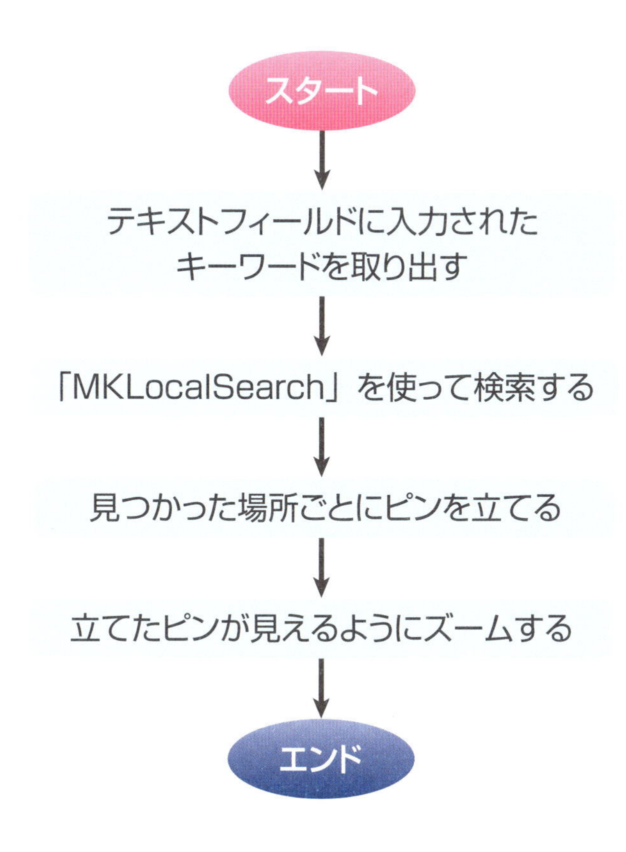

SECTION 37 地図アプリの見た目を作ろう

292ページで考えたユーザーインターフェイスを作ってみよう。次の3つのビュークラスを使えば作れるんだ。

作りたいもの	使うクラス
地図	MKMapView
場所を入力するテキストフィールド	UITextField
「検索する」ボタン	UIButton

次のコードを入力しよう。

```
import UIKit
import PlaygroundSupport
import MapKit

// 地図アプリのビューコントローラ
class ViewController : UIViewController {
    // 検索する場所を入力するテキストフィールド
    var searchField: UITextField!
     // 検索ボタン
    var searchButton: UIButton!
    // 地図を表示するビュー
    var mapView: MKMapView!

    // 表示する内容を作る
    override func viewDidLoad() {
        super.viewDidLoad() // スーパークラスの処理
        // ビューを白くする
        self.view.backgroundColor = .white

        // 入力欄を作る
        self.searchField = UITextField(
```

```
            frame: CGRect(x: 10, y: 10, width: 500, height: 40))
        // 外枠を表示する
        self.searchField.borderStyle = .roundedRect
        // 表示する
        self.view.addSubview(self.searchField)

        // ボタンを作る
        self.searchButton = UIButton(type: .system)
        self.searchButton.frame =
          CGRect(x: 10, y: 60, width: 100, height: 40)
        // タイトル設定
        self.searchButton.setTitle("検索する", for: .normal)
        // 表示する
        self.view.addSubview(self.searchButton)

        // 地図を作る
        self.mapView = MKMapView(
          frame: CGRect(x: 10, y: 110, width: 500, height: 600))
        // 表示する
        self.view.addSubview(self.mapView)
    }
}

// ビューコントローラを作る
let viewController = ViewController(nibName: nil, bundle: nil)
// 表示する
PlaygroundPage.current.liveView = viewController
```

やっていることは今までのアプリでもやってきたことと同じだね。ビュークラスを作って、見えるように配置しているだけだよ。実行すると、次のように表示されるんだ。

▶テキストフィールドの外枠

場所を入力するためのテキストフィールドだけど、ここでは、どこに入力したらいいかがわかるように外枠を表示しているんだ。色を付ける方法でもいいけど、iOSだとここで表示したような外枠のテキストフィールドがよく使われているんだ。

外枠を付けるには、サンプルコードのように「borderStyle」プロパティに「.roundedRect」を設定すればいいんだ。コードでは次のところだよ。

```
self.searchField.borderStyle = .roundedRect
```

SECTION 38 地図アプリの検索機能を作ろう

検索ボタンがタップされたときに行うことを作って、「地図アプリ」を完成させせよう。検索ボタンがタップされたときに行う処理は293ページでフローチャートを使って考えた通りだよ。フローチャートを実現するコードを書いてみよう。コードは次の通りだよ。入力してみよう。追加するのは「検索する」ボタンがタップされたときに実行するコードだよ。

```
import UIKit
import PlaygroundSupport
import MapKit

// 地図アプリのビューコントローラ
class ViewController : UIViewController {
    // 検索する場所を入力するテキストフィールド
    var searchField: UITextField!
    // 検索ボタン
    var searchButton: UIButton!
    // 地図を表示するビュー
    var mapView: MKMapView!

    // 表示する内容を作る
    override func viewDidLoad() {
        super.viewDidLoad() // スーパークラスの処理
        // ビューを白くする
        self.view.backgroundColor = .white

        // 入力欄を作る
        self.searchField = UITextField(
          frame: CGRect(x: 10, y: 10, width: 500, height: 40))
```

```
        // 外枠を表示する
        self.searchField.borderStyle = .roundedRect
        // 表示する
        self.view.addSubview(self.searchField)

        // ボタンを作る
        self.searchButton = UIButton(type: .system)
        self.searchButton.frame =
          CGRect(x: 10, y: 60, width: 100, height: 40)
        // タイトル設定
        self.searchButton.setTitle("検索する", for: .normal)
        // 表示する
        self.view.addSubview(self.searchButton)

        // 地図を作る
        self.mapView = MKMapView(
          frame: CGRect(x: 10, y: 110, width: 500, height: 600))
        // 表示する
        self.view.addSubview(self.mapView)

        // ボタンがタップされたら「startSearch」メソッドを行う
        self.searchButton.addTarget(self,
          action: #selector(startSearch(_:)), for: .touchUpInside)
    }

    //「検索する」ボタンがタップされたときのコード
    @objc func startSearch(_ sender: Any?) {
        // 入力されたキーワードをチェック
        if let text = self.searchField.text {
            // 検索の設定
            let request = MKLocalSearchRequest()
            request.naturalLanguageQuery = text
            request.region = self.mapView.region
```

```
            // 検索する
            let search = MKLocalSearch(request: request)
            search.start(completionHandler: { (response, error) in
                // 見つかった場所を調べる
                if let items = response?.mapItems {
                    // 作ったピンを入れる配列。ピンを表示するために覚える
                    var pins = [MKPointAnnotation]()

                    for item in items {
                        // ピンを立てる
                        let pin = MKPointAnnotation()
                        pin.coordinate.latitude =
                          item.placemark.coordinate.latitude
                        pin.coordinate.longitude =
                          item.placemark.coordinate.longitude
                        pin.title = item.name
                        // 作ったピンを地図に追加
                        self.mapView.addAnnotation(pin)
                        // ピンを配列にも追加
                        pins.append(pin)
                    }

                    // ピンを表示する
                    self.mapView.showAnnotations(pins,
                      animated: true)
                }
            })
        }

    }
}
```

```
// ビューコントローラを作る
let viewController = ViewController(nibName: nil, bundle: nil)
// 表示する
PlaygroundPage.current.liveView = viewController
```

288ページで入力したコードとそっくりだね。やっていることはほとんど同じで、違うのは次のようなところだよ。

- **検索するコードはボタンをタップしたときに実行する**
- **検索の設定で使うキーワードは、テキストフィールドに入力されたテキストを使う**

このコードを実行すると、次のように表示されるんだ。色々とキーワードを変えてみて、どのような場所が表示されるか試してみよう。

●「東京」で検索したところ

◉ソフトウェアキーボードを閉じたところ

ついにこの本のゴールにたどり着いたね。おめでとう!

色々なコードを書いてみたけど、ここはスタート地点だよ。この本のコードを改造してみたり、一部を使ったりしながら、色々なプログラミングに挑戦していこう!

INDEX さくいん

記号

英字

あ行

■著者紹介

林　晃（はやし　あきら）　アールケー開発代表。ソフトウェアエンジニア。東京電機大学工学部第二部電子工学科を卒業後、大手カメラメーカー系のソフトウェア開発会社に就職し、その後、独立。2005年にアールケー開発を開業し、企業から依頼を受けて、ソフトウェアの受託開発を行っている。macOSやiOSのソフトウェアを専門に開発している。特に、画像編集プログラム、動画編集プログラム、ハードウェア制御プログラム、ネットワーク通信プログラムについては長い経験を持つ。ソフトウェア開発の他、技術書執筆、セミナー講師、オンライン教育のコンテンツ開発などを行っている。
ソフトウェア開発の最前線で開発を行いながら、最前線からの技術情報を学べるコンテンツを制作している。

- Webサイト
  http://www.rk-k.com/
- Twitter
  @studiork

編集担当：吉成明久 / カバーデザイン：秋田勘助（オフィス・エドモント）
イラスト：©laser0114 - stock.foto、©Viktoriya Sukhanova - stock.foto

iPadで学ぶ はじめてのプログラミング

2018年2月1日　初版発行

著　者　林晃
発行者　池田武人
発行所　株式会社　シーアンドアール研究所
　　　　新潟県新潟市北区西名目所 4083-6（〒950-3122）
　　　　電話　025-259-4293　FAX　025-258-2801
印刷所　株式会社　ルナテック

ISBN978-4-86354-227-3 C3055